高职高专计算机教学改革 新体系 规划教材

Dreamweaver CS6
网页设计实例教程

李晓歌　许朝侠　主　编

王　辉　朱坤华　焦　阳　副主编

清华大学出版社

北　京

内 容 简 介

本书介绍了运用 Dreamweaver CS6 进行网页设计的基本方法和常用技巧。全书共分为 12 个项目。项目 1、项目 2 介绍网页设计的基本知识,使读者理解网页设计的相关概念,掌握网页设计的基本步骤和流程;项目 3~项目 8 介绍用 Dreamweaver CS6 布局网页的常用方法,主要包括传统的表格布局方法、框架布局方法、目前常用的 CSS＋DIV 布局方法,以及使用流体网格布局进行响应式设计的方法;项目 9介绍网页中常见的特效行为的制作方法;项目 10 介绍表单的相关知识;项目 11 介绍模板的制作和使用方法;项目 12 详细介绍一个网站开发的综合实例。

本书既适合作为高职高专院校、培训机构网页设计方面的教学用书,也适合作为网页设计爱好者的自学用书。

图书在版编目(CIP)数据

Dreamweaver CS6 网页设计实例教程/李晓歌,许朝侠主编.—北京:清华大学出版社,2017
(高职高专计算机教学改革新体系规划教材)
ISBN 978-7-302-47284-1

Ⅰ.①D⋯　Ⅱ.①李⋯ ②许⋯　Ⅲ.①网页制作工具－高等职业教育－教材　Ⅳ.①TP393.092.2

中国版本图书馆 CIP 数据核字(2017)第 122638 号

责任编辑:孟毅新
封面设计:傅瑞学
责任校对:赵琳爽
责任印制:杨　艳

出版发行:清华大学出版社
　　网　　　址:http://www.tup.com.cn,http://www.wqbook.com
　　地　　　址:北京清华大学学研大厦 A 座　　　　　　　邮　　编:100084
　　社 总 机:010-62770175　　　　　　　　　　　　　　邮　　购:010-62786544
　　投稿与读者服务:010-62776969,c-service@tup.tsinghua.edu.cn
　　质量反馈:010-62772015,zhiliang@tup.tsinghua.edu.cn
　　课件下载:http://www.tup.com.cn,010-62770175-4278
印 装 者:三河市春园印刷有限公司
经　　销:全国新华书店
开　　本:185mm×260mm　　　　　印　张:19.25　　　　　字　　数:444 千字
版　　次:2017 年 7 月第 1 版　　　　　　　　　　　　　　印　　次:2017 年 7 月第 1 次印刷
印　　数:1~2500
定　　价:46.00 元

产品编号:071114-01

前言

Dreamweaver CS6 是由 Adobe 公司开发的网页设计与制作软件。它功能强大，易学易用，深受网页制作爱好者和网页设计师的喜爱。

本书围绕网页设计师制作网页的实际需要和应该掌握的技术，将 Dreamweaver CS6 和 CSS 两部分内容有机结合起来，不仅全面介绍了 Dreamweaver CS6 的使用方法，还较系统地介绍了 CSS 的相关知识和用 CSS+DIV 布局网页的基本方法与常用技巧。

本书的主要特色有以下几点。

(1) 知识结构的安排符合教学规律。本书的作者长期工作在教学一线，具有丰富的教学经验，所安排的知识结构的科学性、实用性经过教学实践的检验。

(2) 在内容上，本书涵盖了传统的表格、框架、层的布局方法、常用的 CSS+DIV 的布局方法，以及目前较为流行的响应式网页设计。同时介绍了常见的一些 JavaScript 特效的制作方法，使读者能在学完本书后较轻松地找到适合的方法，制作效果丰富并且实用的网页。

(3) 在内容的讲述方式上，采用案例式教学法。对于大部分的知识点，都是先举一个实例，引入知识点，然后针对这个实例讲解这些知识点。讲解的过程中，再穿插其他较为典型的实例。所有的实例都经过精心的选择，在微观设计上让实例能涵盖典型知识点。在宏观设计上，这些实例大部分相互联系，形成几个完整的网站，主要有"电影俱乐部""九寨沟四季""毕业生就业信息网""花卉护理""海南旅游"。在每个项目的最后设计了针对本项目的实训题目，给出效果图、素材和具体要求，可通过自行完成实训要求强化对本项目知识点的学习。

(4) 在内容难易程度的安排上，把较为难懂的代码渗透到各个任务中，使读者通过潜移默化的方式进行理解，既突出了其重要地位，又降低了理解的难度。

本书由李晓歌、许朝侠担任主编，王辉、朱坤华、焦阳担任副主编，参加编写的还有刘梅和张彤。

由于编者水平有限，书中难免有不足之处，敬请广大读者批评指正。编者的 E-mail
为 lxg8588@sina.com。

编　者

2017 年 5 月

目 录

CONTENTS

项目 9　向网页添加行为　　　　　　　/206

网页设计基础

项目概要：随着互联网的深入发展，人们越来越依赖于从网络上获取资源和信息。网页是提供资源和信息的基本途径。本项目主要介绍网页、网站的分类、术语等相关基本概念，介绍网站开发的基本流程。网页设计一般可以采用两种途径，即使用 HTML 语言直接编写网页，或者使用集成开发工具开发。本项目中对 HTML 做了简单的介绍，并对集成开发工具 Dreamweaver CS6 的安装和使用做了详细的介绍。

知识目标：网页、网站的相关概念和术语，网站开发的一般流程，HTML 文件的结构和常用标签，了解 Dreamweaver CS6。

技能目标：能使用 HTML 建立简单的网页，会安装 Dreamweaver CS6，会使用 Dreamweaver CS6 建立简单的网页。

任务 1.1 认 识 网 页

网页是万维网中的基础文档，它是用 HTML（超文本置标语言）或者其他语言（如 JavaScript、VBScript、ASP、PHP、XML 等）编写而成的。浏览器中所显示的就是网页，它可以包含文本、图像、表格、按钮、动画和文本框等内容。

网页一般是 HTML 文件，可以在 WWW 上传输、能被浏览器认识和翻译成页面并显示出来的文件。

通常所说的网站由一个或多个网页组成，当打开一个网站，首先看到的网页叫作首页或者主页（Homepage）。网页的与众不同之处在于其中包含有超链接，通过超链接可以指向其他的文本、多媒体文件、图像、程序、网页等。

1.1.1 网页的分类

网页是构成网站的基本元素，是承载各种网站应用的平台。通常看到的网页，大都是以 HTM 或 HTML 后缀结尾的文件。除此之外，网页文件还有以 CGI、ASP、PHP 和 JSP 后缀结尾的。

目前网页根据生成方式，大致可以分为静态网页和动态网页两种。

1. 静态网页

静态网页是网站建设初期经常采用的一种形式。网站建设者把内容设计成静态网页,访问者只能被动地浏览网站建设者提供的网页内容。其特点如下。

(1) 网页内容不会发生变化,除非网页设计者修改了网页的内容。

(2) 不能实现和浏览网页的用户之间的交互。信息流向是单向的,即从服务器到浏览器。服务器不能根据用户的选择调整返回给用户的内容。

2. 动态网页

随着网络技术的日新月异,许多网页文件扩展名不再只是.html,还有.php、.asp 等,这些都是采用动态网页技术制作出来的。动态网页其实就是建立在 B/S 架构上的服务器端脚本程序。在浏览器端显示的网页是服务器端程序运行的结果。

静态网页与动态网页的区别在于 Web 服务器对它们的处理方式不同。当 Web 服务器接收到对静态网页的请求时,服务器直接将该页发送给客户浏览器,不进行任何处理。如果接收到对动态网页的请求,则从 Web 服务器中找到该文件,并将它传递给一个称为应用程序服务器的特殊扩展软件,由它负责解释和执行网页,将执行后的结果传递给客户浏览器。

动态网页的一般特点如下。

(1) 动态网页以数据库技术为基础,可以减少网站维护的工作量。

(2) 采用动态网页技术的网站可以实现更多的功能,如用户注册、用户登录、搜索查询、用户管理、订单管理等。

(3) 动态网页并不是独立存在于服务器上的网页文件,只有当用户请求时服务器才返回一个完整的网页。

1.1.2　网页设计常用术语

1. 超文本

超文本与普通文本不同,它是一种应用于用户和计算机之间进行交换的文本显示技巧,通过对关键词或图片的索引链接,可以使这些带有链接的词语或图片指向相关的文件或者文本中的相关段落。类似于普通书本中的目录,要看某一个章节,就要用手翻页到相应的页面,在这里,用鼠标单击相应的链接(相当于书本中的目录)就能打开相应的页面或内容。

通常当鼠标指针指向带有超链接的对象时,鼠标指针从本来的箭头外形变为“手”的外形,文本的下方也会呈现下划线或者做出色彩的转变,这是默认的超文本的链接形式,根据设计制作者的不同选择,也可能会出现其他的显示形式。

2. 超链接

超链接在本质上属于一个网页的一部分,是一种允许用户同其他网页或站点之间进行连接的元素。

超链接是指从一个网页指向一个目标的连接关系,这个目标可以是另一个网页,也可以是相同网页上的不同位置,还可以是一个图片、一个电子邮件地址、一个文件,甚至是一个应用程序。

3. URL

URL(统一资源定位符)的作用是完整地描述 Internet 上的网页和其他资源。URL 标识在 Internet 中是唯一的,一个 URL 标识只能表示一个网页或一个资源的位置。URL 以统一的语法编写而成,其格式如下。

协议名://主机域名/IP 地址:端口/目录/文件名.文件扩展名#锚记名称

4. HTTP 协议

HTTP(超文本传送协议)是 Internet 中最常见的协议之一。HTTP 是用于从 WWW 服务器传送超文本到本地浏览器的传送协议。它可以使浏览器更加高效地工作,减少网页传输的时间。HTTP 协议不仅保证计算机正确快速地传送超文本文档,还确定优先传送文档中的哪一部分,例如,文本优先于图形。

5. FTP 协议

FTP(文件传送协议)是 TCP/IP 协议组中的协议之一。该协议是 Internet 文件传送的基础,它由一系列规格说明文档组成,目标是提高文件的共享性,提供非直接使用远程计算机,使存储介质对用户透明和可靠高效地传送数据。

简单地说,FTP 就是完成两台计算机之间文件的复制,从远程计算机复制文件至自己的计算机上,称为"下载"(Download)文件;若将文件从自己计算机中复制至远程计算机上,则称为"上传"(Upload)文件。

6. 域名

从技术上讲,域名只是一个 Internet 中用于解决 IP 地址对应问题的一种方法。它可以是 Internet 中的一个服务器或一个网络系统的名称。该名称是全世界唯一的,因此被统称为网址。

7. 浏览器

浏览器是一种基于 Internet 的软件。其作用是显示网页服务器或档案系统的文件,并让浏览者与这些文件互动。浏览器可以显示 Internet 内网页中的文本、图像、视频和声音等网页元素。

8. 上传/下载

上传就是将信息从个人计算机(本地计算机)传递到服务器(远程计算机)系统上,让网络上的人都能看到。例如,将制作好的网页发布到 Internet 中,以便让其他人浏览。这一过程称为上传。上传分为 Web 上传和 FTP 上传,前者直接通过单击网页上的链接即可操作,后者需要专用的 FTP 工具。

下载是通过网络进行文件传送并保存文件到本地计算机上的一种网络活动(与"上传"相对),目的是把服务器上保存的软件、图片、音乐、文本等下载到本地计算机中。

9. IP 地址

IP 地址是分配给网络中计算机的一组由 32 位二进制数值组成的位串,用以对网络中的计算机进行标识,为了方便记忆地址,采用了十进制标签法,每个数值小于 255,数值中间用"."隔开,例如 192.168.1.101。在网络中,一个 IP 地址必须唯一对应一台计算机。注意,所谓的唯一是指在某一时间内唯一,如果使用动态 IP,那么每一次分配给 IP 地址是不同的,在应用网络的这一时段内,这个 IP 是唯一的指向正在应用的计算机的;如果使用静态 IP,那么会固定将某个 IP 地址分配给某台计算机使用。网络中的服务器一般采用静态的 IP。

10. HTML

HTML 语言是标准通用置标语言下的一个应用,也是一种规范,一种标准,它通过标签来标记要显示的网页中的各个部分。网页文件本身是一种文本文件,通过在文本文件中添加标签,可以告诉浏览器如何显示其中的内容(如文字如何处理、画面如何安排、图片如何显示等)。

11. CSS

CSS(Cascading Style Sheet,层叠样式表)是用于(增强)控制网页样式并允许将样式信息与网页内容分离的一种标签性语言。

12. 脚本语言

脚本语言是一种编程语言,用来控制软件应用程序,脚本通常以文本形式(如 ASCII)保存,只在被调用时进行解释或编译。

常用的脚本语言有以下几种。

(1) JavaScript:是一种解释型的、基于对象的脚本语言。JavaScript 脚本只能在某个解释器或"宿主"上运行,如 Active Server Pages(ASP)、Internet 浏览器或者 Windows 脚本宿主。

(2) VBScript:VBScript 是应用于 Microsoft Internet Explorer 中的 Web 客户机脚本和 Microsoft Internet Information Service 中的 Web 服务器脚本。

(3) ASP:ASP(Active Server Page,动态服务器页)是微软公司开发的代替 CGI 脚本程序的一种应用,它可以与数据库和其他程序进行交互,是一种简单、方便的编程工具。ASP 的网页文件的扩展名是.asp。现在常用于各种动态网站中。

(4) JSP:JSP(Java Server Pages)是由 Sun Microsystems 公司倡导、许多公司参与一起建立的一种动态网页技术标准。该技术为创建显示动态生成内容的 Web 页面提供了一个简捷而快速的方法。JSP 技术的设计目的是使构造基于 Web 的应用程序更加容易和快捷,而这些应用程序能够与各种 Web 服务器、应用服务器、浏览器和开发工具共同工作。JSP 规范是 Web 服务器、应用服务器、交易系统,以及开发工具供应商间广泛合作的结果。

(5)PHP:(PHP:Hypertext Preprocessor)是一种 HTML 内嵌式的语言,是一种在服务器端执行的嵌入 HTML 文档的脚本语言,语言的风格类似于 C 语言。

1.1.3 网站开发流程

建设 Web 网站的流程大致可以分成三个阶段。

(1)第一阶段是网站创意及策划、搜集整理资料和规划网站结构。作为设计者,必须明确要建立何种类型的网站,网站应该具有哪些内容,向浏览者提供哪些信息。网站是为哪类群体服务的,是大学生、科技人员、业余爱好者还是购物者,等等。接下来根据需要搜集整理内容信息及具体规划网站结构。

这个阶段是确定网站的宗旨、内容和性质,是整个建站过程的关键,一定要在这个阶段下功夫,如果此时规划得好,会达到事半功倍的效果。

(2)第二阶段是实现设计思想的过程。首先,选择合适的网页制作软件,如FrontPage、Dreamweaver 等,编写已规划的网页内容。另外,还要用 Fireworks、Photoshop 或是 CorelDRAW 等图像处理软件来创作网页的背景、标题等图片,必要时还要用 Flash 等软件制作动画来加强效果。其次,在本地站点调试各个网页及组件,确保正常运行。

(3)第三阶段是网站上传。网站制作的目的是提供信息服务。在上传到 Internet 服务器之前,要向有网页服务的 ISP(网络服务供应商)申请网页空间。申请成功后,将本地站点上传到 Internet,然后登录到自己的网站。目前许多 ISP 均有提供商用的网页服务,而且很多是免费的。到 ISP 站点注册登录是推广自己网站的最佳途径之一,不仅成本低甚至免费,而且效果好。

将网站上传到 Internet 之后,还要不断进行后期的维护与更新,经常有新的信息,给人以新的印象,才能吸引更多的用户浏览。

任务 1.2　了解 HTML

1.2.1　什么是 HTML

HTML 是一种用来制作超文本文档的简单置标语言。HTTP 协议规定了浏览器在运行 HTML 文档时所遵循的规则和进行的操作。HTTP 协议的制定使浏览器在运行超文本时有了统一的规则和标准。用 HTML 编写的超文本文档称为 HTML 文档,它能独立于各种操作系统平台,自 1990 年以来 HTML 就一直被用作 WWW 的信息表示语言。使用 HTML 语言描述的文件,需要通过 Web 浏览器显示出效果。

所谓超文本,是因为它可以加入图片、声音、动画、影视等内容,事实上每一个 HTML文档都是一种静态的网页文件,这个文件里面包含了 HTML 指令代码,这些指令代码并不是一种程序语言,它只是一种排版网页中资料显示位置的标签结构语言,易学易懂,非常简单。HTML 的普遍应用就是因为采用了超文本的技术——通过单击从一个主题跳转到另一个主题,从一个页面跳转到另一个页面,与世界各地主机的文件链接,直接获取相关的主题。如下所示。

通过 HTML 可以表现出丰富多彩的设计风格。

```
显示图片文件:<imgsrc="文件名">
设置字符格式:<font size="+5" color="#00ffff">文字</font>
```

通过 HTML 可以实现页面之间的跳转:

```
超链接:<a href="文件路径/文件名"></a>
```

通过 HTML 可以展现多媒体的效果:

```
播放声频:<embed src="音乐地址"autostart=true>
播放视频:<embed src="视频地址"autostart=true>
```

从上面可以看到 HTML 文件中需要用到的一些标签。在 HTML 中每个用作标签的符号都是一条命令,它告诉浏览器如何显示文本。这些标签均由<和>符号以及一个字符串组成。而浏览器的功能是对这些标签进行解释,显示出文字、图像、动画、播放声音。这些标签符号用"<标签名字属性>"来表示。

HTML 只是一个纯文本文件。创建一个 HTML 文档,只需要两个工具,一个是 HTML 编辑器,一个是 Web 浏览器。HTML 编辑器是用于生成和保存 HTML 文档的应用程序;Web 浏览器是用来打开 Web 网页文件,提供给我们查看网页的客户端程序。

1.2.2 用 HTML 编写自己的第一个网页

HTML 文档分文档头和文档体两部分,在文档头中,对这个文档进行了一些必要的定义,文档体中才是要显示的各种文档信息。

下面是一个最基本的 HTML 文档的代码。

```
<html>
<head>
    <title>一个简单的 html 示例</title>
</head>
<body>
    <center>
        <h1>欢迎光临我的主页</h1>
        <br>
        <hr>
        <font size=7 color=red>
            这是我第一次做主页
        </font>
    </center>
</body>
</html>
```

<html></html>在文档的最外层,文档中的所有文本和 HTML 标签都包含在其

中,它表示该文档是以超文本置标语言(HTML)编写的。事实上,现在常用的 Web 浏览器都可以自动识别 HTML 文档,并不要求有<html>标签,也不对该标签进行任何操作,但是为了使 HTML 文档能够适应不断变化的 Web 浏览器,还是应该养成不省略这对标签的良好习惯。

　　<head></head>是 HTML 文档的头部标签,在浏览器窗口中,头部信息是不被显示在正文中的,在此标签中可以插入其他标签,用以说明文件的标题和整个文件的一些公共属性。若不需头部信息则可省略此标签,良好的习惯是不省略。

　　<title></title>是嵌套在<head>头部标签中的,标签之间的文本是文档标题,它被显示在浏览器窗口的标题栏。

　　<body></body>标签一般不省略,标签之间的文本是正文,是在浏览器中要显示的页面内容。

　　上面的这几对标签在文档中都是唯一的,<head>标签和<body>标签是嵌套在<html>标签中的。

1.2.3　HTML 中的常用标签符号

　　HTML 标签分成对标签和单标签(单独标签)两种。成对标签是由首标签<标签名>和尾标签</标签名>组成的,成对标签的作用域只作用于这对标签中的文档。单标签的格式为<标签名>,单标签在相应的位置插入元素就可以了。大多数标签都有自己的一些属性,属性要写在首标签内,属性用于进一步改变显示的效果,各属性之间无先后次序,属性是可选的,属性也可以省略而采用默认值,其格式如下。

```
<标签名 属性 1　属性 2　属性 3...>内容</标签名>
```

　　作为一般的原则,大多数属性值不用加双引号,但是包括空格、％号、＃号等特殊字符的属性值必须加入双引号。为了好的习惯,提倡全部对属性值加双引号。例如:

```
<font color="#ff00ff" face="宋体" size="30">字体设置</font>
```

　　📖 **小提示**:输入始标记时,一定不要在<与标签名之间输入多余的空格,也不能在中文输入法状态下输入这些标签及属性,否则浏览器将不能正确地识别括号中的标志命令,从而无法正确地显示信息。

　　1. HTML 的主体标签<body>

　　在<body>和</body>中放置的是页面中所有的内容,如图片、文字、表格、表单、超链接等设置。<body>标签有自己的属性,设置<body>标签内的属性,可控制整个页面的显示方式。

　　(1) link:设定页面默认的链接颜色。

　　(2) alink:设定鼠标正在单击时的链接颜色。

　　(3) vlink:设定访问后链接文字的颜色。

　　(4) background:设定页面背景图像。

　　(5) bgcolor:设定页面背景颜色。

（6）leftmargin：设定页面的左边距。

（7）topmargin：设定页面的上边距。

（8）text：设定页面文字的颜色。

阅读下面的代码：

```html
<html>
    <head>
            <title>body 的属性实例</title>
    </head>
    <body bgcolor="#FFFFE7" text="#ff0000" link="#3300FF" alink="#FF00FF"
            vlink="#9900FF">
        <center>
        <h2>设定不同的链接颜色</h2>
            测试 body 标签<p>
            <a href="http://www.baidu.com/">默认的链接颜色</a>
            <p>
            <a href="http://www.sina.com.cn">正在按下的链接颜色,</a>
            <p>
            <a href="http://www.sohu.com/">访问过后的链接颜色,</a>
            <P>
            <a href="#" onClick="window.history.back()">返回</a>
        </conter>
    </body>
</html>
```

说明：＜body＞的属性设定了页面的背景颜色，文字的颜色，链接的颜色为 ♯3300ff，单击时链接的颜色为♯ff00ff，单击过后的颜色为♯9900ff。＜body＞中的属性可根据页面的效果来定，用到哪个属性就设定哪个属性。对于上面的属性在后面的章节中还会介绍，这里就不逐一引用了。

2. 颜色的设定

颜色值是一个关键字或一个 RGB 格式的数字。在网页中用得很多。

颜色是由红、绿、蓝三原色组合而成的，在 HTML 中对颜色的定义是用十六进位的，对于三原色，HTML 分别给予两个十六进位去定义，也就是每个原色可有 256 种彩度，故此三原色可混合成 16777216 种颜色。

例如：

白色的组成是 red＝ff, green＝ff, blue＝ ff, RGB 值即为 ffffff。

红色的组成是 red＝ff, green＝ 00，blue＝ 00，RGB 值即为 ff0000。

绿色的组成是 red＝00, green＝ff, blue＝ 00，RGB 值即为 00ff00。

蓝色的组成是 red＝00, green＝ 00，blue＝ ff，RGB 值即为 0000ff。

黑色的组成是 red＝00, green＝00，blue＝00，RGB 值即为 000000。

应用时常在每个 RGB 值之前加上 ♯ 符号，如 bgcolor＝"♯336699"，或者直接写颜色的英文名字，如 bgcolor＝"green"。

3. 换行标签＜br＞

换行标签是个单标签,在 HTML 文件中的任何位置只要使用了＜br＞标签,当文件显示在浏览器中时,该标签之后的内容将显示在下一行。

4. 换段落标签＜p＞

由＜p＞标签所标识的文字,代表是同一个段落的文字。它可以单独使用,也可以成对使用。单独使用时,下一个＜P＞的开始就意味着上一个＜P＞的结束。良好的习惯是成对使用。

＜p＞标签的 align 属性有 left、center、right 3 个参数。这 3 个参数设置段落文字左、中、右位置的对齐方式。

5. 居中对齐标签＜center＞

文本在页面中使用＜center＞标签进行居中显示,＜center＞是成对标签,在需要居中的内容部分开头处加＜center＞,结尾处加＜/center＞。

6. 水平分隔线标签＜hr＞

＜hr＞标签是单独使用的标签,是水平线标签,通过设置＜hr＞标签的属性值,可以控制水平分隔线的样式。

＜hr＞标签的属性有：size,设置水平分隔线的粗细;width,设置水平分隔线的宽度;align,设置水平分隔线的对齐方式;color,设置水平分隔线的颜色。

7. 标题文字标签＜hn＞(n 代表一个数字)

＜hn＞标签用于设置网页中的标题文字,被设置的文字将以黑体或粗体的方式显示在网页中。

标题标签的格式如下：

＜hn＞标题内容＜/hn＞

说明：＜hn＞标签是成对出现的,＜hn＞标签共分为 6 级,在＜h1＞…＜/h1＞之间的文字就是第一级标题,是最大最粗的标题;＜h6＞…＜/h6＞之间的文字是最后一级,是最小最细的标题文字。＜hn＞标签本身具有换行的作用,标题总是从新的一行开始。

例如：

```
<html>
    <head>
        <title>设定各级标题</title>
    </head>
    <body>
        <h1 align="center">一级标题。</h1>
        <h2>二级标题。</h2>
```

```
            <h3>三级标题。</h3>
            <h4>四级标题。</h4>
            <h5 align="right">五级标题。</h5>
            <h6 align="left">六级标题。</h6>
        </body>
    </html>
```

8. 文字格式控制标签<font>

<font>标签用于控制文字的字体、大小和颜色。控制方式是利用属性设置得以实现的。

<font>标签常用的属性有：face，设置文字使用的字体，默认值为宋体；size，设置文字的大小；color，设置文字的颜色。

例如：

```
<html>
    <head>
        <title>控制文字的格式</title>
    </head>
    <body>
        <center>
        <font face=黑体 size=6 color="red" >盼望着,盼望着,东风来了,春天脚步近了。
        </font><p>
        <font  face=隶书 size=+3 color="green">
        一切都像刚睡醒的样子,欣欣然张开了眼。<p>山朗润起来了,水涨起来了,太阳的脸红
        起来了。
        </font><p>
        <font  face=楷体 size=4 color="#ff00ff">
        小草偷偷地从土里钻出来,嫩嫩的,绿绿的。<p>园子里,田野里,瞧去一大片一大片满
        是的。<p>坐着,躺着,打两个滚,踢几脚球,赛几趟跑,捉几回迷藏。<p>风轻悄悄的,
        草软绵绵的。
        </font>
        </center>
    </body>
</html>
```

9. 图片标签<img>

网页中插入图片用单标签<img>,当浏览器读取到<img>标签时,就会显示此标签所设定的图像。当要对插入的图片进行修饰时,仅仅用这一个属性是不够的,还要配合其他属性来完成。

<img>标签的主要属性有：src,指出图像的 url 的路径;alt,提示文字;width 宽度,通常只设为图片的真实大小以免失真,改变图片大小;height 高度,通常只设为图片的真实大小以免失真,改变图片大小等。

<img>的格式及一般属性设定如下。

```
<imgsrc="logo.gif" width=100 height=100 align="top" >
```

10. 超链接的标签

超链接的标签为<a>和</a>，格式如下。

```
<a href="资源地址" target="窗口名称" title="指向链接显示的文字">超链接名称</a>
```

target 属性用于指定打开链接的目标窗口，其默认方式是原窗口；href 属性给出要链接到的资源的地址。

任务 1.3　Dreamweaver CS6 的安装与使用

Adobe Dreamweaver CS6 是建立 Web 站点和应用程序的专业工具。它将可视布局工具、应用程序开发功能和代码编辑支持组合在一起，使各个层次的开发人员和设计人员都能够快速创建基于标准的、界面友好的网站和应用程序。Dreamweaver 同时支持基于 CSS 的设计和手工编码，提供了专业化集成、高效的开发环境和完备的工具。开发人员可以使用 Dreamweaver 及所选择的服务器技术来创建功能强大的 Internet 应用程序，从而使用户能连接到数据库、Web 服务等。

Adobe Dreamweaver CS6 是一款集网页制作和管理网站于一身的所见即所得网页编辑器，Dreamweaver CS6 是第一套针对专业网页设计师特别发展的视觉化网页开发工具，利用它可以轻而易举地制作出跨越平台限制和浏览器限制的充满动感的网页。

Adobe Dreamweaver CS6 的新增功能如下。

（1）集成 CMS 支持功能。尽享对 WordPress、Joomla! 和 Drupal 等内容管理系统框架的创作和测试支持。

（2）CSS 检查功能。以可视方式显示详细的 CSS 框模型，轻松切换 CSS 属性并且无须读取代码或使用其他实用程序。

（3）与 Adobe BrowserLab 集成。使用多个查看、诊断和比较工具预览动态网页和本地内容。

（4）PHP 自定义类代码提示。为自定义 PHP 函数显示适当的语法，帮助用户更准确地编写代码。

（5）CSS Starter 页。借助更新和简化的 CSS Starter 布局，快速启动基于标准的网站设计。

（6）与 Business Catalyst 集成。利用 Dreamweaver 与 Adobe Business Catalyst 服务（单独提供）之间的集成，无须编程即可实现卓越的在线业务。

（7）增强的 Subversion 支持。借助增强的 Subversion 软件支持，提高协作、版本控制的环境中的站点文件管理效率。

1.3.1　安装 Dreamweaver CS6

Adobe Dreamweaver CS6 是 Adobe 公司设计的面向 Web 开发的软件产品，可以通过 Adobe 公司的网站或零售渠道获得该软件的安装文件。Adobe 公司针对学生和教育工作者特别推出了优惠的政策，而且在 Adobe 公司的网站上提供有试用版本的免费下载，用户只需提交一些必要的信息，就可以在线免费获得试用版。

得到的 Dreamweaver CS6 安装文件是一个 .exe 文件，该文件是一个压缩文件。在安装之前需要选择解压缩位置，对该文件进行解压，如图 1-1 所示。

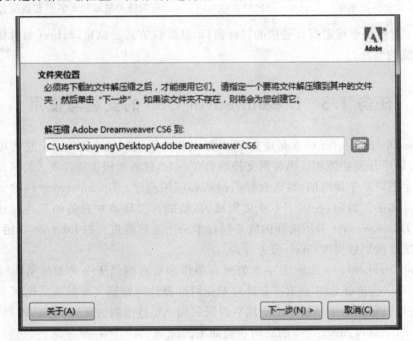

图 1-1 解压 Adobe Dreamweaver CS6

解压之后，安装程序自动执行，开始进行初始化，如图 1-2 所示。

图 1-2 初始化

进入安装欢迎界面,如图 1-3 所示,选择"安装"。

图 1-3 安装欢迎界面

接受软件许可协议,如图 1-4 所示。

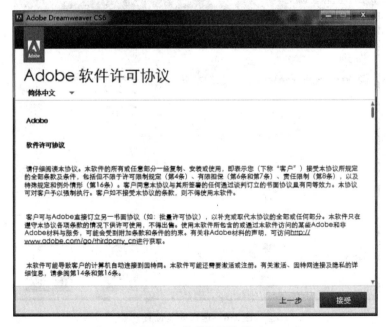

图 1-4 软件许可协议

进入"序列号"窗口,如图 1-5 所示,输入购买的序列号,单击"下一步"按钮。

选择安装位置,单击"安装"按钮,如图 1-6 所示。

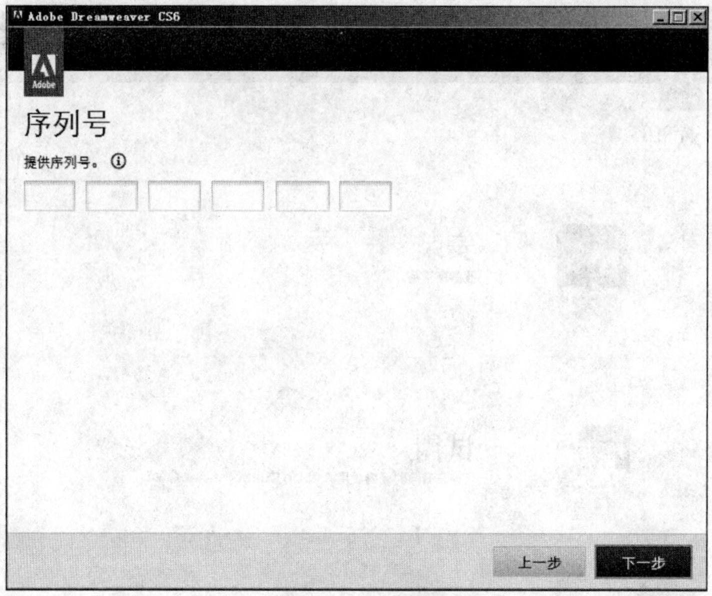

图 1-5　输入"序列号"

图 1-6　选择安装位置

进入安装界面,显示安装进度,如图 1-7 所示。

看到如图 1-8 所示的窗口时,安装就完成了。

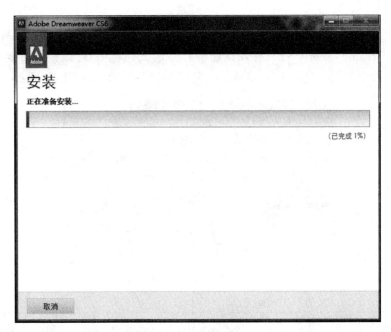

图 1-7   安装进度

图 1-8   安装完成

1.3.2　使用 Dreamweaver CS6

Dreamweaver CS6 安装完成之后，在"开始"菜单中会出现该系列软件的菜单项。启动 Dreamweaver CS6 可以通过选择"开始"菜单中的"程序"→Adobe Dreamweaver CS6

命令。

　　第一次启动 Dreamweaver CS6 时,会出现一个"默认编辑器"对话框,如图 1-9 所示。要用户选择 Dreamweaver CS6 软件默认能够打开的文件类型,可以根据需要选择,也可以直接单击"确定"按钮,进入 Dreamweaver CS6 的开始界面,如图 1-10 所示。

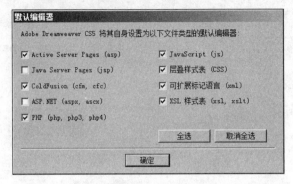

图 1-9　"默认编辑器"对话框

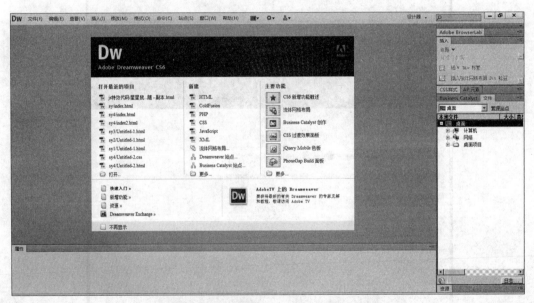

图 1-10　Adobe Dreamweaver CS6 开始界面

1.3.3　用 Dreamweaver CS6 建立一个网页

　　在 Dreamweaver CS6 的开始界面中,可以选择打开一个已有的项目,也可以选择新建一个项目,选择新建项目时要选择新建项目的类型,一般如果是静态网页则选择 HTML,动态网页可以选择 PHP、ASP VBScript、JavaScript 等。下面,使用 Dreamweaver CS6 来创建第一个网页。

　　执行系统菜单中的"文件"→"新建"命令,然后在出现的"新建文档"对话框中选择页面类型为 HTML,布局为"无"。表示新建一个静态网页,如图 1-11 所示。单击"创建"按钮后进入 Dreamweaver CS6 的工作界面,如图 1-12 所示。

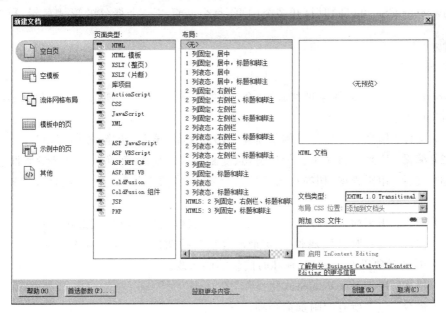

图 1-11 "新建文档"对话框

图 1-12 Dreamweaver CS6 的工作界面

Dreamweaver CS6 的工作界面包括:应用程序栏、文档工具栏、文档窗口、工作区切换器、面板组、标签选择器、属性面板和"文件"面板。

1. 标题栏

位于 Dreamweaver CS6 窗口的最上方,标题栏上显示 DW,新建或打开一个文档后,在标题栏下面会生成一个标签,标签上显示当前网页的名字,默认状态下是 Untitled-1。Dreamweaver CS6 可以同时打开多个网页,每个网页以一个标签的形式显示,标签名即文件名。

2. 菜单栏

Dreamweaver CS6 的菜单共有 10 个,即文件、编辑、查看、插入、修改、格式、命令、站点、窗口和帮助。

(1) 文件:用来管理文件。例如新建、打开、保存、导入、转换、输出打印等。

(2) 编辑:用来编辑文本。例如剪切、复制、粘贴、查找、替换以及首选参数设置等。

(3) 查看:用来管理、切换视图模式以及显示、隐藏工具栏、标尺、网格线等辅助视图功能。

(4) 插入:用来插入各种元素,例如图片、多媒体组件、表格、超链接等。

(5) 修改:具有对页面属性及页面元素修改的功能,例如表格的插入、单元格的拆分、合并、对齐对象以及对库、模板和时间轴等的修改。

(6) 格式:用来对文本的格式化操作等。

(7) 命令:包含所有的附加命令项。

(8) 站点:用来创建和管理站点。

(9) 窗口:用来显示和隐藏控制面板以及各种文档窗口的切换操作。

(10) 帮助:联机帮助功能。

3. 插入面板组

插入面板组集成了所有可以在网页中应用的对象,包括“插入”菜单中的选项。插入面板组其实就是图标化的“插入”菜单命令,如同其他应用软件中的常用工具栏,通过一个个图标化的按钮,可以很容易地加入图像、声音、多媒体动画、表格、图层、框架、表单、Flash 和 ActiveX 等网页元素,使各项操作更加简单快捷。

4. 文档工具栏

文档工具栏中包含各种按钮,它们使用户可以在文档的不同视图间快速切换(如代码视图、设计视图、同时显示代码和设计视图的拆分视图)。文档工具栏中还包含一些与查看文档、在本地和远程站点间传输文档有关的常用命令和选项。

5. 文档窗口

文档窗口显示当前编辑的文档,是用来对各种网页元素进行编辑操作的主要场所。Dreamweaver CS6 提供了 3 种不同风格的文档窗口显示模式,可以根据需要任选一种视图并且可以随时切换和刷新。其中设计视图是一个用于可视化页面布局、可视化编辑和快速应用程序开发的设计环境;代码视图是一个用于编写和编辑 HTML、JavaScript、服务器端脚本代码以及任何其他类型代码的手工编码环境;拆分视图是设计视图和代码视图的有机结合,提供了可以在单个窗口中同时看到同一文档的代码和在设计器中看到可视化设计效果的功能。

6. 属性面板

属性面板用来显示和编辑当前选定页面元素（如文本、图像等）的最常用属性。属性面板的内容因选定的元素不同会有所不同，因为属性面板并不是将所有文档窗口中页面元素的属性加载在面板上，而是根据选择的对象来动态显示其属性。例如，当前选择了一幅图像，那么属性面板上就出现该图像的相关属性；如果选择了文本，那么属性面板就会相应地变成文本的相关属性。

7. 状态栏

状态栏用于显示当前编辑文档的其他有关信息。如文档的大小、估计下载时间、窗口大小、缩放比例和标签选择器等。

8. 浮动面板组

其他面板如 CSS、应用程序、文件、框架、历史记录等可以简称为浮动面板，这些面板根据功能被分成了若干组，它们都可以处在编辑窗口之外，可以使用拓展按钮展开，都可以通过"窗口"菜单中的命令有选择地被打开和隐藏。

在 Dreamweaver CS6 的工作界面中将工作区切换到拆分视图。在代码窗口中可以看到已经自动出现了很多 HTML 语句，根据前一节讲述的 HTML 语法，可以尝试阅读这些 HTML 语句，并了解它们的含义。

在自动出现的 HTML 语句中，包含一个网页所需的 HTML 结构，即＜html＞…＜/html＞、＜head＞…＜/head＞和＜body＞…＜/body＞。

一个完整的网页必须在＜html＞…＜/html＞标签中，网页里应包含＜head＞…＜/head＞标签，描述网页的标题头；应包含＜body＞…＜/body＞标签，描述网页的内容。

当前的文档中默认的标题名是"无标题文档"，该名称会显示在网页的标题栏中，在 HTML 文件中更改＜title＞…＜/title＞标签之间的文字，可以将"无标题文档"改为自己需要显示的标题名。

在这里将标题改为"我的第一个网页"，然后在＜body＞…＜/body＞之间添加"HELLO WORLD!"。改后的 HTML 如图 1-13 所示。

图 1-13 "HELLO WORLD!"的 HTML

执行"文件"菜单中的"保存"命令,弹出"另存为"对话框,选择要保存的位置,填入相应的文件名,保存类型不变,单击"保存"按钮。

在计算机磁盘上找到刚刚保存的文件,双击该文件图标,操作系统会自动调用浏览器打开该文件,如图 1-14 所示。

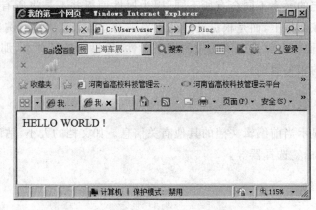

图 1-14　实例"HELLO WORLD!"的效果图

浏览器的标题栏上显示的是"我的第一个网页",即在<title>...</title>中设置的文本;窗口中显示的是"HELLO WORLD!",即在<body>...</body>中输入的文本。第一个网页创建成功。

项 目 小 结

本项目主要介绍了网页的基本概念、网页的分类和相关术语,了解网站开发的一般流程。学习了 HTML 这一标记语言的基本知识,并使用 HTML 完成了一个网页的制作。学习了 Dreamweaver CS6 的安装过程,认识了 Dreamweaver 的操作界面。通过本项目的学习,掌握网页的相关概念,对网页设计的流程、采用的方法、使用的工具等有了一定的了解和认识。

项 目 实 训

实训 1.1　用 HTML 建立欢迎页面

(1) 打开记事本程序,在记事本程序输入窗口中输入下面的 HTML 语句。

```
<html>
    <head>
        <title>欢迎来到我的网站</title>
    </head>
    <body>
        欢迎您的光临!
```

```
    </body>
</html>
```

（2）上面 HTML 语句编辑完成后，仔细核对无误。将该文件以 huanying.html 作为文件名保存，注意文件的扩展名是.html，不要存成.txt。

（3）在磁盘中找到保存的文件，双击它后用浏览器打开查看。

实训 1.2　用 Dreamweaver CS6 建立欢迎页面

（1）启动 Dreamweaver CS6。

（2）仿照 1.3 节的例子，将网页的 title 改为"欢迎来到我的网站"，将 body 中的内容改为"欢迎您的光临！"。

（3）使用 huanying2.html 作为文件名，保存文件。

（4）在磁盘中找到保存的文件，双击它后用浏览器打开查看。

建立及管理网站

项目概要：网站又叫网络站点，是指在因特网上，根据一定的规则，使用 HTML 等工具制作的用于展示特定内容的相关网页的集合。人们可以通过网页浏览器来访问网站，获取自己需要的资讯或者享受网络服务。本项目介绍在本地建立站点并管理的方法，并对如何发布站点、对网站进行更新和维护做了详细的介绍。

知识目标：本地网站和远程站点的相关概念，网站空间的种类和部署的方法，网站的更新和维护。

技能目标：能使用 Dreamweaver CS6 建立本地站点并管理本地站点，会申请免费的网站空间，申请域名并发布网站，会使用 Dreamweaver CS6 对网站进行更新和维护。

任务 2.1　在计算机上建立本地网站

在 Dreamweaver CS6 中，使用术语"站点"来具体描述网站。站点是指属于某个 Web 站点文档的本地或远程存储位置。Dreamweaver CS6 站点提供了组织和管理所有 Web 文档的方法，可以将站点上传到 Web 服务器，跟踪和维护网站的链接以及管理和共享文件。

Dreamweaver CS6 的站点由 3 种文件夹组成，具体使用时取决于开发环境和所开发的 Web 站点类型。

（1）本地根文件夹：存储正在处理的文件。Dreamweaver CS6 将此文件夹称为"本地站点"。此文件夹通常位于本地计算机上，但也可能位于网络服务器上。

（2）远程文件夹：存储用于测试、生产和协作等用途的文件。Dreamweaver CS6 在"文件"面板中将此文件夹称为"远程站点"。远程文件夹通常位于运行 Web 服务器的计算机上。远程文件夹包含用户从 Internet 访问的文件。

通过本地文件夹和远程文件夹的结合使用，可以在本地硬盘和 Web 服务器之间传输文件，这将帮助设计者轻松地管理 Dreamweaver 站点中的文件。可以在本地文件夹中处理文件，希望其他人查看时，再将它们发布到远程文件夹。

（3）测试服务器文件夹：Dreamweaver CS6 在其中处理动态页的文件夹。

建立本地站点就是在本地计算机硬盘上建立一个文件夹并用这个文件夹作为站点的根目录，然后将网页及其他相关的文件存放在该文件夹中。当准备发布站点时，可以将文件夹中的文件上传到 Web 服务器上。

2.1.1 建立"我的第一个网站"

在 Dreamweaver CS6 中建立本地站点的操作方法如下。

（1）在本地计算机硬盘上建立一个空的文件夹。例如，在 D 盘上建立名为 myweb 的文件夹。

📖**小提示**：不要将站点的文件夹建立在系统所在的分区上，以免当系统出现问题时造成站点文件的损坏或者丢失。

（2）执行菜单栏中的"站点"→"新建站点"命令，打开"站点设置对象"对话框，如图 2-1 所示。

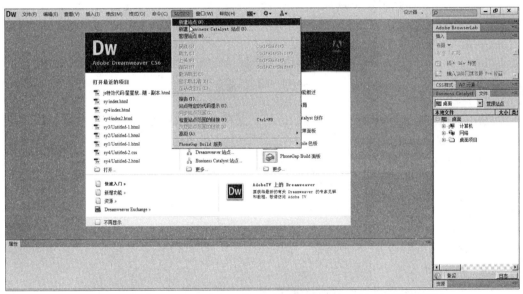

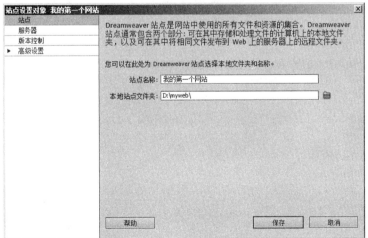

图 2-1　使用"新建站点"命令打开"站点设置对象"对话框

（3）在"站点"设置中，找到"站点名称"文本框，输入站点的名字："我的第一个网站"。找到"本地站点文件夹"文本框选择刚刚创建的文件夹 D:\myweb。

（4）单击对话框左侧的"高级设置"选项。在"本地信息"设置的"默认图像文件夹"文本框中输入 D:\myweb\image，这个文件夹用来保存在设计网页时需要在网页上显示的图片文件。

（5）单击"保存"按钮，在 Dreamweaver CS6 的"文件"浮动面板中会显示当前设置的站点，如图 2-2 所示。

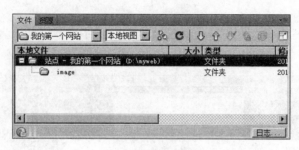

图 2-2　"文件"面板

📖**小提示**：图片文件夹一般应放置在站点文件夹内，以保证网站的所有文件都在一个文件夹中，便于后期的管理和维护。

新创建的站点仅仅是一个空的站点，可以通过 Dreamweaver CS6 的"文件"面板或者菜单栏中的"文件"菜单向空站点中添加内容。

2.1.2　本地站点的管理

创建站点后可以通过"管理站点"对话框对站点进行管理，主要包括站点的新建、编辑、复制、删除、导入和导出等操作。

执行菜单栏中的"站点"→"管理站点"命令，打开"管理站点"对话框，如图 2-3 所示。对话框左下方有 4 个工具按钮，从左往右，这 4 个按钮的功能分别是：删除站点、编辑站点、复制站点和导出站点，选择一个站点，然后单击相应的按钮即可完成对应的操作。

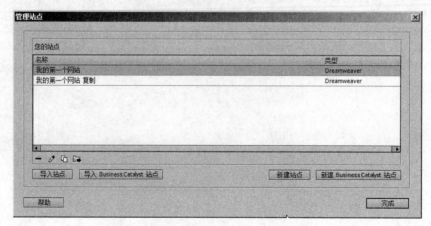

图 2-3　"管理站点"对话框

1. 复制站点

复制站点可以创建多个相同或类似的站点,复制站点的操作方法如下。

(1) 在"管理站点"对话框中,选择要复制的站点,例如选择"我的第一个网站"。

(2) 单击对话框中的"复制"按钮,即可复制出"我的第一个网站 复制"的站点。

2. 编辑站点

编辑站点是对已创建的本地站点进行修改和编辑。下面以将"我的第一个网站 复制"站点名称改为"我的第二个网站"为例,介绍编辑站点的操作方法。

(1) 在"管理站点"对话框中选择要编辑的站点——"我的第一个网站 复制"。

(2) 单击对话框中的"编辑"按钮,打开"站点设置对象 我的第一个网站 复制"对话框。

(3) 在"站点名称"文本框中,将"我的第一个网站 复制"改为"我的第二个网站",将"本地站点文件夹"文本框中的文件夹 D:\myweb 改为 D:\myweb2,单击"保存"按钮。

📖 **小提示**:复制后的站点一般要重新编辑,因为复制站点的保存位置默认和原站点一致,如果不做修改会造成网站根目录的冲突。在编辑复制站点时,不但要修改复制站点的站点名,一般还要修改复制站点的保存位置,否则保存时会弹出如图 2-4 所示的对话框。

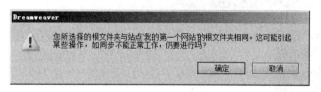

图 2-4 提示对话框

3. 删除站点

对于不再使用的站点可以通过删除站点将其从站点列表中删除,删除站点的操作方法如下。

(1) 在"管理站点"对话框中,选择要删除的站点,例如选择"我的第二个网站"。

(2) 单击对话框中的"删除"按钮,弹出提示对话框,询问是否删除本地站点(如图 2-5 所示),单击"是"按钮,即可删除站点"我的第二个网站"。

4. 导入、导出站点

导出站点的功能是将站点设置导出为一个独立的文件,该文件以 .ste 作为扩展名,方便备份和移植。导入功能是将导出的 .ste 站点在 Dreamweaver CS6 中还原。

导出站点的操作方法如下。

(1) 在"管理站点"对话框中,选择要导出的站点,例如选择"我的第二个网站"。

(2) 单击对话框中的"导出"按钮,弹出"导出站点"对话框,如图 2-6 所示。选择导出

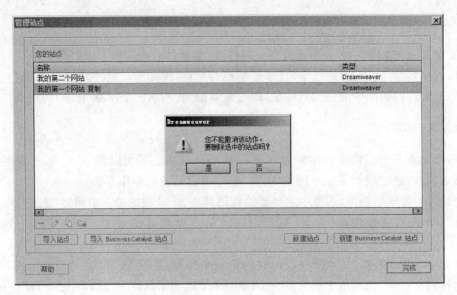

图 2-5   询问对话框

站点文件的保存位置并输入导出文件的文件名,单击"保存"按钮,即可导出站点"我的第二个网站"。

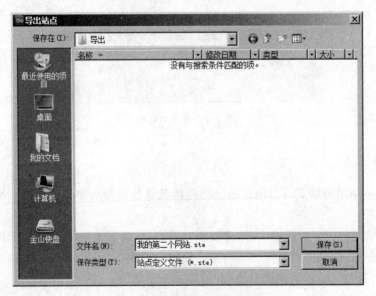

图 2-6   "导出站点"对话框

导入站点的操作方法如下。

(1)在"管理站点"对话框中,单击"导入"按钮。

(2)弹出"导入站点"对话框,如图 2-7 所示。选择要导入的站点文件,单击"打开"按钮,即可导入站点。

图 2-7 "导入站点"对话框

📖 **小提示**：站点的导出文件 * . ste 中保存的只是站点设置的相关信息，例如站点的名称、站点对应的根文件夹的位置、站点远程服务器的设置信息等。但是其中并不包含站点根文件夹中网页文件、图片文件等相关文件的信息，所以导入站点只是导入了站点的相关设置信息，而并非整个站点根文件夹中包含的文件。

2.1.3 管理和编辑本地站点文件

可以通过 Dreamweaver 的文件面板管理和编辑本地站点的文件，例如新建、删除、修改文件和文件夹。

1. 建立文件夹

以在站点根目录下建立 sound 文件夹为例，具体操作方法如下。

（1）在"文件"面板中右击站点"我的第一个网站"，在弹出的快捷菜单中选择"新建文件夹"命令，在"文件"面板的本地站点的根文件夹 myweb 下会出现名为 untitled 的新文件夹，如图 2-8 所示。

（2）将新文件夹 untitled 重命名为 sound，并按 Enter 键确认。

2. 新建主页

主页是指进入一个站点时首先打开的页面，主页一般命名为 index，并直接放在站点根文件夹下，在站点中添加主页的操作方法如下。

（1）执行菜单栏中的"文件"→"新建"命令，弹出"新建文档"对话框，如图 2-9 所示。选择"空白页"，页面类型选择 HTML，布局选择"无"，单击"创建"按钮，则新建一个名为 Untitled-1. html 的网页文件。

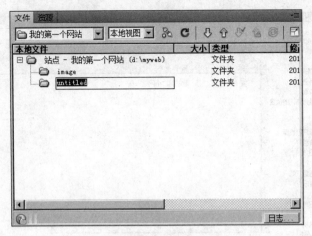

图 2-8　新建文件夹

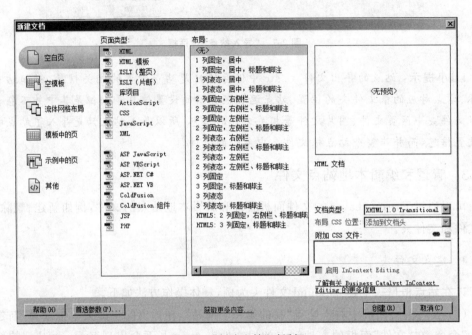

图 2-9　"新建文档"对话框

（2）重命名文件，通过"保存"或者"另存为"命令，将该文件改名为 index. html，如图 2-10 所示。可以看出一个网站中新建网页文件的默认存放位置为站点根文件夹。

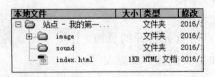

图 2-10　将新建文件保存为 index. html

3. 建立网页

普通网页是指除了站点主页之外的网页文件,最好不直接放在根文件夹下,应在站点中建立相应的子文件夹来存放普通网页。建立普通网页的操作方法如下。

(1) 创建新建网页所在的文件夹。

(2) 执行新建主页操作的步骤(1)、(2),在第(2)步保存文件时,选择文件保存在新建的文件夹中,并且注意文件的文件名不能和主页同名。

任务 2.2　发布网站

2.2.1　网站空间

网站的本质是一组 Web 文件,它们需要占据一定的硬盘空间。这就是通常所说的网站空间。一个网站需要多大的空间呢? 网站的空间一般包括企业网站的基本网页文件、网页图片文件等,特殊的企业需要存放反馈信息和备用文件的空间,再加上一些剩余的硬盘空间(避免数据丢失),这些空间的总和就是一个网站所需要的网站空间。如果用户打算专门从事网络服务,有大量的内容要发布到网站上,可能需要的空间更大。

一般获取网站空间的方法有以下几种。

1. 免费网站空间

很多网站提供有"免费空间"的服务,只须在线申请,填入基本信息后即可获得,但一般得到的网站空间较小,网站访问的性能较差。

2. 虚拟主机

虚拟主机是使用特殊的软硬件技术,把一台运行在因特网上的服务器主机分成一台台"虚拟"的主机,每一台虚拟主机都具有独立的域名,具有完整的 Internet 服务器(WWW、FTP、E-mail 等)功能,虚拟主机之间完全独立,并可由用户自行管理,在外界看来,每一台虚拟主机和一台独立的主机完全一样。

虚拟主机依托于一台(计算机)服务器,多个网站可以在这台服务器上共享资源(硬盘空间、处理器周期以及内存空间)。虚拟主机由于可以给用户提供独立的管理权限,类似于用户拥有自己独立的服务器,因此极大地促进了网络技术的应用和普及。虚拟主机一般需要一定的费用,但比独立的服务器价格低很多,性价比较高。目前市面上一台独立服务器可以同时运行 10~100 台的云主机或 100~1000 台的 VPS(虚拟专用服务器)。

3. 租用服务器

服务器租用是指用户无须自己购买服务器,只须根据自己业务的需要,提出对硬件配置的要求。主机服务器由 IDC 服务商配置。用户采取租用的方式,安装相应的系统软件及应用软件以实现用户独享专用高性能服务器,实现 Web＋FTP＋MAIL＋VDNS 全部网络服务功能,用户的初期投资减轻了,可以更专注于自己业务的研发。目前主机提供商提供的主机租用服务的主机类型主要是基于 Intel CPU 的服务器,用户可以自行安装操作系统及相应的应用软件,并完全自行管理,也可由公司代用户安装系统、应用软件,免费提供服务器监测服务。

4．购买服务器

购买服务器的方法是由用户自主购买服务器,在专用服务器上部署自己的网站,这种方法适合对网站要求较高的企业或个人,成本相对较高,用户不但要支付购买服务器的费用,还要支付网络连接、服务器的运行和管理等一系列费用。

对于用户来说,要想建立一个自己的独立网站,就要选择合适的网站空间。用户可以根据需要来进行选择。如果想尝试当网络管理员的乐趣,则可以考虑申请虚拟主机;如果想建立很专业的商业网站,建议最好租用服务器或购买自己的服务器;而对于初学者,主要用来练习网站的设计和制作,体验设计网站的全过程,则建议申请免费的空间。

📖**小提示**：个人申请网站空间的注意事项如下。

(1)个人网站的页面中不能有黑客、色情、反动、敏感及违反现行国家法律的内容。

(2)如果个人网站空间服务商要求用户将一些代码添加到用户的个人主页源代码中,请务必添加进去,否则服务商会随时停止对用户的服务。

(3)一般用户不要在某个站点同时申请两个以上的个人空间,因为系统可能随时会删除其中一个站点。

(4)网站建设完成好之后,请尽快上传并及时更新,有些系统会定时删除超过规定时间未上传或更新主页者的账号。

2.2.2　设置远程服务器

远程服务器用于存储远程文件夹,通常位于运行 Web 服务器的计算机上。

在"文件"面板中,该远程文件夹称为远程站点。在设置远程文件夹时,必须为 Dreamweaver CS6 选择连接方法,以将文件上传和下载到 Web 服务器。Dreamweaver CS6 中连接方法常用的有两个,即"本地/网络"方式和 FTP 方式。

1．"本地/网络"方式

在连接到网络文件夹或在本地计算机上存储文件或运行测试服务器时使用此设置。

(1)在"文件"浮动面板中,选择"我的第一个网站",执行菜单栏中的"站点"→"管理站点"命令,打开"站点设置对象"对话框,选择"服务器"选项,如图 2-11 所示。

(2)单击 ➕ 图标,打开设置对话框,如图 2-12 所示。

(3)在"服务器名称"文本框中输入"我的第一个网站",该名字可以根据用户的需求命名。在"连接方法"下拉列表中选择"本地/网络",此时会发现对话框变为图 2-13 所示的界面。

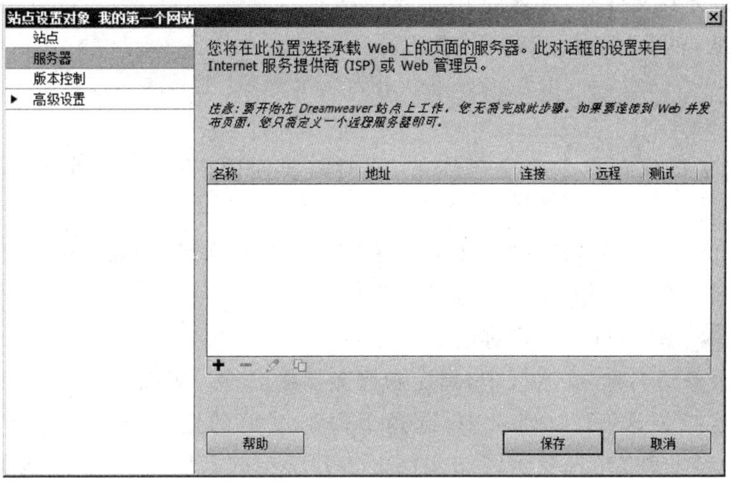

图 2-11 “服务器”选项

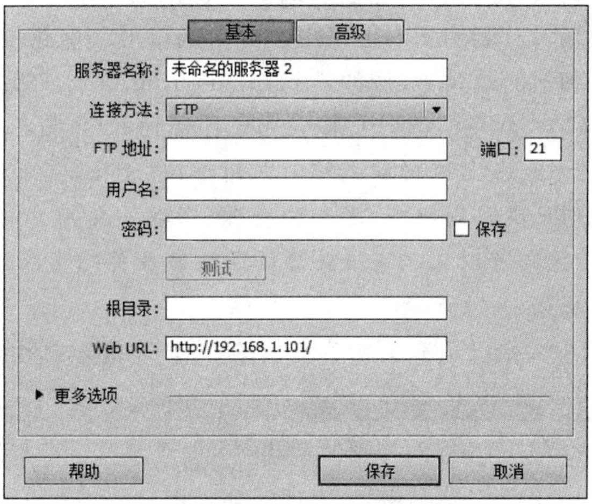

图 2-12 服务器基本选项设置界面

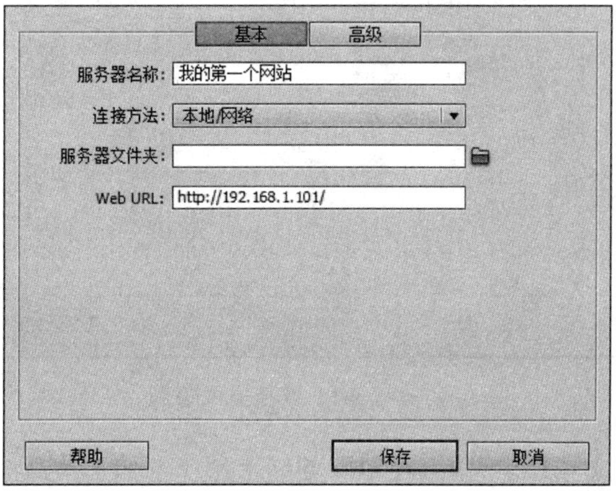

图 2-13 设置服务器基本信息

（4）在"服务器文件夹"文本框中输入网站的本地路径，在 Web URL 文本框中输入本机的 IP 地址，单击"保存"按钮，完成设置。

2. FTP 方式

如果站点需要保存在远程服务器上，此时需要使用 FTP 方式连接，具体设置步骤如下。

（1）在"文件"面板中，选择"我的第一个网站"，执行菜单"站点"→"管理站点"命令，打开"站点设置对象"对话框，选择"服务器"选项。

（2）单击 ➕ 图标，打开设置对话框。

（3）在"服务器名称"文本框中，指定新服务器的名称。可以设置所需的任何名称。

（4）从"连接方法"下拉列表中，选择 FTP。默认的连接方法即为 FTP 方式。在"FTP 地址"文本框中，输入要将网站文件上传到其中的 FTP 服务器的地址。FTP 地址是计算机系统的完整 Internet 名称，如 ftp.mindspring.com。请输入完整的地址，并且不要附带其他任何文本，特别是不要在地址前面加上协议名。端口 21 是接收 FTP 连接的默认端口。可以通过编辑右侧的文本框来更改默认端口号。保存设置后，FTP 地址的结尾将附加上一个冒号和新的端口号（例如，ftp.mindspring.com:29）。

（5）在"用户名"和"密码"文本框中，输入用于连接到 FTP 服务器的用户名和密码。

📖 **小提示**：FTP 方式在上传网站文件时采用 FTP 连接，需要远程服务器开通 FTP 服务，并给用户提供 FTP 服务的地址、账号和密码（密码一般用户自己设，也有网站给定的），相关 FTP 服务的信息可以从远程服务器的网络管理员处获取，一般在申请获取网站空间时都会有提供方提供。

（6）图 2-14 显示了一个已填充了相关参数的 FTP 连接方式的设置。

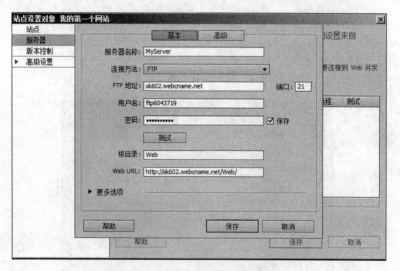

图 2-14　FTP 连接方式设置

（7）在"根目录"文本框中，输入远程服务器上用于存储上传后文档的目录。

设置好 FTP 服务的地址、用户名和密码后，为保证配置的正确，可以单击"测试"按钮,测试远程服务器是否连接正确。

2.2.3 上传网站

上传网站是指将本地网站的文件上传到远程服务器。有下面两种方法可以实现。

1. 使用"文件"面板将文件上传到远程或测试服务器

(1) 在"文件"面板中,选择要上传的文件。

通常在"本地"视图中选择这些文件,但如果必要,也可以在"远程"视图中选择相应的文件。

📖**小提示**:仅能上传那些本地版本比远程版本新的文件。

(2) 执行下列操作之一将文件上传到远程服务器。

① 单击"文件"面板工具栏上的"上传文件"按钮 ⬆。

② 在"文件"面板中右击该文件,然后从快捷菜单中选择"上传"命令。

(3) 如果该文件尚未保存,则会出现一个对话框,让用户在将文件上传到远程服务器之前保存文件。单击"是"按钮保存该文件,或者单击"否"按钮将以前保存的版本上传到远程服务器。

📖**小提示**:如果不保存文件,则自上次保存之后所做的任何更改都不会上传到远程服务器。但是,该文件会继续保持打开状态。因此如果需要,在将文件上传到服务器上之后,仍可以保存更改。

(4) 单击"是"按钮将相关文件随选定文件一起上传,或者单击"否"按钮不上传相关文件。默认情况下,不会上传相关文件。可通过选择菜单栏中的"编辑"→"首选参数"→"站点"命令设置此选项。

2. 使用文档窗口将文件上传到远程服务器

(1) 确保文档在"文档"窗口中处于活动状态。

(2) 执行下列操作之一来上传文件。

① 执行菜单栏中的"站点"→"上传"命令。

② 单击"文档"窗口工具栏中的"文件管理"图标,然后从菜单中选择"上传"命令。

📖**小提示**:如果当前文件不属于"文件"面板中的当前站点,则 Dreamweaver CS6 将尝试确定当前文件属于哪一个本地定义的站点。如果当前文件属于一个本地站点,则 Dreamweaver CS6 将打开该站点,然后执行"上传"操作。

任务 2.3   网站的更新和维护

2.3.1 本地和远程文件夹的结构

使用 Dreamweaver CS6 连接到某个远程文件夹,可在"站点设置对象"对话框的"服务器"类别中指定该远程文件夹。指定的远程文件夹(也称为"主机目录")应该对应于

Dreamweaver CS6 站点的本地根文件夹(本地根文件夹是 Dreamweaver CS6 站点的顶级文件夹)。与本地文件夹一样,远程文件夹可以具有任何名称,但 Internet 服务提供商通常会将各个用户账户的顶级远程文件夹命名为 public_html、pub_html 或者与此类似的其他名称。如果用户亲自管理自己的远程服务器,并且可以将远程文件夹命名为所需的任意名称,则最好使本地根文件夹与远程文件夹同名。

本地计算机上的本地根文件夹直接映射到 Web 服务器上的远程文件夹,而不是映射到远程文件夹的任何子文件夹或目录结构中位于远程文件夹之上的文件夹。

如果要在本地计算机上维护多个 Dreamweaver CS6 站点,则在远程服务器上需要等量个数的远程文件夹。应在 public_html 文件夹中创建不同的远程文件夹,然后将它们映射到本地计算机上各自对应的本地根文件夹。

当首次建立远程连接时,Web 服务器上的远程文件夹通常是空的。之后,当使用 Dreamweaver CS6 上传本地根文件夹中的所有文件时,便会用这些文件来填充远程文件夹。远程文件夹应始终与本地根文件夹具有相同的目录结构(也就是说,本地根文件夹中的文件和文件夹应始终与远程文件夹中的文件和文件夹一一对应)。如果远程文件夹的结构与本地根文件夹的结构不匹配,Dreamweaver CS6 会将文件上传到错误的位置,站点访问者可能无法看到这些文件。此外,如果文件夹和文件结构不同步,图像和链接路径会很容易断开。

Dreamweaver CS6 要连接到的远程文件夹必须存在。如果未在 Web 服务器上指定一个文件夹作为远程文件夹,则应创建一个远程文件夹或要求服务器管理员创建一个远程文件夹。

2.3.2　下载站点中的文件

下载站点的文件一般是指从远程文件夹中获取网站的文件,在下载之前,首先确认远程服务器的设置正确,然后按如下步骤下载站点文件。

(1) 在 Dreamweaver CS6 的"文件"面板中,选中站点名称,然后单击 ⇩ 图标,打开如图 2-15 所示的对话框。

(2) 单击"确定"按钮,即可开始下载站点的文件。

图 2-15　提示对话框

2.3.3　本地文件和远程文件的同步

当在本地和远程站点上创建文件后,可以在这两种站点之间进行文件同步。

(1) 在"文件"面板中,选中要同步的站点,然后右击,在弹出的快捷菜单中选择"同步"命令,打开"同步文件"对话框,如图 2-16 所示。

图 2-16　"同步文件"对话框

（2）在"同步"下拉列表中有两个可选项，分别是"仅选中的远端文件"和"整个'我的第一个网站'站点"。

（3）在"方向"下拉列表中有3个可选项，分别是"放置较新的文件到远程""从远程获得较新的文件"和"获得和放置较新的文件"。

（4）按照用户同步的需求，选择适当的选项，单击"预览"按钮，Dreamweaver CS6会弹出搜索的报告，通知用户是否需要执行同步，或是否选择手动执行同步，如果选择手动执行同步，会弹出如图2-17所示的"同步"对话框。

图2-17 "同步"对话框

（5）在对话框中，单击 图标，可以执行所选文件的本地和远端比较操作。

（6）单击"确定"按钮同步文件。可以查看同步的详细信息或将同步的详细信息保存到本地文件中。

项 目 小 结

本项目主要介绍了如何建立站点、管理站点、更新站点、维护站点等一系列操作，并对如何获取空间、获取什么类型的空间以及如何发布网站做了一定的探讨，为后续网页的设计和制作打下良好的基础。

项 目 实 训

实训2.1 为站点申请空间

利用搜索引擎在网络上搜索提供免费空间的网站，打开该网站，按照网站的要求申请一个免费网站空间。

实训2.2 建立并上传网站"我的家"

（1）用Dreamweaver CS6建立一个网站，命名为"我的家"。初始配置服务器可以选择"本地/网络"连接。

（2）查找自己申请的空间信息，获取空间的 FTP 地址、账户名、密码等必要信息。

（3）将本地站点"我的家"的服务器设置改为 FTP 连接方式，填入相应必要的信息，完成服务器的测试。

（4）使用站点上传功能，将"我的家"站点上传到网站空间。

项目 3

向网页中添加各种元素

项目概要：网页是网络传递信息的基本途径。在设计和制作网页时，为了使网页中表现信息的形式更加丰富，可以通过向网页中添加各种媒体元素的形式来实现。网页中表达信息的形式有文本、图片、音频和视频等，本项目对如何在网页中添加上述信息元素做了详细的介绍，并通过丰富的实例展现了网页中使用各种元素表现信息的效果。

知识目标：文本、图像、音频、视频元素的不同属性和效果，添加各种元素后在网页文件中对应的 HTML 标签的表示方法。

技能目标：在 Dreamweaver CS6 中能在网页中插入文本、图像、音频、视频等基本的元素，并能熟练设置其相关属性。

任务 3.1　向网页中添加文本

文本是网页中表达信息的基本方式，具有信息量大、编辑方便、占用空间小、能够准确表达要描述的信息、便于用户的浏览和下载等显著特点。对于网页设计而言，文本的使用是基本的网页设计技能，包括文本的输入、编辑、格式的设置、文本修饰等。

为了更好地吸引网络用户在网页上做更多的停留，作为网页的设计者在设计网页时，除了要对文本遣词造句，更要注意文本的版式，尽可能在文档中灵活运用丰富的字体，合理搭配文本的特效以及不同的段落格式等，从而达到完美的网页效果。

3.1.1　案例导入——建立"班级简介"网页

Dreamweaver CS6 可以针对文字进行多种格式的设置，使设计的网页有漂亮的文字格式。图 3-1(源文件见本书配套素材 ch3\banjijianjie. html)所示就是一个以文字为主的网页，网页中的文字通过简单的格式设置，达到了很好的外观效果。在本任务中，先了解在网页中插入各种文本的方法、设置文本格式的基本操作，然后通过图 3-1 所示网页的实现，学习网页中文本格式的常用设置。

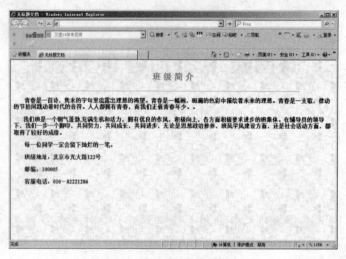

图 3-1　"班级简介"网页

3.1.2　在 Dreamweaver 中创建普通文本

1. 添加普通文本的方法

（1）直接输入

① 在网页的设计视图中，单击网页编辑窗口中的空白区域，窗口中随即出现闪动的光标，标识输入文字的起始位置。

② 选择适当的输入法输入文字。

（2）复制和粘贴

① 打开要复制文字的文档文件或网页，选择要复制的文字，然后使用复制命令。

② 单击网页编辑窗口，将光标定位于要输入文字的位置，使用粘贴命令。

📖 **小提示**：在复制粘贴文字时，被复制的文字往往有自己的预设格式，例如文档文件中文字的字体、字号或颜色格式等；网页文件中文字常常会带有人工换行符等。这些格式用户在自己的网页中可能并不需要，直接粘贴过来常会带来后续操作的不便。此时可以选择"编辑"→"选择性粘贴"命令，弹出如图 3-2 所示对话框。选择"仅文本"选项，单击"确定"按钮。这样粘贴的文字将没有格式设置。

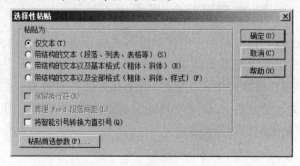

图 3-2　"选择性粘贴"对话框

（3）从其他文件导入

有时用户会把要放到网页上的文字预先整理成文档文件或表格文件，网页设计者不需要重新输入这些文字。Dreamweaver CS6 提供的"导入"功能，可以将现有的文档内容直接导入网页中。具体操作方法如下。

① 执行菜单栏中的"文件"→"导入"命令。Dreamweaver CS6 支持 4 种类型的导入："XML 到模板""表格式数据""Word 文档"和"Excel 文档"。选择相应的类型，单击。以"Word 文档"为例，选择"Word 文档"选项，弹出"导入 Word 文档"对话框，如图 3-3 所示。

图 3-3　"导入 Word 文档"对话框

② 找到要导入的 Word 文档，选择后单击"打开"按钮。Dreamweaver CS6 会执行导入操作，将文档中的文字做适当变换后显示在网页的文本编辑框中。

📖**小提示**：导入的文档文件注意不要太大，否则有可能拒绝导入或导入的时间过长。

2．添加空格

输入法切换到半角状态，按空格键只能输入一个空格。如果需要输入多个连续的空格可以通过以下几种方法来实现。

（1）执行菜单栏中的"插入"→HTML→"特殊字符"→"不换行空格"命令。

（2）直接按 Ctrl＋Shift＋Space 组合键输入多个空格。

（3）设置软件首选参数。执行菜单栏中的"编辑"→"首选参数"命令，打开"首选参数"对话框，如图 3-4 所示。在"常规"分类中选中"编辑选项"栏中的"允许多个连续的空格"复选框。

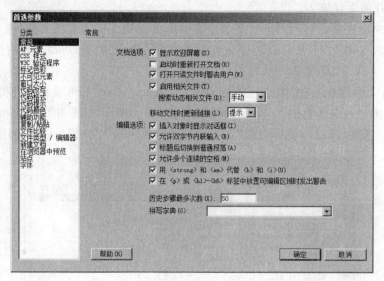

图 3-4　"首选参数"对话框

3．添加日期时间

在文档的最后一行插入形式如"Sunday，2013-03-01 10：47 AM"所示的日期，且要求每次保存网页时自动更新日期。具体操作方法如下。

（1）切换到"常用"插入工具栏，如图 3-5 所示。

（2）按 Enter 键，添加一空行，将光标放置在空行与正文对齐的最左端。

（3）执行菜单栏中的"插入"→"日期"命令，或者选择"常用"插入工具栏中的"日期"选项，将弹出"插入日期"对话框，如图 3-6 所示。

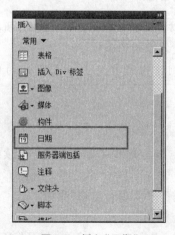

图 3-5　插入"日期"

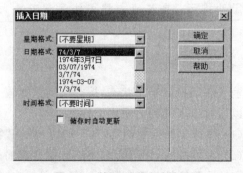

图 3-6　"插入日期"对话框

（4）在"插入日期"对话框中的"星期格式"下拉列表中选择 Thursday，"日期格式"选择 1974-03-07，在"时间格式"下拉列表中选取 10：18 PM，选中"储存时自动更新"复选框，然后单击"确定"按钮。

（5）保存文档，并浏览网页，可以查看到效果。

4．插入水平线

（1）切换到"常用"插入工具栏。

（2）将光标放置到标题最后一个字符的右边。

（3）单击"常用"插入工具栏中的"水平线"按钮，如图 3-7 所示，即可向网页中标题与正文之间插入一条水平线。

图 3-7 插入"水平线"

3.1.3 一些特殊文本的输入

在编辑网页时有时需要输入一些特殊的字符，Dreamweaver CS6 提供了添加特殊字符的功能。主要有下面两个方法。

（1）执行菜单栏中的"插入"→HTML→"特殊字符"命令插入。先将光标放置到需要插入特殊字符的位置，然后展开菜单"插入"→HTML→"特殊字符"，在"特殊字符"的级联菜单中选择需要插入的特殊字符，如图 3-8 所示。

（2）通过"文本"插入工具栏插入。先在 Dreamweaver CS6 的"插入"工具栏中选择"文本"选项，显示"文本"插入工具栏。将光标放置到需要插入特殊字符的位置，然后选择工具栏中的"文本"选项，选择所需插入的特殊字符即可插入网页中，如图 3-9 所示。

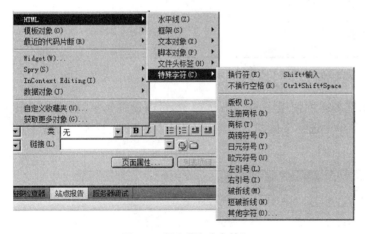

图 3-8 插入"特殊字符"

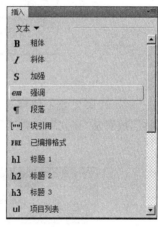

图 3-9 特殊字符菜单

3.1.4 文本的常用格式设置

使用属性面板或"格式"菜单中的选项可以设置或更改所选文本的字体特性。可以设置字体类型、样式（如粗体或斜体）和大小。

1．设置文字格式

（1）选择文本。如果未选择文本，更改将应用于随后输入的文本。

（2）从以下选项中选择。

① 若要更改字体，则在属性面板中单击 CSS 或者在设计视图中右击，在弹出菜单的"字体"子菜单中选择需要的字体；"默认"对所选文本应用默认字体（或者是浏览器的默认字体，或者是在 CSS 样式表中指定给该标签的字体）。

📖小提示：在用上述方法设置字体时，会弹出图 3-10 所示的"新建 CSS 规则"对话框，要求新建一个 CSS 样式，字体的设置通过这个 CSS 样式产生作用。CSS 样式的知识在项目 7 中会有详细介绍。在这里，只需要先在这个对话框中在"选择或输入选择器名称"下的文本框中自定义一个名字作为选择器的名称，例如这里输入 ziti，然后单击"确定"按钮即可。后面设置文本颜色时按类似的方法操作。

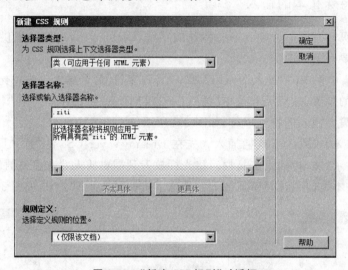

图 3-10　"新建 CSS 规则"对话框

② 若要更改字体样式，则选择属性面板中的 CSS 选项卡，可以设置文字"粗体"或"斜体"，或者从"格式"→"样式"子菜单中选择字体样式（"粗体""斜体""下划线"等），如图 3-11 所示。

图 3-11　设置文字字体和样式

2．编辑字体列表

使用"编辑字体列表"命令可以设置出现在属性面板中的字体组合。字体组合确定浏览器显示 Web 页面中的文本的方式。浏览器使用用户系统上安装的字体组合中的第一种字体；如果字体组合中未安装任何一种字体，则浏览器按用户的浏览器首选参数指定的方式显示文本。

（1）在设计视图中右击，在弹出的快捷菜单中选择"字体"→"编辑字体列表"命令，如图 3-12 所示。

图 3-12　编辑字体列表

（2）从对话框顶部的列表中选择字体组合，所选组合中的字体在对话框左下角的"选择的字体"列表框中列出，右侧是系统上安装的所有可用字体的列表，如图 3-13 所示。

图 3-13　"编辑字体列表"对话框

（3）如果想让某种系统已安装的字体出现在可用的字体列表中，则在右下角"可用字体"列表框中选择相应的字体，单击按钮即可将该字体选入左下角"选择的字体"列表框。单击"确定"按钮即可将其添加到字体列表。

（4）可以从网上下载新的字体进行安装，然后添加到字体列表中。

3. 更改文本的颜色

可以更改所选文本的颜色，使新颜色覆盖页面属性中设置的文本颜色（如果未在页面属性中设置任何文本颜色，则默认文本颜色为黑色）。

（1）选择文本。

（2）执行下列操作之一。

① 选择"格式"→"颜色"命令,出现系统颜色选择器对话框。选择一种颜色,然后单击"确定"按钮。

② 若要定义默认文本颜色,则选择"修改"→"页面属性"命令。

在属性面板中,单击"页面属性"按钮,打开"页面属性"对话框,如图 3-14 所示。

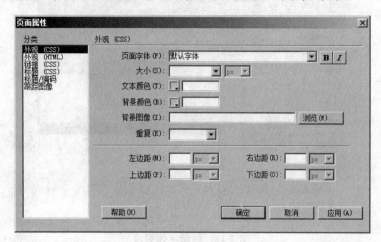

图 3-14　"页面属性"对话框

3.1.5　观察文本对应的代码

在代码视图中打开图 3-1 所示网页对应的文件(本书配套素材 ch3\banjijianjie.html),可以查看文字设置的对应代码。

```
<body>
    <p style="text-align: center; font-family: '微软简粗黑';
        font-size: 22px; color: #F33; font-weight: bold;">班 级 简 介</p>
    <hr align="center" width="650" />
    <p><span style="color: #000000; font-weight: bold;">   
         青春是一首诗,隽永的字句里流露出理想的渴望。青春是一幅画,斑斓的色彩中
        描绘着未来的理想。青春是一支歌,律动的节拍间跳动着时代的音符。人人都拥有青
        春,而我们正值青春年少……</span></p>
    <p><span style="font-size: 14px; font-weight: bold; color: #000;"> 
           我们班是一个朝气蓬勃,充满生机和活力,拥有优良的作风,积极
        向上,各方面积极要求进步的班集体。在辅导员的领导下,我们一步一个脚印,共同努
        力,共同成长,共同进步,无论是思想政治修养,班风学风建设方面,还是社会活动方面,
        都取得了较好的成绩。    </span></p>
    <p>    <span style="color: #000000; font-weight:
        bold;"> <span style="color: #000000; font-weight: bold;">每一位
        同学</span>一定会留下灿烂的一笔。</span></p>
    <p>    <span style="font-weight: bold; color: #330000;"
        >班级地址:北京市光大路 122 号</span>     
        </p>
    <p>    <span style="font-weight: bold; color: #303;">邮
        编:100005</span></p>
```

```
<p>    <span style="color: #300; font-weight: bold;">客服
   电话:010-82221286</span></p>
</body>
```

任务 3.2　向网页中添加图像

3.2.1　案例导入——建立"汽车之家"网页

图像在网页中的作用非常重要,图像、Logo、按钮等可以增加网页的美观,更形象生动地表达网页的内容。图 3-15 所示是"汽车之家"网页效果(见本书配套素材 ch3\qichezhijia. html)。

图 3-15　"汽车之家"网站

3.2.2　网页中常用的图像格式

在网页中使用图片的原则是在保证画质的前提下尽可能使图片的数据量小一些,这样有利于用户快速地浏览网页。网页中主要使用下列格式的图片。

1. GIF 格式

特点:它的图片数据量小,可以带有动画信息,且可以透明背景显示,但最高只支持256 种颜色。

用途:大量用于网站的图标 Logo、广告条 Banner 及网页背景图像。但由于受到颜色的限制,不适用于要求高质量的网页图像。

2. JPEG 格式

特点：可以高效地压缩图片的数据量，使图片文件变小的同时基本不丢失颜色画质。

用途：通常用于显示照片等颜色丰富的精美图像。

3. PNG 格式

特点：是一种逐步流行的网络图像格式。既融合了 GIF 能做成透明背景的特点，又具有 JPEG 处理精美图像的优点。

用途：常用于制作网页效果图。

3.2.3 插入图像

将图像插入 Dreamweaver CS6 文档时，HTML 源代码中会生成对该图像文件的引用。为了确保此引用的正确性，该图像文件必须位于当前站点中。如果图像文件不在当前站点中，Dreamweaver CS6 会询问是否要将此文件复制到当前站点中。

插入图像后，可以设置图像标签辅助功能属性，屏幕阅读器能为有视觉障碍的用户朗读这些属性。可以在 HTML 代码中编辑这些属性。

在网页中插入图像一般需要以下步骤。

（1）在"文档"窗口中，将插入点放置在要显示图像的地方，然后执行下列操作之一。

① 在"插入"面板的"常用"类别中，单击"图像"按钮。

② 选择"插入"→"图像"命令。

③ 将图像从"资源"面板（选择"窗口"→"资源"命令打开）拖曳到文档窗口中的所需位置，然后转到步骤（3）。

④ 将图像从"文件"面板拖曳到文档窗口中的所需位置（或者拖曳到代码视图窗口中），然后转到步骤（3）。

⑤ 将图像从桌面拖曳到文档窗口中的所需位置，然后转到步骤（3）。

（2）弹出"选择图像源文件"对话框，如图 3-16 所示。在出现的对话框中执行下列操作之一。

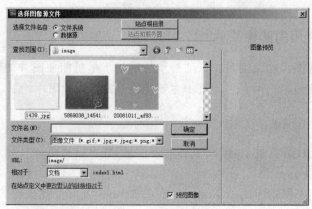

图 3-16 "选择图像源文件"对话框

① 选择"文件系统"选项将选择一个图像文件。

② 选择"数据源"选项将选择一个动态图像源。

③ 单击"站点和服务器"按钮以在其中的一个 Dreamweaver CS6 站点的远程文件夹中选择一个图像文件。

（3）浏览选择要插入的图像或内容源。

如果正在处理一个未保存的文档，Dreamweaver CS6 将生成一个对图像文件的 file://引用。将文档保存在站点中的任意位置后，Dreamweaver CS6 将该引用转换为文档相对路径。

（4）单击"确定"按钮。将显示"图像标签辅助功能属性"对话框（可在"编辑"→"首选参数"命令界面中设置插入图像时是否显示此对话框），如图 3-17 所示。可在"替换文本"下拉列表框中，为图像输入一个名称或一段简短描述。输入应限制在 50 个字符左右。

图 3-17 "图像标签辅助功能属性"对话框

（5）在属性面板中，设置图像的属性，如图 3-18 所示。

图 3-18 图像属性面板

① "宽"和"高"：图像的宽度和高度，以像素表示。在页面中插入图像时，Dreamweaver CS6 会自动用图像的原始尺寸更新这些文本框。如果设置的"宽"和"高"值与图像的实际宽度和高度不相符，则该图像在浏览器中可能不会正确显示。

② "源文件"：指定图像的源文件。单击文件夹图标以浏览到源文件，或者输入路径。

③ "链接"：指定图像的超链接。将"指向文件"图标拖曳到"文件"面板中的某个文件上，单击文件夹图标浏览到站点上的某个文档，或手动输入 URL。

④ "替换"：指定在只显示文本的浏览器或已设置为手动下载图像的浏览器中代替图像显示的替换文本。对于使用语音合成器（用于只显示文本的浏览器）的有视觉障碍的用户，将大声读出该文本。在某些浏览器中，当鼠标指针滑过图像时也会显示该文本。

⑤ 地图名称和热点工具：允许标注和创建客户端图像地图。

⑥ "目标":指定链接的页应加载到的框架或窗口(当图像没有链接到其他文件时,此选项不可用)。当前框架集中所有框架的名称都显示在"目标"列表中。也可选用下列保留目标名。

- _blank:将链接的文件加载到一个未命名的新浏览器窗口中。
- _parent:将链接的文件加载到含有该链接的框架的父框架集或父窗口中。
- _self:将链接的文件加载到该链接所在的同一框架或窗口中。此目标是默认的,所以通常不需要指定它。
- _top:将链接的文件加载到整个浏览器窗口中,因而会删除所有框架。

⑦ 裁剪:裁切图像的大小,从所选图像中删除不需要的区域。

⑧ 重新取样:对已调整大小的图像进行重新取样,提高图片在新的大小和形状下的品质。

⑨ 亮度和对比度:调整图像的亮度和对比度设置。

⑩ 锐化:调整图像的锐度。

3.2.4　给无法显示的图像加注释

为了提高网页的浏览速度,有的浏览器设置了不显示图像文件。此时,如果网页中有图片,那么网页中应该显示图像的地方就会空下来,造成网页不美观。

为了解决这样的问题,Dreamweaver CS6 提供了替换文字的功能,换句话说就是当图像无法显示时,用一段文本替换。具体操作步骤如下。

(1) 在插入图片的网页中,单击图片,找到图像属性面板中的"替换"选项,如图 3-19 所示。

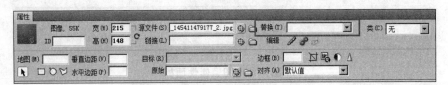

图 3-19　图像属性面板中的"替换"选项

(2) 在"替换"下拉列表框中填入要显示的信息,保存文件预览,查看效果。

📖**小提示**:只有当浏览器设置了"不显示图片",或图片因为被移动位置无法显示时,原图片的位置才会被输入的文字替代;否则,预览看到的是图像文件。

3.2.5　图像的编辑

在 Dreamweaver CS6 中可以对图像重新取样、裁剪、优化和锐化,还可以调整图像的亮度和对比度。

Dreamweaver CS6 提供了基本的图像编辑功能,用户无须使用外部图像编辑应用程序(例如 Fireworks 或 Photoshop)即可修改图像。Dreamweaver CS6 图像编辑工具旨在使用户能与内容设计者(负责创建网站上使用的图像文件)轻松地协作。

1. Dreamweaver 支持裁剪(或修剪)位图文件图像

📖小提示：裁剪图像时,会更改磁盘上的源图像文件。因此,最好保留图像文件的一个备份副本,以在需要恢复到原始图像时使用。

(1)打开包含要裁剪的图像的页面,选择图像,并执行下列操作之一。

① 单击图像属性面板中的"裁剪工具"图标。

② 选择"修改"→"图像"→"裁剪"命令。

所选图像周围会出现裁剪控制点。

(2)调整裁剪控制点直到边界框包含的图像区域符合所需大小。

(3)在边界框内部双击或按 Enter 键裁剪选定内容。

(4)预览该图像并确保它满足用户的要求。如果不满足用户的要求,则选择"编辑"→"撤销裁剪"命令恢复到原始图像。

2. 优化图像

可以在 Dreamweaver CS6 中优化网页中的图像。

(1)打开包含要优化的图像的页面,选择图像,并执行下列操作之一。

① 在图像属性面板中单击"编辑图像设置"按钮 🔧。

② 选择"修改"→"图像"→"优化"命令。

(2)在"图像优化"对话框中进行编辑并单击"确定"按钮,如图 3-20 所示。

3. 锐化图像

锐化将增加对象边缘的像素的对比度,从而增加图像清晰度或锐度。

(1)打开包含要锐化的图像的页面,选择图像,并执行下列操作之一。

① 单击图像属性面板中的"锐化"按钮。

② 选择"修改"→"图像"→"锐化"命令。

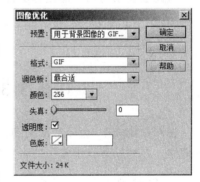

图 3-20　"图像优化"对话框

(2)在弹出的"锐化"对话框中可以通过拖动滑块控件或在文本框中输入一个 0～10 的值,指定 Dreamweaver CS6 应用于图像的锐化程度。在使用"锐化"对话框调整图像的锐度时,可以预览对该图像所做的更改。

(3)如果对该图像满意,则单击"确定"按钮。

(4)选择"文件"→"保存"命令,以保存更改,或选择"编辑"→"撤销锐化"命令恢复到原始图像。

📖小提示：只能在保存包含图像的页面之前撤销"锐化"命令的效果(并恢复到原始图像文件)。保存页面后,对图像所做的更改即永久保存。

4. 调整图像的亮度和对比度

"亮度/对比度"修改图像中像素的亮度或对比度。这将影响图像的高亮显示、阴影和中间色调。

（1）打开包含要调整的图像的页面,选择图像,选择"修改"→"图像"→"亮度/对比度"命令,弹出"亮度/对比度"对话框,如图 3-21 所示。

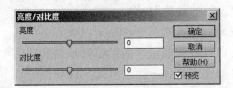

图 3-21 "亮度/对比度"对话框

（2）拖动亮度和对比度滑块调整设置。值的范围为 $-100 \sim 100$。

（3）单击"确定"按钮。

3.2.6 观察图像对应的代码

插入图像的代码如下。

```
<imgsrc="image/5869038_145411479177_2.jpg" alt="" width="215" height="148" />
```

为无法显示的图像加注释的代码如下。

```
<img src="image/5869038_145411479177_2.jpg" alt="无法显示图像时你才能看到我"
    width="1024" height="768" />
```

任务 3.3 向网页中添加声音

在网站制作中,会经常使用到音频多媒体,音频可以作为网站背景音乐或者网站特效等使用。在网站建设中常用的音频格式主要有以下几种。

1. MP3 格式

MP3 格式的音频文件最大的特点就是能以较小的比特率、较大的压缩比达到接近完美的 CD 音质。CD 是以 1.4MB/s 的数据流量来表现其优异的音质的。而 MP3 仅需要 112KB/s 或 128KB/s 就可以达到逼真的 CD 音质。所以,可以用 MP3 格式对 WAV 格式的音频文件进行压缩,既可以保证音质效果,也达到了减小文件容量的目的。

2. WAV 格式

WAV 格式的音频文件具有较好的声音品质,许多浏览器都支持此格式,并且不要求安装插件。可以利用 CD、磁带、麦克风等获取自己的 WAV 文件。但是,WAV 文件容量通常较大,严格限制了可以在 Web 页面上使用的声音剪辑的长度。

3. AIF 格式

与 WAV 格式类似,AIF 格式的音频文件也具有较好的声音品质,大多数浏览器都支持该格式,并且不要求安装插件。也可以从 CD、磁带、麦克风等获取 AIF 文件。但是,该格式文件夹的容量通常也较大。

4. MIDI 格式

MIDI 格式一般用于器乐类的音频文件。许多浏览器都支持 MIDI 格式的文件,并且不要求安装插件。尽管其声音品质非常好,但根据声卡的不同,声音效果也会有所不同。较小容量的 MIDI 文件也可以提供较长时间的声音剪辑。MIDI 文件不能录制并且必须使用特殊的感触件和软件在计算机上进行合成。

3.3.1　案例导入——建立"音乐播放"网站

Dreamweaver CS6 支持在网页中加入多种格式的音乐文件,通过插入音频文件的功能可以给网页添加背景音乐;还可以在网页上显示播放器,提供播放控制的功能。图 3-22 所示是一个音乐播放的网站。

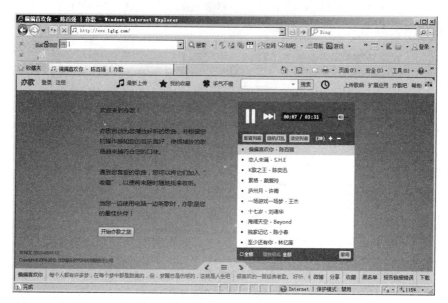

图 3-22　音乐播放网站

3.3.2　向网页中插入可控制播放的声音

在网页中插入音频是将音频直接嵌入页面中,如果浏览器安装了适当的音频插件,那么当浏览者在浏览网页时声音就可以播放。在网页页面中也可以嵌入一个播放器来播放音频,在页面上显示播放器的外观,包括播放、暂停、停止、音量及声音文件的开始点和结束点等控制面板(在这里需要注意的是,浏览者需要具有相应的插件才可以播放音乐)。

　　具体的设置步骤如下。

　　(1) 在网站文件夹中创建 sound 文件夹,将要嵌入网页的音乐文件复制到该文件夹中。这里复制 Windows 自带的实例音乐 Kalimba.mp3。

　　(2) 创建文件 music.html,单击"文档"工具栏中的"拆分"按钮,将操作窗口跳转到设计和代码并存的状态。将光标定位在<body>标记的后面,按 Enter 键,使<body>标记与前面的标记有一定的间隔。

　　(3) 执行"插入"→"媒体"→"插件"命令,如图 3-23 所示。

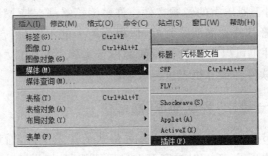

图 3-23　插入插件

　　(4) 在弹出的"选择文件"对话框中选中要播放的音乐文件 Kalimba.mp3,并单击"确定"按钮,如图 3-24 所示。

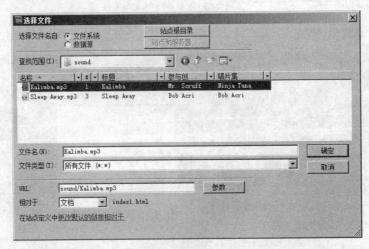

图 3-24　选择音乐文件

　　(5) 以上步骤完成后,切换到窗口的设计视图。选中插件图标 。

　　(6) 在属性面板的"对齐"下拉列表框中选择"居中"选项,如图 3-25 所示。

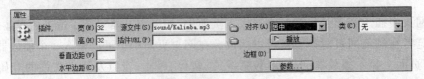

图 3-25　选择居中对齐

(7) 选择"插件"图标,并在属性面板中将"宽"设定为 170,"高"设定为 40,如图 3-26 所示。这里所设定的是页面中显示的播放器大小。

图 3-26 改变播放器宽度和高度

(8) 要实现循环播放音乐的效果,则单击属性面板中的"参数"按钮,然后在弹出的"参数"对话框中单击 ➕ 按钮,在"参数"列中输入 LOOP,并在"值"列中输入 true 后,单击"确定"按钮,如图 3-27 所示。

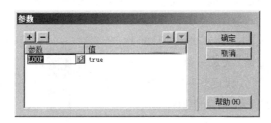

图 3-27 "参数"对话框

(9) 保存,按 F12 键,打开浏览器预览,在网页中会看到嵌入播放器,实现音乐的播放和控制,如图 3-28 所示。

图 3-28 可控音乐播放的效果

📖 小提示：播放音频文件时要求浏览器要安装相应音频格式的插件。如果用的是 IE 浏览器,在打开时将弹出如图 3-29 所示提示。

图 3-29 允许 ActiveX 控件运行

选择"允许阻止的内容"选项,浏览器才能正常播放。

3.3.3 在网页中应用背景声音

在页面中可以嵌入背景音乐。这种音乐的格式多以 MP3、MIDI 文件为主。在 Dreamweaver CS6 中,背景音乐的添加一般采用代码的方式来实现。

在 HTML 语言中,可以使用<bgsound>标签实现多种格式音乐文件的嵌入功能。

嵌入一段 MP3 格式的"背景音乐",具体操作方法如下。

(1) 将要嵌入网页的音乐文件复制到 sound 文件夹中。这里复制 Windows 自带的实例音乐 Sleep Away.mp3。

(2) 打开要插入背景音乐的网页,设置 Dreamweaver CS6 的视图为拆分视图。拖动代码窗口左侧的滑块到代码的最底部,并将光标定位在<body>标签的后面。按 Enter 键,使<body>标签与前面的标签有一行之隔。

📖 **小提示**:< bgsound > 标 签 也 可 以 放 在 <head>…</head>之间,效果一样。

(3) 在空白的行首写入代码<b...,这时页面会弹出一个下拉列表框。在下拉列表框中选择 bgsound,并双击,如图 3-30 所示。

(4) 在 bgsound 后按空格键,并在弹出的对话框中选择 src(文件链接),双击该选项,如图 3-31 所示。

(5) 双击 src 选项后,会出现一个名为"浏览"的选项,双击该选项,如图 3-32 所示。

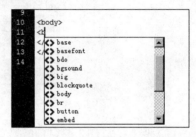

图 3-30　输入 HTML 的下拉列表框

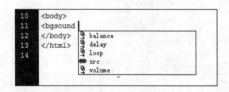

图 3-31　bgsound 标签的参数提示

图 3-32　src 参数设置

(6) 在弹出的"选择文件"对话框中选中要设为背景音乐的文件 Sleep Away.mp3,并单击"确定"按钮,如图 3-33 所示。

(7) 完成这一步后就可以看到,在代码窗口中,刚才的< bgsound... 后面出现了...src="sound / Sleep Away.mp3"的字符代码。

(8) 在...mp3 的后面按空格键,并在弹出的对话框中选择 loop(设置音乐循环播放),双击该选项,然后选择−1,如图 3-34 所法。

📖 **小提示**:Loop 的值表示的是音乐播放的次数,−1 表示无限循环。

(9) 输入>完成整行代码的编写,如图 3-35 所示。

(10) 保存文件,预览,就可以在页面中听到背景音乐。

📖 **小提示**:<bgsound>标签适用于 Internet Explorer,其他的浏览器可能不支持。

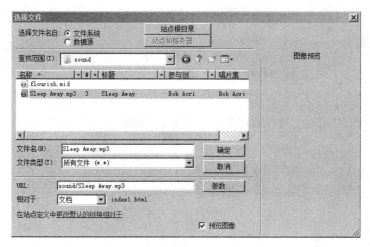

图 3-33 "选择文件"对话框

图 3-34 输入 HTML 语言时的提示

图 3-35 插入背景音乐的完整代码

任务 3.4 向网页中添加视频

为了丰富网页的表现形式,除了向网页中添加音乐之外,在需要时,也可以向网页中添加视频。Dreamweaver CS6 支持的视频格式主要有以下几种。

(1) SWF 文件,扩展名为 .swf。SWF(Shock Wave Flash)是 Adobe 公司的动画设计软件 Flash 的专用格式,是一种支持矢量和点阵图形的动画文件格式,被广泛应用于网页设计、动画制作等领域,SWF 文件通常也被称为 Flash 文件。

(2) FLV 文件。FLV 是 Flash Video 的简称,FLV 流媒体格式是随着 Flash MX 的推出发展而来的视频格式。由于它形成的文件极小、加载速度极快,使网络观看视频更为快捷。

(3) AVI 文件。AVI(Audio Video Interleaved,音频视频交错)文件是将语音和影像同步组合在一起的文件。它对视频文件采用了一种有损压缩方式,但压缩比较高,因此尽管画面质量不是太好,但其应用范围非常广泛。

(4) RM 格式是一种流媒体视频文件格式,可以根据网络数据传输的不同速率制定不同的压缩比率,从而实现在低速率的 Internet 上进行视频文件的实时传送和播放。

3.4.1　案例导入——建立"视频播放"网页

Dreamweaver CS6 支持多种格式的视频播放,图 3-36 所示是一个简单播放 Flash 视频的例子。必要时在网页中加入视频的播放,会给网页增色不少。

图 3-36　"视频播放"网站

3.4.2　向网页中添加 Flash 动画

使用 Dreamweaver CS6 可向页面添加 SWF 文件,在浏览器中进行预览插入的效果。还可以在属性检查器中设置 SWF 文件的属性。

具体插入 SWF 文件的步骤如下。

(1) 在文档窗口的设计视图中,将插入点放置在要插入内容的位置,然后执行以下操作之一。

① 在"插入"面板的"常用"选项卡中,选择"媒体"选项,然后单击 SWF 图标。

② 选择"插入"→"媒体"→SWF 命令。

(2) 在弹出的"选择 SWF"对话框中,选择一个 SWF 文件(.swf),如图 3-37 所示。

(3) 选择要插入的 SWF 文件后,单击"确定"按钮。弹出"对象标签辅助功能属性"对话框,要求输入"标题"和设置"访问键"与"Tab 键索引"。单击"确定"按钮后,将在文档窗口中显示一个 SWF 文件占位符,如图 3-38 所示。

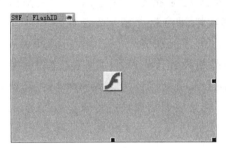

图 3-37 "选择 SWF"对话框

图 3-38 SWF 文件占位符

此占位符有一个选项卡式蓝色外框。此选项卡指示资源的类型(SWF 文件)和 SWF 文件的 ID。此选项卡还显示一个眼睛图标。此图标可用于在 SWF 文件和用户在没有正确的 Flash Player 版本时看到的下载信息之间切换。单击眼睛图标,则显示的信息如图 3-39 所示。

图 3-39 下载信息

(4)设置 SWF 文件的属性。单击 SWF 文件占位符,在"文档"窗口下方会显示属性面板,如图 3-40 所示。如果没有属性面板可以选择"窗口"→"属性"命令打开。

图 3-40 SWF 文件的属性面板

SWF 文件可以设置的属性如下所示。

① ID：为 SWF 文件指定唯一 ID。在属性面板最左侧的未标记文本框中输入 ID。从 Dreamweaver CS4 起，需要唯一 ID。

② "宽"和"高"：以像素为单位指定影片的宽度和高度。

③ "文件"：指定 SWF 文件或 Shockwave 文件的路径。单击文件夹图标以浏览到某一文件，或者输入路径。源文件指定源文档（FLA 文件）的路径（如果计算机上同时安装了 Dreamweaver 和 Flash）。若要编辑 SWF 文件，则更新影片的源文档。

④ "背景颜色"：指定影片区域的背景颜色。在不播放影片时（在加载时和在播放后）也显示此颜色。

⑤ "编辑"：启动 Flash 以更新 FLA 文件（使用 Flash 创作工具创建的文件）。如果计算机上没有安装 Flash，则会禁用此选项。

⑥ "类"：用于对 SWF 文件应用 CSS 类。

⑦ "循环"：使影片连续播放；如果没有选择循环，则影片将播放一次，然后停止。

⑧ "自动播放"：在加载页面时自动播放影片。

⑨ "垂直边距"和"水平边距"：指定影片上、下、左、右空白的像素数。

⑩ "品质"：在影片播放期间控制失真。高品质设置可改善影片的外观。但高品质设置的影片需要较快的处理器才能在屏幕上正确呈现。低品质设置会首先照顾到显示速度，然后才考虑外观，而高品质设置首先照顾到外观，然后才考虑显示速度。自动低品质会首先照顾到显示速度，但会在可能的情况下改善外观。自动高品质开始时会同时照顾显示速度和外观，但以后可能会根据需要牺牲外观以确保速度。

⑪ "比例"：确定影片如何适合在宽度和高度文本框中设置的尺寸。"默认"设置为显示整个影片。

⑫ "对齐"：确定影片在页面上的对齐方式。

⑬ Wmode：为 SWF 文件设置 Wmode 参数以避免与 DHTML 元素（例如 Spry Widget）相冲突。默认值是不透明，这样在浏览器中，DHTML 元素就可以显示在 SWF 文件的上面。如果 SWF 文件包括透明度，并且希望 DHTML 元素显示在它们的后面，则选择"透明"选项。选择"窗口"选项可从代码中删除 Wmode 参数并允许 SWF 文件显示在其他 DHTML 元素的上面。

⑭ "播放"：在"文档"窗口中播放影片。

⑮ "参数"：打开一个对话框，可在其中输入传递给影片的附加参数。影片必须已设计好，可以接收这些附加参数。

（5）保存此文件。

Dreamweaver CS6 通知用户正在将两个相关文件（expressInstall. swf 和 swfobject_modified. js）保存到站点中的 Scripts 文件夹。在将 SWF 文件上传到 Web 服务器时，不要忘记上传这些文件，否则浏览器无法正确显示 SWF 文件，如图 3-41 所示。

（6）保存文件后预览，就可以在页面中播放 SWF 文件。

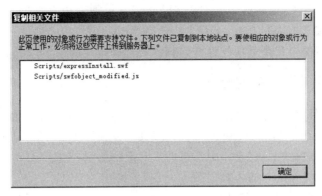

图 3-41 "复制相关文件"对话框

3.4.3 向网页中添加 FLV 视频

Dreamweaver CS6 可以向网页中轻松添加 FLV 视频,而无须使用 Flash 创作工具。在插入之前必须有一个经过编码的 FLV 文件。

Dreamweaver CS6 会首先插入一个显示 FLV 文件的 SWF 组件,当在浏览器中查看时,此组件显示所选的 FLV 文件以及一组播放控件。

与常规 SWF 文件一样,在插入 FLV 文件时,Dreamweaver CS6 将插入检测用户是否拥有可查看视频的正确 Flash Player 版本的代码。如果用户没有正确的版本,则页面将显示替代内容,提示用户下载最新版本的 Flash Player。

插入 FLV 文件的步骤如下。

(1)选择"插入"→"媒体"→FLV 命令,打开"插入 FLV"对话框,如图 3-42 所示。

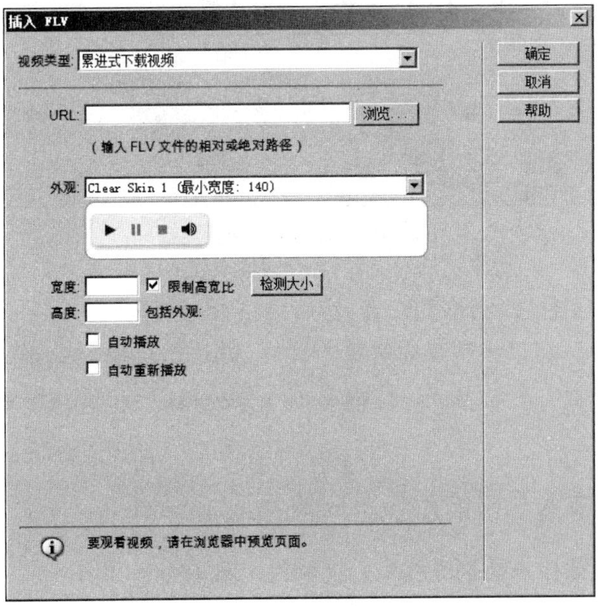

图 3-42 "插入 FLV"对话框

（2）在"插入 FLV"对话框中，从"视频类型"下拉列表中选择"累进式下载视频"或"流视频"选项。单击"浏览"按钮，选择要插入的 FLV 文件。

（3）完成对话框中其余选项的设置，然后单击"确定"按钮。

3.4.4　向网页中添加其他视频文件

除了 SWF 文件和 FLV 文件之外，还可以在 Dreamweaver CS6 文档中插入 QuickTime 或 Shockwave 影片、Java Applet、ActiveX 控件或其他音频与视频对象。步骤如下。

（1）将插入点放在"文档"窗口中希望插入对象的位置。

（2）执行下列操作之一插入对象。

① 在"插入"面板的"常用"选项卡中，单击"媒体"下三角按钮，从弹出菜单中选择要插入的对象类型的图标。

② 从"插入"→"媒体"子菜单中选择适当的对象。

③ 如果要插入的对象不是 Shockwave、Applet 或 ActiveX 对象，则从"插入"→"媒体"子菜单中选择"插件"选项。将显示一个对话框，可从中选择源文件并为媒体对象指定某些参数，如图 3-43 所示。

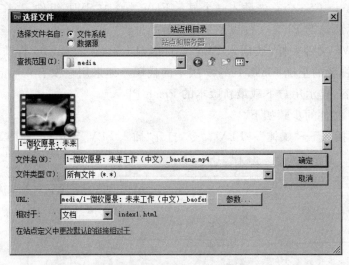

图 3-43　"选择文件"对话框

（3）完成"选择文件"对话框的设置，然后单击"确定"按钮。

插入媒体对象后，可以编辑媒体对象的属性，方法是选中对象，然后在代码视图中编辑 HTML 代码；或者右击，然后选择"编辑标签"命令，打开"标签编辑器"对话框进行设置，如图 3-44 所示。

3.4.5　观察各种插入视频的方法对应的代码

1. 插入 SWF 文件对应的 HTML 代码

```
< object classid = "clsid:D27CDB6E - AE6D - 11cf - 96B8 - 444553540000" width = "550"
```

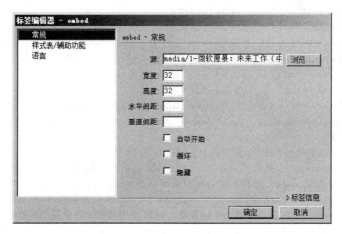

图 3-44 "标签编辑器"对话框

```
        height = "440" id="FlashID" title="bingo">
    <param name="movie" value="swf/Bingo.swf" />
    <param name="quality" value="high" />
    <param name="wmode" value="opaque" />
    <param name="swfversion" value="6.0.65.0" />
    <!--此 param 标签提示使用 Flash Player 6.0 r65 和更高版本的用户下载最新版本的
        Flash Player。如果不想让用户看到该提示,则将其删除。-->
    <param name="expressinstall" value="Scripts/expressInstall.swf" />
    <!--下一个对象标签用于非 IE 浏览器。所以使用 IECC 将其从 IE 隐藏。-->
    <!--[if !IE]>-->
    <object type="application/x-shockwave-flash" data="swf/Bingo.swf"
            width= "550" height="440">
        <!--<![endif]-->
        <param name="quality" value="high" />
        <param name="wmode" value="opaque" />
        <param name="swfversion" value="6.0.65.0" />
        <param name="expressinstall" value="Scripts/expressInstall.swf" />
        <!--浏览器将以下替代内容显示给使用 Flash Player 6.0 和更低版本的用户。-->
        <div>
            <h4>此页面上的内容需要较新版本的 Adobe Flash Player。</h4>
            <p><a href="http://www.adobe.com/go/getflashplayer">
                <img src="http://www.adobe.com/images/shared/download_buttons/
                get_flash_player.gif"
                alt="获取 Adobe Flash Player" width="112" height="33" /></a></p>
        </div>
        <!--[if !IE]>-->
    </object>
    <!--<![endif]-->
</object>
```

2. 插入 FLV 文件对应的 HTML 代码

```
< object classid=" clsid:D27CDB6E-AE6D-11cf-96B8-444553540000" width="622"
```

```
              height="251" id="FLVPlayer">
  <param name="movie" value="FLVPlayer_Progressive.swf" />
  <param name="quality" value="high" />
  <param name="wmode" value="opaque" />
  <param name="scale" value="noscale" />
  <param name="salign" value="lt" />
  <param name="FlashVars" value="&amp;MM_ComponentVersion=1&amp;
        skinName=Halo_Skin_3&amp;streamName=swf/shipin&amp;
        autoPlay=true&amp;autoRewind=false" />
  <param name="swfversion" value="8,0,0,0" />
  <!--此 param 标签提示使用 Flash Player 6.0 r65 和更高版本的用户下载最新版本的
        Flash Player。如果不想让用户看到该提示,则将其删除。-->
  <param name="expressinstall" value="Scripts/expressInstall.swf" />
  <!--下一个对象标签用于非 IE 浏览器。所以使用 IECC 将其从 IE 隐藏。-->
  <!--[if !IE]>-->
  <object type="application/x-shockwave-flash" data=
          "FLVPlayer_Progressive.swf" width="622" height="251">
    <!--<![endif]-->
    <param name="quality" value="high" />
    <param name="wmode" value="opaque" />
    <param name="scale" value="noscale" />
    <param name="salign" value="lt" />
    <param name="FlashVars" value="&amp;MM_ComponentVersion=1&amp;
          skinName=Halo_Skin_3&amp;streamName=swf/shipin&amp;
          autoplay=true&amp;autoRewind=false" />
    <param name="swfversion" value="8,0,0,0" />
    <param name="expressinstall" value="Scripts/expressInstall.swf" />
    <!--浏览器将以下替代内容显示给使用 Flash Player 6.0 和更低版本的用户。-->
    <div>
        <h4>此页面上的内容需要较新版本的 Adobe Flash Player。</h4>
        <p><a href="http://www.adobe.com/go/getflashplayer">
            <img src="http://www.adobe.com/images/shared/download_buttons/
            get_flash_player.gif" alt="获取 Adobe Flash Player" /></a></p>
    </div>
    <!--[if !IE]>-->
  </object>
  <!--<![endif]-->
</object>
```

3. 插入其他视频文件对应的 HTML 代码

```
<embed src="media/1-微软愿景:未来工作(中文)_baofeng.mp4" width="500"
      height= "270" autostart="False"></embed>
```

项 目 小 结

本项目主要学习了在网页中插入基本元素并对插入的元素进行设置。通过本项目的
练习,应该掌握的重点技能有:网页中对文本的操作,网页中插入图片并设置,以及网页

中插入视频等。

项 目 实 训

实训 3.1 建立文字编辑网页

（1）打开 3.1 节中的 index.html 文件。

（2）将标题居中设置。

（3）每段段首空 2 个字符宽度。

（4）将每个小标题添加项目符号。

（5）在文章末尾加上时间。

实训 3.2 建立"香香美食"网

（1）打开 3.2 节中的 index.html 文件。

（2）将 bg.jpg 设置为网页的背景（单击属性面板中的"页面属性"按钮进入"页面属性"对话框中进行设置）。

（3）插入图片 sumei.jpg，设置图文混排效果。

（4）插入一个图片占位符，大小为 200px×80px，设置图文混排，并设置替换的文本。

（5）在网络上下载一段音乐，将该音乐设为网页的背景音乐。

实现网页的超链接

项目概要：因特网上有数以万计的网站，而网站由大量的网页组成，通过在网页中加入超链接能够把众多分散的网站和网页联系起来，构成一个有机的整体。超链接是网页设计中页面组成的最基本的元素之一，文字、图像、图像热区和鼠标经过图像等都可以作为设置超链接的对象。超链接的链接范围很广泛，不仅可以链接到其他网页，还可以链接到电子邮件、下载文件、脚本程序和本网页的特定位置。总之，超链接的应用非常广泛，本项目将介绍利用 Dreamweaver CS6 创建和编辑各种超链接的方法。

知识目标：理解超链接的绝对路径和相对路径，熟悉超链接的类型。

技能目标：掌握内部超链接、外部超链接、锚记链接、电子邮件链接和脚本链接等超链接的创建，掌握图像热点链接和鼠标经过图像链接的创建，学会更改链接的外观属性等。

任务 4.1　认识超链接

在创建超链接之前，首先来学习超链接的基本知识。

4.1.1　超链接的分类

超链接是网页间相互联系的桥梁，超链接可以从当前网页定义的位置跳转到其他位置，跳转目标包括当前网页的某个位置、另外一个网页、图像或声音等多媒体文件，也可以是一个应用程序。通常情况下，文字或图像都可以设置为超链接，如果网页中包含超链接，当鼠标指针指向带有超链接的文字或图像时，指针将变成手状，单击这些文本或图像就可以跳转到指定的位置。

根据超链接跳转目标位置的不同，超链接可以分为内部链接、外部链接、空链接、锚记链接、电子邮件链接、下载链接和脚本链接等；根据单击对象的不同，超链接可分为文字超链接、图像超链接、图像地图（或称图像热点）链接和鼠标经过图像超链接。

4.1.2　超链接的路径

创建超链接必须了解从超链接到被链接的目标之间的路径。在一个网站中，链接路径通常有 3 种类型：绝对路径、根目录相对路径和文档目录相对路径。

1. 绝对路径

绝对路径是指被链接文档的完整 URL 地址。一个 URL 通常包括 3 部分：协议代码、文档所在计算机的地址(域名)和该文档的文件地址与文件名。

例如，http://www.adobe.com/cn/solutions/digital-publishing.html 就是一个绝对路径，http 是传输协议，www.adobe.com 表示文档所在计算机的域名，/cn/solutions/digital-publishing.html 表示文档的地址和文件名。

常用的协议包括超文本传送协议(HyperText Transport Protocol，HTTP)、文件传送协议(File Transfer Protocol，FTP)和电子邮件协议(Mailto)等。在路径中，HTTP 和 FTP 等协议用冒号和两个斜杠(/)与计算机域名分隔；对于 Mailto 协议则在协议后放置一个冒号，后跟 E-mail 地址。

当需要链接到本网站外的其他 Internet 资源时，应采用绝对路径。

📖 **小提示**：省略了最后部分文件名的 URL 通常也被认为是绝对地址，因为它能够完全定位资源的位置。例如，http://www.sina.com.cn 就是一个绝对地址。

2. 根目录相对路径

根目录相对路径是指从站点根文件夹到被链接文档的路径。站点上所有公开的文档都存放在站点的根目录下，站点根目录相对路径以斜杠(/)开始。例如，/news/today.html 是文件 today.html 的站点根目录相对路径，该文件位于站点根文件夹下的 news 子文件夹内。

3. 文档目录相对路径

文档目录相对路径是指从当前文档所在位置为起点到被链接文档的路径，这种路径是创建内部链接时最常用的链接设置方式。例如，news/top10.html。文档相对路径的基本思想是省略相对于当前文档和被链接文档都相同的绝对路径部分，而只提供不同的路径部分。

使用 Dreamweaver 可以方便地选择为链接创建的文档路径类型。

任务 4.2 创建内部超链接

4.2.1 案例导入——设置"九寨沟四季"系列页面的内部超链接

内部超链接就是在同一站点内的不同页面之间建立的超链接。被链接的对象不仅可以是网页，还可以是其他文档或文件(如图像、声音、视频等)。

下面先介绍针对不同的网页元素如何创建内部超链接，然后以"九寨沟四季"系列页面为例来实现同一站点内不同页面间的超链接。

4.2.2 创建文字超链接

可以使用属性面板的文件夹图标或指向文件按钮创建从文字到其他文档的链接。创建文字超链接的方法如下。

（1）在文档窗口中选择要创建超链接的文字，然后在如图 4-1 所示的属性面板中执行下列操作之一。

图 4-1　设置文字的内部超链接

① 单击"链接"文本框右侧的"浏览文件"按钮 🗀 ，在弹出的"选择文件"对话框中浏览并选择欲链接的文件。

② 单击"指向文件"按钮 🌑 并将其拖动出一个箭头，指向右侧"文件"面板中欲链接的文件上，如图 4-2 所示。

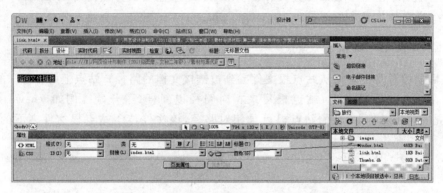

图 4-2　"指向文件"按钮创建内部超链接

📖小提示：内部超链接是指链接到同一站点内部的网页或其他文件，所以在"浏览文件"时一定要在站点根文件夹内选择文件；利用"指向文件"拖动链接文件时最好在"文件"面板中打开本站点的文件夹。

（2）在属性面板的"目标"下拉列表中选择链接的文件打开的位置，如图 4-3 所示。各选项介绍如下。

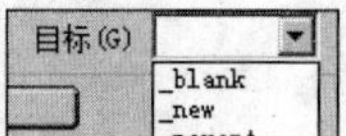

① _blank：将链接的文件加载到一个新的浏览器窗口中。

② _new：与_blank 一样，将链接的文件加载到一个新的浏览器窗口中。

③ _parent：将链接的文件加载到该链接所在框架的父框架或父窗口中。如果包含链接的框架不是嵌套框架，则加载到整个浏览器窗口中。

④ _self：将链接文件加载到链接所在的同一窗口或框架中，这是默认的打开位置。

⑤ _top：将链接文件直接加载到整个浏览器窗口，所有框架将被删除。

图 4-3　设置目标窗口

4.2.3　创建图像超链接

图像超链接有两种形式，即整个图像的图像超链接和图像局部区域的图像热点超链接。

1. 图像超链接

图像超链接的创建方法基本与文字超链接的创建相同,先选中图像,然后在属性面板中使用与创建文字链接一样的方法创建链接。

2. 图像热点超链接

图像热点也称作图像地图或图像映射,是指在图像中定义若干个区域(称作热点),每个区域中指定一个超链接,当鼠标指针经过该区域时,指针将变成手状,单击可以跳转到相应的链接页面。

创建图像热点超链接的方法如下。

(1)选中图像,此时属性面板上显示的是图像的属性。属性面板下方的"地图"项的选项可以用来制作不同形状的热点,如图4-4所示。

图 4-4　图像的属性与热点工具

① 指向热点工具$\boxed{\uparrow}$:用于选择已创建的热点。热点被选中后,可以拖动热点,或者拖曳四边的控制点改变热点区域的大小。

② 矩形热点工具$\square$:可以创建矩形热点。

③ 圆形热点工具$\bigcirc$:可以创建圆形或椭圆形热点。

④ 多边形热点工具$\vee$:可以创建任意形状的多边形热点。

(2)热点创建后,选中热点,如图4-5所示属性面板上显示的是热点的属性,采用同创建图像链接一样的方法就可以创建热点的链接。

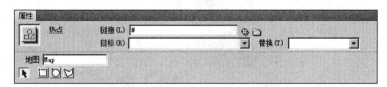

图 4-5　热点的属性

【**例 4-1**】 图像热点链接的设置。

在本书配套素材"ch4\张国荣\"文件夹内,有已经制作完成的网站首页 index. html、个人简介网页 grjj. html、经典剧照网页 jdjz. html 和音乐视频网页 mv. html 等文件。下面介绍如何将网站首页中的图片设置多个热点链接分别链接到上述网页上。

(1)将配套素材"ch4\张国荣\"文件夹内的文件复制到站点根文件夹内,在 Dreamweaver CS6 中打开 index. html 文件,如图4-6所示。

(2)选中图4-6首页上的图像,单击属性面板上的矩形热点图标$\square$,在图像上拖曳绘制出一个矩形热点,如图4-7所示。

图4-6　首页上的图像

图4-7　图像上绘制热点区域

（3）在属性面板中,单击"链接"文本框右侧的文件夹图标 ▭ ,从打开的"选择文件"对话框中浏览选择要链接的文件 grjj. html,如图4-8所示。或者拖动"指向文件"按钮 ⊙ ,指向文件面板中显示的该文件。

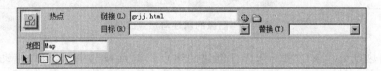

图4-8　设置热点区域的链接

（4）采用同样的方法,在该图像上创建其他两个热点链接,链接到相应的网页文件上,如图4-9所示。如果热点的位置和大小需要调整,可以使用指向热点工具按钮 ▸ 选中热点进行调整。

图4-9　设置其他热点链接

（5）设置完毕后保存文档,然后按F12键浏览网页,就会看到当鼠标指针移动到热点区域上时,鼠标指针变成手状指针,单击可跳转到相应的网页上。

4.2.4 鼠标经过图像链接

鼠标经过图像是指在网页中,当鼠标经过或者单击图像时,图像的形状、颜色等属性会随之发生变化,如发光、变形或者出现阴影,它会使网页变得生动有趣。鼠标经过图像是图像超链接的特殊形式。

在制作鼠标经过图像时,必须准备两张尺寸大小一样的图像,并将两张图像保存到网站的图像文件夹内。

下面介绍设置鼠标经过图像超链接的方法。

(1)将光标置于欲插入鼠标经过图像的位置处,执行菜单栏中的"插入"→"图像对象"→"鼠标经过图像"命令,或者在"插入"面板中单击 图像：鼠标经过图像 按钮,打开"插入鼠标经过图像"对话框,如图4-10所示。

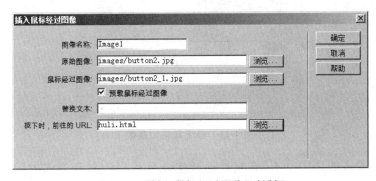

图 4-10 "插入鼠标经过图像"对话框

(2)单击"原始图像"文本框右侧的 浏览... 按钮,在网站的图像文件夹中浏览选择作为网页正常显示的图像文件。

(3)单击"鼠标经过图像"文本框右侧的 浏览... 按钮,在网站的图像文件夹中浏览选择图像文件,作为鼠标经过或单击时显示的图像。

(4)在"按下时,前往的URL"文本框内输入所指向文件的路径名,或者单击文本框右侧的 浏览... 按钮,浏览选择要跳转到的文件。

(5)单击"确定"按钮,完成"鼠标经过图像"的创建。

当浏览包含鼠标经过图像的网页时,鼠标没有经过该元素,显示"原始图像"文件,鼠标停在该元素上或单击该元素时,将显示"鼠标经过图像"文件。

📖 **小提示**:设置鼠标经过图像时,两幅图像文件的尺寸必须一致。如果两幅图像的大小不一致,Dreamweaver将以原始图像的大小为标准,在显示鼠标经过图像时,按照原始图像的大小来缩放该图像。

【例4-2】 网站导航条的制作。

在本书配套素材"ch4\花影袭人\images"文件夹中有一组大小一致、形状和颜色相似的图像文件,利用这些图像文件可以制作常见的网站导航条效果。下面介绍具体的制作方法。

(1)将本书配套素材"ch4\花影袭人\"文件夹复制到站点根文件夹内,在

Dreamweaver CS6 中新建一个空白 HTML 文档,命名为 daohangtiao. html 保存到站点根文件夹下。

(2)将光标置于文档中,单击"插入"面板上的 <kbd>⊞ 表格</kbd> 按钮,在弹出的"表格"对话框中设置行为 1、列为 5,表格宽度为 600 像素,其余参数为 0,如图 4-11 所示。

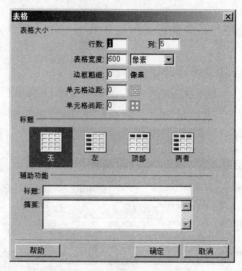

图 4-11　设置表格的参数

(3)保持表格的选中状态,在属性面板中设置表格的对齐方式为"居中对齐",如图 4-12 所示。

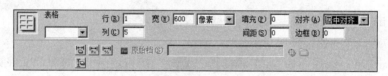

图 4-12　设置表格的对齐方式

(4)将光标放置到表格的第 1 个单元格内,拖动鼠标至最后一个单元格,选中所有的单元格后,在属性面板中设置单元格的宽为 120、高为 28,水平和垂直均为居中对齐,如图 4-13 所示。

图 4-13　设置单元格的高度

(5)将光标放置到表格的第 1 个单元格内,在"插入"面板中单击 <kbd>▣·图像:鼠标经过图像</kbd> 按钮,在打开的"插入鼠标经过图像"对话框中,单击"原始图像"文本框右侧的 <kbd>浏览…</kbd> 按钮,选择 button1.jpg 图像文件;单击"鼠标经过图像"文本框右侧的 <kbd>浏览…</kbd> 按钮,选择 button1_1.jpg 图像文件;在"按下时,前往的 URL"文本框内输入所指向文件 index. html,单击"确定"按钮,如图 4-14 所示。

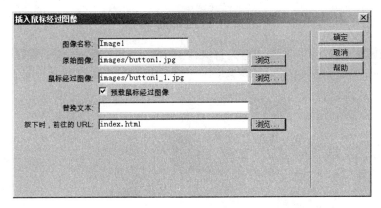

图 4-14 设置"插入鼠标经过图像"参数

（6）将光标放置到表格的第 2 个单元格内，同样插入鼠标经过图形，设置原始图像为 button2.jpg，"鼠标经过图像"为 button2_1.jpg，"按下时，前往的 URL"为 huli.html，如图 4-10 所示。

（7）其余几个单元格内鼠标经过图像的制作方法相同，如果没有要跳转的文件，"按下时，前往的 URL"文本框可以暂时不设置，系统会自动设置为虚链接。制作完成的导航条效果如图 4-15 所示。

图 4-15 插入的导航条及在浏览器中鼠标经过的效果

4.2.5 观察链接对应的代码

将网页视图转换到"代码"视图，此时可以查看各种超链接所对应的代码。

（1）文字超链接示例

文字超链接是使用标签＜a＞标记的，内部链接是同一站点内不同网页间的链接，目标文件应尽量用相对路径表示，下面的代码为链接到同一目录内的网页。

```
<a href="spring.html">九寨沟春天景色</a>
```

（2）图像超链接示例

```
<a href="sub/spring.html"><img src="images/spring01.jpg" width="160"
   height="150" align="left" /></a>
```

（3）图像热点超链接示例

```
<map name="Map" id="Map">
  <area shape="rect" coords="563,233,751,313" href="grjj.html" />
  <area shape="circle" coords="476,370,83" href="#" />
  <area shape="rect" coords="286,464,480,541" href="#" />
</map>
```

4.2.6 设置"九寨沟四季"系列页面的内部超链接

在本书配套素材"ch4\九寨沟\"文件夹中存有已经制作完成的一系列介绍九寨沟四季风光的页面,下面介绍如何通过创建文本超链接和图像超链接将各个页面链接起来,实现网页间的随意跳转。

(1) 将本书配套素材"ch4\九寨沟\"文件夹复制到本地计算机上,在 Dreamweaver CS6 中打开文件 index.html,该网页效果如图 4-16 所示。

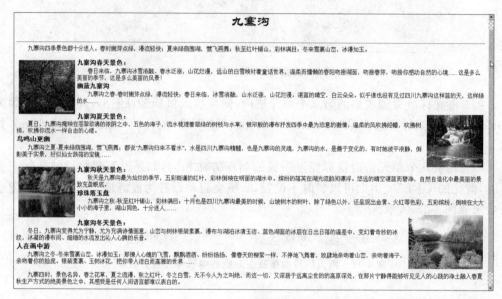

图 4-16 九寨沟四季网页效果

(2) 设置图片超链接。选择页面中第 1 幅代表九寨沟春天的图像,在属性面板中单击"链接"文本框右侧的文件夹图标,从打开的"选择文件"对话框中浏览选择要链接的文件 spring.html,如图 4-17 所示。依次选择网页中的代表夏、秋和冬的图像,采用相同的方法链接到文件 summer.html、autumn.html 和 winter.html 上。

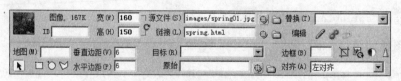

图 4-17 设置图像超链接

(3) 设置文本超链接。选择页面上文本"九寨沟春天景色",在属性面板中单击"链接"文本框右侧的文件夹图标,从打开的"选择文件"对话框中浏览选择要链接的文件 spring.html,如图 4-18 所示。同样选择文本"九寨之春",设置链接目标文件 spring.html。同样地,选择网页中夏、秋、冬三季的标志性文字,分别链接到目标文件 summer.html、autumn.html 和 winter.html 上。

(4) 打开文件 spring.html,该网页效果如图 4-19 所示。

图 4-18　设置文本超链接

九寨之春

【返回首页】　　　　【九寨之夏】　　　　【九寨之秋】　　　　【九寨之冬】

图 4-19　spring.html 页面效果

（5）设置文本超链接。选择文本"返回首页"，设置链接到目标文件 index.html；设置文本"九寨之夏"链接到目标文件 summer.html；设置文本"九寨之秋"链接到目标文件 autumn.html；设置文本"九寨之冬"链接到目标文件 winter.html。

（6）文件 summer.html、autumn.html 和 winter.html 采用相同的方法设置文本超链接，这样介绍九寨沟四季风光的 5 个页面之间就建立了合理有效的链接。

任务 4.3　创建锚记链接

4.3.1　案例导入——设置"插花艺术"网页的锚记链接

当一个网页内容较多、页面较长时，拖动垂直滚动条浏览页面就会显得不方便，在这种情况下，可以创建一些锚记链接放置在页面的不同位置作为浏览页面的定位标签，以方便页面的浏览。创建锚记链接的操作包括两个步骤：先创建命名锚记，然后再链接到该命名锚记上。

4.3.2　创建命名锚记

创建命名锚记时，首先将光标定位到需要创建锚记的位置上，然后执行下列操作之一。

（1）执行菜单栏中的"插入"→"命名锚记"命令。

（2）单击"插入"面板上"常用"选项卡中的"命名锚记"按钮。

（3）按 Ctrl＋Alt＋A 组合键。

此时会打开"命名锚记"对话框，如图 4-20 所示，在"锚记名称"文本框中输入锚记名称，单击"确定"按钮，将在该位置上设置一个锚记标志。

在给锚记命名时，可以使用字母、数字、下划线等，但不能使用汉字。

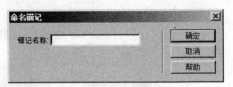

图 4-20 "命名锚记"对话框

📖**小提示**：命名锚记设置后，在页面上会出现一个锚记标志图标，在浏览器中浏览网页时不会显示出来，也不会占用显示位置。

4.3.3　链接到命名锚记

选择需要设置锚记链接的文本或图，在属性面板的"链接"文本框中输入"＃锚记名称"即可，或者拖动"链接"文本框右侧的"指向文件"图标到文档窗口中该锚记标志上。

超链接不仅可以链接到本网页的某个"锚记"位置，还可以链接到网站中其他网页的"锚记"位置。选择链接对象后，在属性面板的"链接"文本框中输入"文件名＋＃锚记名称"，如 grjj. html＃mid。

4.3.4　创建虚链接

虚链接也称作空链接，是指一个未指定链接目标的链接。浏览网页时，鼠标经过设置了虚链接的对象时将显示手状图标，但单击时不会产生任何跳转。

选定文字或图像后，在属性面板的"链接"文本框中输入一个＃即可创建一个虚链接。

📖**小提示**：在网站开发的过程中，经常会出现要链接的页面还没有开发的情况，此时就可以设置为虚链接，以便查看预览效果。

4.3.5　观察锚记链接对应的代码

1. 命名锚记

```
<a name="top" id="top"></a>
```

top 是为锚记定义的名称。

2. 链接到锚记

```
<a href="#top">回顶部</a>
```

如果＃后面没有锚记名称，则为一个虚链接。

4.3.6　设置"插花艺术"网页的锚记链接

为了方便浏览图 4-21 所示的"插花艺术"网页的内容，在网页中设置了多个锚记链接,单击这些锚记链接可以实现在网页内不同位置之间的跳转。下面介绍锚记链接的实现步骤。

图 4-21 "插花艺术"网页锚记链接效果

（1）在 Dreamweaver CS6 中打开本书配套素材中的"ch4\花影袭人\chahua.html"文件。文件中已在需要跳转的位置处输入了文字，例如文字"中国式插花"用于单击时跳转到中国式插花内容处。

（2）定义命名锚记。本例共需要定义 3 个命名锚记。首先，将光标置于"花影袭人"Logo 前面，单击"插入"面板上的 命名锚记 按钮，在弹出的"命名锚记"对话框中，设置"锚记名称"为 japanese，如图 6-22 所示。定义后在光标所在位置出现一个锚记标记 ，如图 4-23 所示。接下来，分别在中国式插花表格前和西洋式插花表格前定义命名锚记，起名为 chinese 和 western。

（3）链接到命名锚记。在网页中，分别选中几处的"中国式插花"文字，在属性面板的"链接"文本框中输入 #chinese，实现到中国式插花表格位置处的跳转，如图 4-24 所示。

同样地,可以再分别选中文字"日本式插花"和"西洋式插花",在属性面板的"链接"文本框中输入#japanese 和#western。

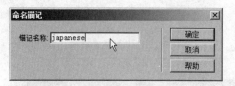

图 4-22　定义锚记名称 japanese

图 4-23　网页上锚记的标记

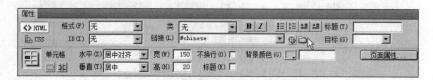

图 4-24　设置到命名锚记的链接

（4）设置完毕后保存文档,然后按 F12 键浏览网页,观察网页内不同位置跳转的效果。

任务 4.4　创建其他超链接

4.4.1　案例导入——向"九寨沟四季"网页添加超链接

超链接不仅可以实现同一站点网页间的链接,还可以通过外部链接与站点外的网页链接,实现电子邮件链接和下载文档链接,以及设置执行 JavaScript 代码的脚本链接。

下面将介绍几种链接形式的创建方法,并通过对"九寨四季"网页的具体操作来说明它们的应用。

4.4.2　创建外部超链接

外部链接是指跳转到本站点以外其他网站页面的链接。因为要跳转到本站点以外,所以创建外部链接需要跳转到网页的 URL 地址。

创建外部链接的方法如下。

选择欲创建外部链接的对象,在属性面板的"链接"文本框中输入要链接网页的 URL 地址,如图 4-25 所示。

图 4-25　创建外部链接

📖 **小提示**：外部超链接的代码与内部超链接基本相似,只是链接的目标变成是网站的 URL 地址。例如："<a href="http://www.jiuzhai.com">九寨沟官网</a>"。

4.4.3 创建 E-mail 链接

在浏览网页时单击 E-mail 链接,将自动打开计算机中的邮件发送程序(通常是 Outlook Express),并将创建该链接时设置的邮箱地址放在新邮件窗口的"收件人"一栏中。

创建 E-mail 链接主要有下面两种方法。

1. 通过"插入"面板创建

选择要设置为链接的文本,然后单击"插入"面板上"常用"选项卡中的"电子邮件链接"按钮,弹出"电子邮件链接"对话框,如图 4-26 所示。在该对话框中,"文本"文本框中显示选中的文本,在"电子邮件"文本框中输入 E-mail 地址,单击"确定"按钮。

图 4-26 "电子邮件链接"对话框

📖 **小提示**:可以不选择文字直接单击"插入"面板上的"电子邮件链接"按钮,在弹出的对话框的"文本"文本框内输入文字,系统将自动在光标位置处输入该文字并创建电子邮件链接。

2. 通过属性面板创建

选择要设置电子邮件链接的文字或图像,在属性面板的"链接"下拉列表框中输入 "mailto:邮件地址",例如 mailto:xzx123@163.com,如图 4-27 所示。

图 4-27 在属性面板中创建电子邮件链接

📖 **小提示**:电子邮件链接的代码为"<a href="mailto:xzx123@163.com">新思维工作室</a>"。

4.4.4 创建下载文件超链接

当用户浏览网页时,有时希望将网站内的资源下载到计算机上,便于以后查阅。此时就需要建立文件的下载链接。下载链接的创建方法如下。

选定要创建下载链接的对象,在属性面板上,单击"链接"文本框右侧的文件夹按钮,在弹出的"选择文件"对话框中选择相应的文件,单击"确定"按钮即可创建下载链接。

4.4.5　创建脚本链接

脚本链接与传统的超链接不同,脚本链接用于执行 JavaScript 代码或调用 JavaScript 函数。脚本链接能够在不离开当前页面的情况下为访问者提供很多附加信息,还可以用于在访问者单击特定项时执行计算、验证表单和其他处理任务等。

创建脚本链接的方法如下。

选定欲创建链接的对象后,在属性面板的"链接"文本框中输入 JavaScript:,并后跟一些 JavaScript 代码或函数调用就可以了。注意,在冒号与代码或调用之间不能输入空格。

例如,在文本框中输入"JavaScript:alert('网站建设中…')"。在浏览器中单击该链接时,系统将弹出一个提示框,并显示上面所输入的文字,如图 4-28 所示。

下面介绍几个常用的 JavaScript 代码。

(1) JavaScript:alert('字符串'):弹出一个只包含"确定"按钮的对话框,对话框中显示"字符串"的内容,整个文档的读取、Script 的运行都会暂停,直到用户单击"确定"按钮为止。

图 4-28　脚本连接

(2) JavaScript:history.go(1):前进,等效于浏览器窗口上的"前进"按钮。

(3) JavaScript:history.go(-1):后退,等效于浏览器窗口上的"后退"按钮。

(4) JavaScript:history.print():打印,等效于在浏览器菜单栏中选择"文件"→"打印"命令。

(5) JavaScript:window.close():关闭窗口。

(6) JavaScript:window.external.AddFavorite('http://www.sina.com','新浪网'):收藏指定的网页。

4.4.6　为"九寨沟四季"网页添加外部和电子邮件等链接

在本书配套素材"ch4\九寨沟\"文件夹中已经制作完成九寨四季的页面,下面介绍为该页面添加到九寨沟官网的外部链接、与网页制作者的电子邮件链接等各类链接的具体操作。

(1) 将本书配套素材"ch4\九寨沟\"文件夹复制到练习盘上,在 Dreamweaver CS6 中打开文件 index.html,该网页效果如图 4-16 所示。

(2) 将光标移至页面尾部,单击"插入"面板上的 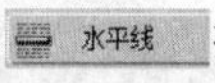 水平线 按钮,在页面上插入一条水平分割线。

(3) 在水平线后面插入一个表格,参数如图 4-29 所示,在属性面板上设置表格为居中对齐,单元格的水平和垂直对齐方式为居中对齐,如图 4-30 所示。

(4) 在表格内输入文字,效果如图 4-31 所示。

(5) 设置外部超链接。选择表格内文本"九寨沟官网",在属性面板的"链接"文本框中输入九寨沟官网的网址,如图 4-32 所示。同样选择文本"九寨百科",在属性面板的"链接"文本框中输入 http://baike.baidu.com/view/2214.html。

图 4-29 设置表格的参数

图 4-30 设置表格和单元格的对齐方式

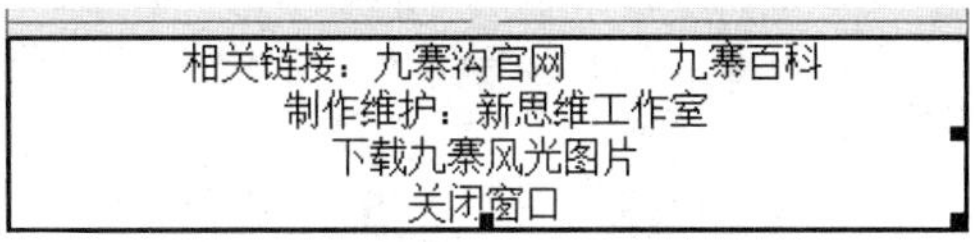

图 4-31 表格内输入的文字

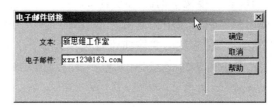

图 4-32 输入外部链接的网址

(6)设置电子邮件链接。将光标置于文本"制作维护:"后面,单击"插入"面板上的 [电子邮件链接] 按钮,在弹出的对话框的"文本"文本框中输入"新思维工作室",在"电子邮件"文本框中输入 xzx123@163.com,如图 4-33 所示。

图 4-33 设置电子邮件链接

(7)设置下载文件超链接。选择表格中文本"九寨风光图片",在属性面板中单击"链接"文本框右侧的文件夹按钮,选择文件"images\九寨风光.rar"。

(8)设置脚本链接。选择表格中文本"关闭窗口",在属性面板的"链接"文本框中输入 JavaScript:window.close(),如图 4-34 所示。

图 4-34 设置脚本链接

(9)设置完毕后保存文档,然后按 F12 键浏览网页,测试网页中各种链接的效果。

任务 4.5   编辑超链接

4.5.1   设置超链接的外观

在通常情况下,默认链接文字的颜色为蓝色并带下划线,如果用户对这种默认的方案不满意,可以按自己的喜好设置链接文字的外观。

在属性面板中单击"页面属性"按钮或者执行菜单栏中的"修改"→"页面属性"命令,弹出的"页面属性"对话框,在"分类"栏中选择"链接"选项,如图 4-35 所示。

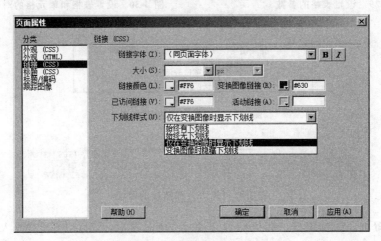

图 4-35   设置链接的外观

在对话框中可以分别设置链接文字的配色方案和是否带有下划线。单击 4 种超链接颜色右侧的▼按钮,在弹出的颜色面板中为其选择颜色即可。下划线的样式有 4 种选项可供选择,同样单击"下划线样式"右侧的▼按钮进行选择。

📖**小提示**:设置超链接外观是通过 CSS(层叠样式表)实现的,相关的代码将在项目 7 中作具体的介绍。

4.5.2   删除超链接

网页中的超链接不需要时可以删除。删除超链接有两种方法:一是删除超链接的对象同时删除超链接;二是保留超链接对象仅移除超链接。

在文档窗口选中带有超链接的对象,按 Delete 键,删除该对象的同时超链接也一同删除。

如果想保留带有超链接的对象本身,仅删除超链接,则可以在选中该对象后,执行以下操作之一。

(1)执行菜单栏中的"修改"→"移除链接"命令。

(2)在属性面板中,删除"链接"文本框中的文本。

(3)按 Ctrl+Shift+L 组合键。

项 目 小 结

本项目主要介绍了超链接相关的基础知识,网页中文本超链接、图像超链接、图像热点超链接、锚记链接、虚链接、电子邮件超链接、脚本超链接等各种超链接的创建方法,以及对超链接的编辑修改。超链接是网页制作的根本,是网页必备的元素,熟练地运用各类超链接是网页制作最基本的要求。

项 目 实 训

实训 4.1　制作"犬类美容"网页的导航条

利用本书配套素材\ch4\images 文件夹中提供的素材,使用鼠标经过图像制作"犬类美容"网页的导航条,效果如图 4-36 所示。

图 4-36　导航条效果

实训 4.2　制作"黄山四绝"系列页面

参照本书中"九寨沟四季"系列页面的制作,利用本书配套素材"ch4\黄山四绝\"文件夹中提供的素材,完成"黄山四绝"系列页面并设置超链接。要求:页面间要实现相互链接,首页上要包含外部链接、电子邮件链接、下载链接和脚本链接的元素。页面外观效果的美化可根据情况自行设计。

用表格布局页面

项目概要：在网页的设计制作中，表格是一个重要的网页元素。使用表格可以将各种网页元素有效地组织起来，按指定的次序和位置规整地显示在网页上。通过表格属性的设置还可以实现多种效果，起到美化网页的作用。在进行网页页面布局时，表格也是最常用和最基本的方法。本项目将介绍在 Dreamweaver CS6 中创建和设置表格的方法以及利用表格实现页面布局的应用。

知识目标：理解表格的构成和作用，掌握表格、行、单元格等属性的作用。

技能目标：掌握表格的创建和编辑的方法，熟悉表格、行和单元格属性的设置，学会表格的导入和导出以及表格中数据的排序，掌握使用表格进行页面布局的方法。

任务 5.1　表格的基本操作

5.1.1　案例导入——制作"经典电影 TOP 10"网页

制作网页时，为了便于文字、图像等网页元素的布局，经常采用表格对网页的内容进行排版，例如，图 5-1 所示的"经典电影 TOP 10"网页就是采用表格制作的网页效果。

在 Dreamweaver CS6 中可以非常方便地创建表格，表格中可以插入文字、图片、Flash 等各种网页元素。对已建立的表格，可以很容易地编辑表格的行列数量、背景颜色图案、线框填充和对齐方式等外观效果。下面介绍创建表格、编辑表格、插入内容和设置属性等基本操作，并完成"经典电影 TOP 10"网页的制作。

5.1.2　创建表格

在 Dreamweaver CS6 中，将光标置于要插入表格的位置后，可以采用下列 3 种方式之一创建表格。

（1）执行菜单栏中的"插入"→"表格"命令。

（2）单击"插入"面板的"常用"选项卡中的"表格"按钮。

（3）按 Ctrl＋Alt＋T 组合键。

执行插入表格命令后，将打开如图 5-2 所示的"表格"对话框。在该对话框中设置表格的参数后单击"确定"按钮。

图 5-1　"经典电影 TOP 10"网页

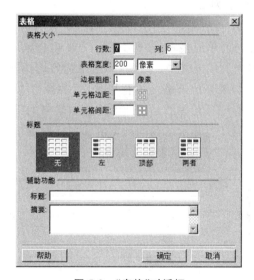

图 5-2　"表格"对话框

表格是由行和列组成的,行列由单元格组成,单元格是表格中的基本单位。对话框中各选项的含义如下。

(1)"行数":设置表格的行数。

(2)"列":设置表格的列数。

（3）"表格宽度"：设置表格的宽度,宽度的单位有"像素"和％。以"像素"为单位设置表格宽度,表格的绝对宽度将保持不变。以％为单位设置表格的宽度,表格的宽度将随表格所在容器宽度的变化而变化。

（4）"边框粗细"：以像素为单位设置表格边框的宽度。当为 0 时,表示表格无边框线。

（5）"单元格边距"：以像素为单位设置单元格边框与单元格内容之间的空白距离。

（6）"单元格间距"：以像素为单位设置相邻单元格间边框的距离。

（7）"标题"栏：设置表格有无标题及标题的位置。

📖**小提示**：如果没有指明单元格边距和单元格间距,大多数浏览器按单元格边距为 1,单元格间距为 2 来显示表格。若要浏览器中显示的表格无单元格间距和边距,需要将其设置为 0。设置表格的宽度时要将边框粗细、单元格间距和单元格边距的数值计算在内。

5.1.3 调整表格的结构

在网页制作中,对表格的结构会有不同的要求,此时就需要调整表格的结构,常用的操作有行高和列宽的调整,单元格的拆分和合并,行列的插入和删除等,在进行这些操作前首先要选择操作的目标。

1. 表格和单元格的选择

（1）选择整个表格

选择整个表格可采用下列方法之一。

① 单击表格的边框线。

② 将光标置于表格内的单元格中,按两次 Ctrl＋A 组合键。

③ 将光标置于表格内的单元格中,单击状态栏中标签选择器的＜table＞标签。

当整个表格被选中时,表格的外框变成粗黑显示,如图 5-3 所示。当行、列和单元格被选中时,选中的部分也会变成粗黑线显示。无论选中表格的哪一部分,在表格的下方会有一组绿色显示的信息,第 1 行显示各列的列宽值和列标题菜单标记▼,如果列宽数值为空,则表格各列宽度相等,第 2 行显示表格的总宽度。

图 5-3 选中整个表格

（2）选择行或列

选择行或列可采用下列方法之一。

① 将鼠标指针置于表格行的左边缘或列的上边缘,指针变成选择箭头后,单击可以

选择单个行或列,或者拖动选择多个行或列。

② 将光标置于表格内的单元格中,单击状态栏中标签选择器的<tr>标签,可以选中单元格所在行。

③ 将光标置于表格内的单元格中,选择列标题下拉菜单中的"选择列"选项,如图 5-4 所示。

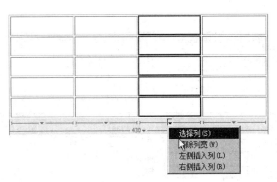

图 5-4 列标题菜单

④ 按住 Ctrl 键,置于表格行的左边缘或列的上边缘,单击多个行或列,可以选中不连续的多个行或列。

(3)选择单元格

选择单元格采用下列方法之一。

① 按住 Ctrl 键,单击单元格,如果连续单击多个单元格,可以选中多个单元格。

② 将光标置于表格内的单元格中,拖动鼠标可以选中单个或多个连续的单元格。

③ 将光标置于表格内的单元格中,单击状态栏中标签选择器的<td > 或<th>标签,可以选中该单元格。

📖 小提示:标签<table>、<tr>分别用于定义表格、行,<td>和<th>用于定义表格中的单元格。

2. 调整表格的大小

(1)调整整个表格的大小

① 选中整个表格后,在表格边框的右下边框出现了 3 个控制点,将鼠标移到控制点上拖动就可以粗略地调整整个表格的大小。

② 选中整个表格后,在表格属性面板的"宽"文本框中输入数值就可以精确地设置表格的宽度,如图 5-5 所示。

图 5-5 设置表格的宽度

（2）调整表格的行高或列宽

将光标移到单元格的下边框或右边框上，上下或左右拖动就可以粗略地改变单元格所在行的高度或所在列的宽度。

选中表格的行或列后，利用行或列的属性面板可以精确地设置行高或列宽，如图 5-6 所示。如果属性面板的"高"或"宽"后的文本框为空白则会根据单元格中的内容自动调整高度和宽度。

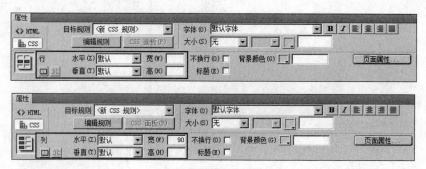

图 5-6　行、列的属性面板

选中列或单元格后，单击列标题下拉菜单中的"清除列宽"选项，可以清除该列的宽度设置，如果所有列的列宽设置都清除了，则表格中所有列的宽度都保持一致。

3. 合并、拆分单元格

（1）合并单元格

选择连续多个单元格后，采用下列方法之一来合并单元格。

① 单击属性面板中的"合并单元格"按钮 □。

② 按 Ctrl+Alt+M 组合键。

③ 右击选中的单元格，在弹出的快捷菜单中选择"表格"→"合并单元格"命令。

（2）拆分单元格

拆分单元格就是将一个单元格拆分成若干行或列，选择需要拆分的一个单元格后，执行下列操作之一实现单元格的拆分。

① 单击属性面板中的"拆分单元格"按钮 北。

② 按 Ctrl+Alt+S 组合键。

③ 右击选中的单元格，在弹出的快捷菜单中选择"表格"→"拆分单元格"命令。

执行拆分单元格命令后都会打开"拆分单元格"对话框，如图 5-7 所示，选择是拆分成行还是列，输入要拆分的数量即可完成拆分。

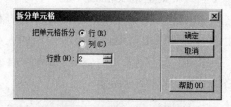

图 5-7　"拆分单元格"对话框

4. 插入、删除行和列

（1）插入行

将光标置于单元格内，执行下列操作之一可以在该单元格上插入一行，新插入行的结构与所在单元格的行一致。

① 按 Ctrl＋M 组合键。

② 右击选中的单元格，在弹出的快捷菜单中选择"表格"→"插入行"命令。

（2）插入列

将光标置于单元格内，执行下列操作之一可以在该单元格左面插入一列。

① 按 Ctrl＋Shift＋S 组合键。

② 右击选中的单元格，在弹出的快捷菜单中选择"表格"→"插入列"命令。

（3）插入多行或多列

右击选中的单元格，在弹出的快捷菜单中选择"表格"→"插入行或列"命令，可以插入

多行或多列。执行该命令后将弹出如图 5-8 所示的"插入行或列"对话框，设置插入的行或列的数量和位置即可。

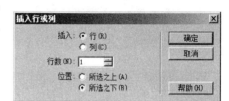

（4）删除行或列

可以采用下列方法之一删除行或列。

① 选择欲删除的整行或整列，按 Delete 键。

图 5-8 "插入行或列"对话框

② 将光标置于要删除的行或列中，右击，在弹出的快捷菜单中选择"表格"→"删除行"或"删除列"命令。

5.1.4 表格输入内容

表格中可以插入文字、图片、Flash 等各种网页元素，将光标置于欲输入内容的单元格中就可输入文字，插入图片、Flash 等网页元素。插入的文字、图片等网页元素的格式可以在属性面板中设置，具体操作参考本书"项目 3 向网页中添加各种元素"内容。

5.1.5 利用属性面板设置表格的外观效果

表格显示的外观效果可以通过设置表格和单元格的属性来实现。属性面板中究竟显示表格还是单元格的属性取决于选中的是表格的哪一部分。

1. 设置表格的属性

设置表格的整体外观效果时，需要打开表格的属性面板。选中整个表格后，表格的属性面板如图 5-9 所示。

图 5-9 表格的属性面板

表格属性面板中，"行""列""宽""间距""边框"等项的含义与创建表格时的"表格"对话框的含义相同，"填充"项与"单元格边距"含义相同，以像素为单位，表示单元格内容与

单元格边框之间的距离。下面介绍其他各项的含义。

(1)"对齐"：设置表格的对齐方式,可以选择的对齐方式有"左对齐""右对齐""居中对齐"和"默认"4种方式。

(2)类：用于将CSS规则应用在表格上。

(3) 和 按钮：分别为清除表格的列宽和行高。清除表格的列宽或行高后,表格各列和行的列宽与行高将根据单元格的内容确定。

(4) 和 按钮：分别为将表格的宽度转换为像素和将表格的宽度转换为百分比,可以将表格的单位在像素和百分比之间转换。

📖 **小提示**：表格的对齐方式是指表格相对于所在段落中的其他元素的水平显示位置,"默认"方式下,表格旁边不显示其他网页元素。

2. 设置单元格的属性

选择表格中的行、列或单元格时,可以在属性面板中设置单元格属性,如图5-10所示。由于行和列是由单元格组成的,因此行、列属性的设置也是单元格属性的设置。单元格属性面板由上、下两部分组成,上部主要用于设置单元格中文本的属性,下部主要用于设置单元格本身的属性。下面主要介绍下半部各项的含义。

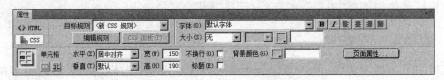

图5-10　单元格的属性面板

(1)"水平"：设置单元格内容在单元格中的水平对齐方式,有"默认""左对齐""居中对齐"和"右对齐"4种对齐方式。

(2)"垂直"：设置单元格内容在单元格中的垂直对齐方式,有"默认""顶端""中间""底部"和"基线"5种对齐方式。

(3)"宽"和"高"：设置单元格所在列的列宽和行的行高。

(4)"不换行"：设置单元格中强制不换行功能。

(5)"标题"：将单元格中的文字内容作为表格的标题,粗体居中显示。

(6)"背景颜色"：设置单元格的背景颜色。

(7) 按钮：拆分单元格按钮,将选中的一个单元格在行上或列上拆分成多个单元格。当选中的单元格多于一个时,该按钮被禁用。

(8) 按钮：合并单元格按钮,将选中的多个单元格合并为一个单元格。只有当选中的多个单元格成矩形或直线的块时该按钮才被激活。

5.1.6　观察表格对应的代码

将网页视图转换到代码视图,此时可以查看创建的表格对象对应的代码。

```
<table width="600" border="2"  align="right"  cellspacing="4" cellpadding="3">
```

```
  <tr>
    <td height="36">1 行 1 列 (单元格 高 36 像素)</td>
    <td>1 行 2 列</td>
  </tr>
  <tr>
    <td align="center">2 行 1 列 (单元格水平居中)</td>
    <td width="200">2 行 2 列 (单元格 宽 200 像素)</td>
  </tr>
  <tr>
    <td>2 行 1 列 (单元格垂直居中)</td>
    <td>3 行 2 列</td>
  </tr>
  <tr>
    <td colspan="2">3 行 合并单元格</td>
  </tr>
</table>
```

在表格对象的代码中,标签<table>代表表格,行的标签为<tr>,单元格的标签为<td>。

5.1.7 制作"经典电影 TOP 10"网页

下面通过制作图 5-1 所示的"经典电影 TOP 10"网页来介绍如何使用表格实现文字、图像等网页元素在网页上的精确布局。

1. 新建网页并设置网页的页面属性

(1) 将本书配套素材中的\ch5\film\images 文件夹复制到站点根文件夹下,新建一个空白 HTML 文档,命名为 sdjd.html 保存到站点根文件夹下。

(2) 在文档工具栏的"标题"文本框中输入"全球经典电影 TOP 10"字样,如图 5-11 所示。 

图 5-11 设置网页标题

(3) 单击属性面板中的"页面属性"按钮,在弹出的如图 5-12 所示的"页面属性"对话框中,设置背景颜色值为♯2e6a7d。

2. 制作表格并设置表格的结构外观

(1) 单击"插入"面板"常用"选项卡中的"表格"按钮,在弹出的"表格"对话框中设置表格参数,如图 5-13 所示。

(2) 选中表格,在属性面板中选择对齐方式为居中对齐。

(3) 选择表格第 1 行的单元格,单击属性面板中的 按钮,将第 1 行合并成一个单元格。同样完成第 2 行、第 3 行和最后一行单元格的合并。

(4) 将光标置于最后一行的单元格内,在属性面板中设置单元格高为 30,背景颜色值

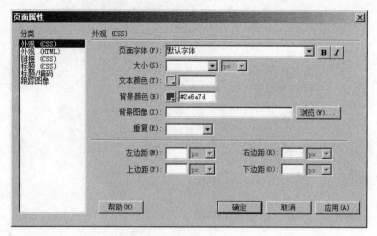

图 5-12 "页面属性"对话框

图 5-13 设置表格参数

为♯BE4B14,水平为"居中对齐",如图 5-14 所示。同样设置第 2 行单元格高度为 30,背景颜色为红色,水平为"居中对齐";第 3 行单元格背景颜色为♯B5AFB9,水平为"左对齐"。

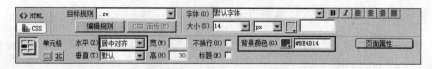

图 5-14 修改单元格属性

（5）选中表格的第 4 行和第 6 行的单元格,在属性面板中设置单元格高为 190,水平为"居中对齐",垂直为"居中"。

3. 输入文字和图像

（1）分别将光标置于第2行、第3行和最后一行单元格内，输入文字如图5-1所示。文字设置参考项目3。

（2）将光标置于第1行单元格内，单击"插入"面板"常用"选项卡中的"图像"按钮，在弹出的对话框中选择图片文件 images/Header.jpg，单击"确定"按钮。

（3）将光标置于第4行第1列单元格中，插入图片文件 images/10968.jpg，并设置图片宽、高分别为135、180，如图5-15所示。重复上述操作，在第4行和第6行插入9张图片，并设置图片大小。

图5-15 修改图片属性

（4）完成其他文字的输入和设置操作。

任务5.2 表格中的数据处理

5.2.1 案例导入——制作"各专业毕业生统计"网页

Dreamweaver CS6不仅能够将其他应用程序创建的表格数据导入Dreamweaver环境中并设置表格格式，而且还能将有规律的表格数据进行排序。图5-16所示就是运用表格的导入和排序命令制作的网页，下面介绍表格的数据处理功能并制作该网页。

图5-16 "各专业毕业生统计"网页

5.2.2 数据的导入与导出

1. Excel 数据导入

对于在 Microsoft Excel 中创建的表格数据，可以直接导入 Dreamweaver 环境中，具体操作如下。

将光标定位于要插入 Excel 表格数据的位置，执行菜单栏中的"文件"→"导入"→"Excel 文档"命令，在弹出的如图 5-17 所示对话框中选择要导入的 Excel 文档，单击"打开"按钮，即可将 Excel 文档导入，如图 5-18 所示。

图 5-17 "导入 Excel 文档"对话框

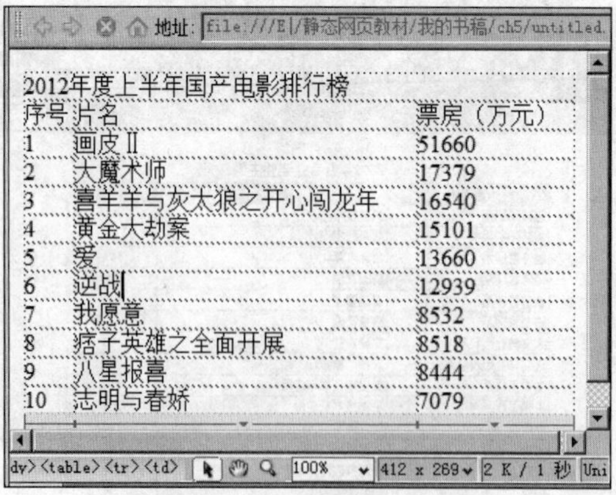

图 5-18 导入 Excel 表格数据

2. 表格式数据导入

表格式数据是指存储为 TXT 文本文件,其中各项是以制表符、逗号、冒号或分号隔开的一组数据。将光标定位在要插入表格式数据的位置后,表格式数据的导入操作可以采用下列方法之一。

(1) 执行菜单栏中的"文件"→"导入"→"表格式数据"命令。

(2) 执行菜单栏中的"插入"→"表格对象"→"导入表格式数据"命令。

(3) 单击"插入"面板"数据"选项卡中的"导入表格式数据"按钮。

弹出对话框如图 5-19 所示,对话框中各选项含义如下。

图 5-19 "导入表格式数据"对话框

(1)"数据文件":指定要导入的表格式数据文件。单击"浏览"按钮,在随后弹出的对话框中选择要导入的表格式数据文件,或者在文本框中输入该文件的路径和名称。

(2)"定界符":使用下拉菜单选择定界符的类型。选择的定界符必须与导入的数据文件中定界符的格式一致,否则无法正确地导入数据,也无法在表格中对数据进行格式设置。

(3)"表格宽度":用于设置表格的宽度。"匹配内容"选项使表格中每列的宽度都按该列中最长的数据来确定;"设置为"则可以自行按像素或表格占所在容器的百分比来指定表格的宽度。

(4)"格式化首行":用于设置表格首行的格式,通常用于带标题的表格,选项有无格式、粗体、斜体和加粗斜体。

其他选项的含义参见 5.1.2 小节。

图 5-20 所示为以逗号为定界符的表格式数据,执行表格式数据导入操作后,设置对话框中各选项如图 5-19 所示,导入后表格效果如图 5-21 所示。

📖**小提示**:导入的表格式数据中包含汉字时,为了避免导入后汉字显示不正常,需要在"页面属性"对话框中的"标题/编码"分类中设置编码为简体中文模式。

3. 表格数据的导出

将光标定位在表格的任意单元格内,执行菜单栏中的"文件"→"导出"→"表格"命令,

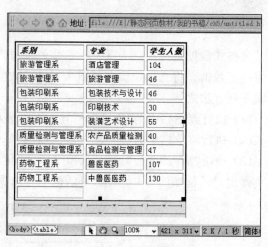

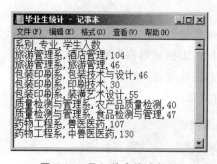

图 5-20　导入前表格式数据　　　　图 5-21　导入后表格效果

弹出如图 5-22 所示对话框,选择定界符的类型和要导出文件的操作系统,单击"导出"按钮,设置导出文件的路径和名称,即可得到存储为 CSV 格式的数据文本文件。

5.2.3　数据的排序

在 Dreamweaver CS6 中,可以按列的值对表格中的行进行排序,排序时可以选择按字母或数字排序,并可以实现二级排序。表格数据的排序操作如下。

将光标定位在表格中的任意单元格内,执行菜单栏中的"命令"→"排序表格"命令,打开如图 5-23 所示对话框,其中各选项含义如下所示。

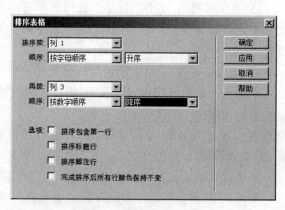

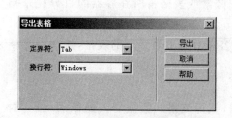

图 5-22　"导出表格"对话框　　　　图 5-23　"排序表格"对话框

(1)"排序按":在下拉列表中选择按哪一列的值对表格进行排序。

(2)"顺序":在下拉列表中选择按字母顺序还是按数字顺序排序,以及排序结果是升序还是降序。

(3)"再按":在下拉列表中指定按哪一列的值对表格进行二次排序、排序的方式和顺序。

(4)"排序包含第一行":选中该选项则表格的第一行数据也要进行排序。如果表格第一行为标题,则不要勾选此项。

（5）"排序标题行"：选中该选项则表头参与排序。

（6）"排序脚注行"：选中该选项则表尾参与排序。

（7）"完成排序后所有行颜色保持不变"：选中该选项,则排序后表格中行的属性(如颜色)与同一行内容保持关联,随行的内容一起移动。

对图 5-24 所示的表格进行排序操作,要求先按系别的升序排序,同系的再按人数的降序排序,设置参数如图 5-23 所示,表格完成排序后如图 5-25 所示。

系　别	专　业	人　数
旅游管理系	酒店管理	104
旅游管理系	旅游管理	46
包装印刷系	包装技术与设计	66
生物工程系	微生物技术与应用	110
包装印刷系	装潢艺术设计	54
药物工程系	兽医医药	107
药物工程系	中草药开发与利用	78
药物工程系	生物制药技术	69
外语系	商务英语	126
人文与社会科学系	文秘专业	103
人文与社会科学系	人物形象设计	39
信息工程系	计算机应用技术	85
信息工程系	计算机网络技术	107
信息工程系	图形图像制作	58
经济管理系	会计电算化	184
生物工程系	生物技术及应用	104
经济管理系	物流管理	95

图 5-24　表格排序前

系　别	专　业	人　数
包装印刷系	包装技术与设计	66
包装印刷系	装潢艺术设计	54
经济管理系	会计电算化	184
经济管理系	物流管理	95
旅游管理系	酒店管理	104
旅游管理系	旅游管理	46
人文与社会科学系	文秘专业	103
人文与社会科学系	人物形象设计	39
生物工程系	微生物技术与应用	110
生物工程系	生物技术及应用	104
外语系	商务英语	126
信息工程系	计算机网络技术	107
信息工程系	计算机应用技术	85
信息工程系	图形图像制作	58
药物工程系	兽医医药	107
药物工程系	中草药开发与利用	78
药物工程系	生物制药技术	69

图 5-25　表格排序后

5.2.4 制作"各专业毕业生统计"网页

下面介绍利用表格的导入和排序功能制作如图 5-16 所示的"各专业毕业生统计"网页。首先分析本网页的布局,本网页可分为页眉、主体和版权 3 部分,各部分可分别用表格进行布局。

1. 制作页眉区

(1)将本书配套素材中的"\ch5\就业信息\image"文件夹复制到站点根文件夹下,新建一个空白 HTML 文档,命名为 byrs.html 保存到站点根文件夹下。

(2)单击属性面板中的"页面属性"按钮,在弹出的"页面属性"对话框中,选择"标题/编码"分类,在"标题"文本框中输入"欢迎光临毕业生就业信息网"字样,在"编码"下拉列表中选择"简体中文(GB2312)",如图 5-26 所示,然后单击"确定"按钮。

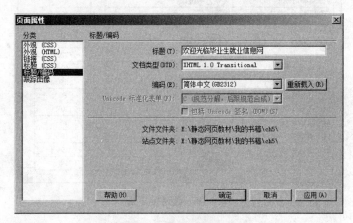

图 5-26 设置页面属性

(3)将光标置于页面中,插入一个 4 行 1 列的表格,参数如图 5-27 所示,设置表格居中对齐。

图 5-27 页眉表格参数

(4)将光标置于第 1 行单元格内,执行"插入"→"图像"命令,将图像文件 images/banner.jpg 插入单元格中。

(5)将光标置于第 2 行单元格中,在属性面板中设置单元格属性,如图 5-28 所示。

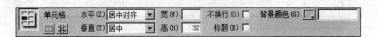

图 5-28 设置单元格属性

（6）将光标置于第 2 行单元格中，在属性面板的"目标规则"下拉列表中选择"＜内联样式＞"选项，然后单击"编辑规则"按钮，如图 5-29 所示。

图 5-29 设置单元格样式

（7）在弹出的对话框中，设置"类型"分类的参数如图 5-30 所示，然后选择"背景"分类，单击 Background-image 文本框后的"浏览"按钮，选择图像文件 images/menu_bg.jpg，如图 5-31 所示，单击"确定"按钮退出对话框。在该单元格输入文字后效果如图 5-32 所示。

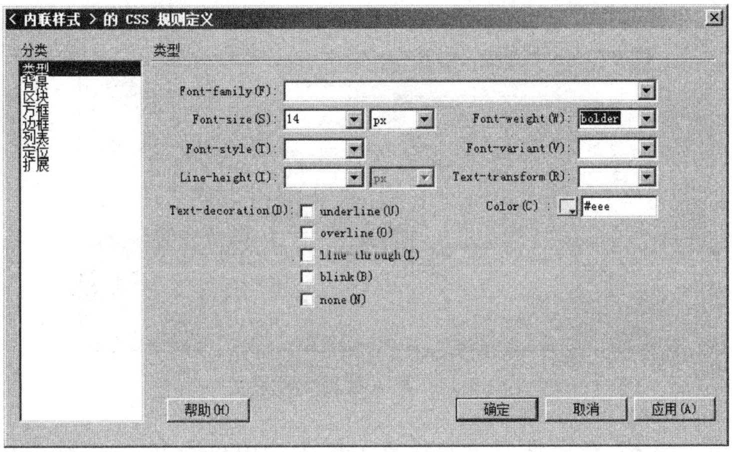

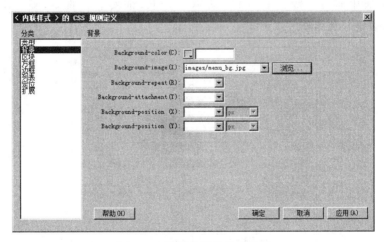

图 5-30 设置单元格类型样式

图 5-31 设置单元格背景样式

图 5-32 单元格效果

（8）同上方法，将光标置于第 3 行单元格中，设置单元格水平方向为"左对齐"，高为 24，设置单元格类型样式中文字大小为 14px，颜色为＃999，粗细为特粗，输入文字。

(9) 设置第 4 行单元格水平和垂直方向均为居中对齐,高为 24,背景颜色为 ♯FFFF99,输入文字。

2. 制作主体区

(1) 将光标置于页眉表格的最右侧,执行菜单栏中的"插入"→"表格对象"→"导入表格式数据"命令。在弹出的"导入表格式数据"对话框中,单击"浏览"按钮,选择数据文件"毕业生统计.txt",并设置参数如图 5-33 所示,单击"确定"按钮,将表格式数据导入生成主体表格。

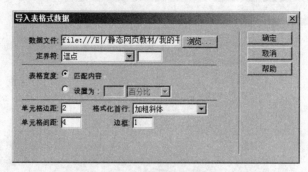

图 5-33　导入数据文件设置

(2) 选择主体表格,在属性面板中设置表格为居中对齐方式,调整表格中各列的宽度。选择表格的第 1 行,设置水平居中对齐,背景颜色为♯FFCCCC。选择表格的最右列,设置水平居中对齐。按住 Ctrl 键,从第 3 行起,依次隔行选择,设置背景颜色为♯DCF2FF。表格外观调整后效果如图 5-34 所示。

系　别	专　业	人　数
旅游管理系	酒店管理	104
旅游管理系	旅游管理	46
包装印刷系	包装技术与设计	66
生物工程系	微生物技术与应用	110
包装印刷系	装潢艺术设计	54
药物工程系	兽医医药	107
药物工程系	中草药开发与利用	78
药物工程系	生物制药技术	69
外语系	商务英语	126
人文与社会科学系	文秘专业	103
人文与社会科学系	人物形象设计	39
信息工程系	计算机应用技术	85
信息工程系	计算机网络技术	107
信息工程系	图形图像制作	58
经济管理系	会计电算化	184
生物工程系	生物技术及应用	104
经济管理系	物流管理	95

图 5-34　导入表格效果

（3）将光标置于表格中任意单元格中，执行菜单栏中的"命令"→"排序表格"命令，弹出"排序表格"对话框，设置参数如图 5-35 所示，使表格中的数据按系别和人数进行二级排序，效果如图 5-36 所示。

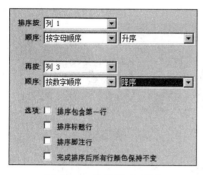

图 5-35　表格排序设置　　　　　　　图 5-36　排序后表格

3. 制作版权区

（1）将光标置于主体表格的最右侧，插入一个 1 行 1 列的表格，参数如图 5-37 所示，设置表格居中对齐。

图 5-37　页脚表格参数

（2）将光标置于单元格内，设置行高为 50，水平和垂直方向为居中对齐。将光标置于单元格中，在属性面板的"目标规则"下拉列表中选择"新内联样式"选项，然后单击"编辑规则"按钮，在弹出的对话框中设置内联样式，如图 5-38 所示，在单元格中输入文字。

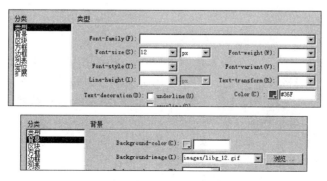

图 5-38　内联样式设置

任务 5.3　使用表格布局网页

5.3.1　案例导入——制作"毕业生就业信息网"首页

表格在网页制作中更多用于网页布局上。利用表格通过嵌套和属性设置等操作可以很方便地实现各种常见的页面布局模式。如图 5-39 所示的"毕业生就业信息网"首页就是采用表格嵌套实现页面布局的。下面介绍使用表格进行页面布局的综合应用和"毕业生就业信息网"首页的制作。

图 5-39　"毕业生就业信息网"首页效果

5.3.2　嵌套表格

嵌套表格是指在表格的某个单元格中再插入一个表格，可以像其他表格一样对嵌套表格进行格式设置，表格可以多层嵌套，通常用于实现页面的复杂布局效果。

制作嵌套表格时，先将光标定位于要插入嵌套表格的单元格内，然后执行创建表格操作即可。嵌套表格的效果如图 5-40 所示。

📖 **小提示**：在制作嵌套表格时，内层嵌套的表格宽度一般以％为单位，嵌套表格宽度的像素值由它占所在单元格宽度的像素值的百分比计算。如果内层嵌套的表格宽度以"像素"为单位，当嵌套表格的宽度大于单元格宽度时，外层单元格将被嵌套表格撑开，相

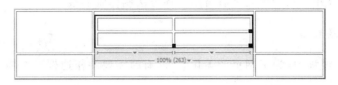

图 5-40 嵌套表格

邻单元格的宽度则被压缩。

5.3.3 表格制作技巧

1. 制作分隔用的细实线

在用表格对网页布局排版时,有时需要一条细实线做水平或垂直分隔线,用线型的图像既费事又占据存储空间,这个问题用表格及单元格属性的设置及源代码的简单修改就可以实现。以水平细实线分隔线为例介绍制作过程如下。

(1)插入一个 1 行 1 列的表格。

(2)在属性面板中设置表格的属性,如图 5-41 所示,表格宽度根据实际需要设置,填充、间距和边框均设为 0。

图 5-41 设置表格属性

(3)光标置于单元格中,设置单元格的属性,如图 5-42 所示,高设为 0,背景颜色设为需要的细实线颜色,图中设为#0066FF。

图 5-42 设置单元格属性

(4)选择单元格,单击文档工具栏中的 拆分 按钮,在代码视图中将该单元格代码中的空格占位符 删除,如图 5-43 所示。

图 5-43 删除空格占位符

📖 **小提示**:这种细实线实际上是表格内一个高为 1 像素(px)的行。由于 Dreamweaver 会自动为没有元素的单元格添加空格占位符 ,只有去掉该占位符,行高的设置才会起作用。细实线的粗细可以通过行高来调整。

如果想在已有数据信息的表格内制作水平细实线,可以在需要细实线的位置处插入一行,并将该行合并为一个单元格后再用上述方法制作细实线。

2. 制作细线表格

在网页制作过程中,为了网页的美化效果,有时需要制作边框粗细为 1 像素的细线表格,如图 5-44 所示,具体操作步骤如下。

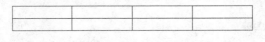

图 5-44　细线表格效果

(1)按网页制作的要求插入一个表格,将表格属性的边框和填充设为 0,间距设为 1,如图 5-45 所示。

图 5-45　表格参数设置

(2)选择整个表格,单击文档工具栏中的 拆分 按钮,切换到代码视图中,在表格的起始标记中添加属性代码 bgcolor="♯000000",如图 5-46 所示。♯000000 为黑色,可以根据网页布局的需要选择其他颜色。

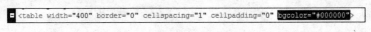

图 5-46　设置表格背景颜色

(3)切换到设计视图下,选择表格所有的单元格,单击属性面板中的"背景颜色"按钮,选择白色,也可以根据需要选择其他颜色作为单元格的背景颜色。

📖 小提示:表格和单元格除了可以设置背景颜色外,还可以分别设置背景图像。表格设置背景图像的方法是:在表格的开始标签中添加属性 background,并指定背景图像文件名,如下所示。单元格的背景图像 background 属性的设置放置在＜td＞标签内。

5.3.4　表格布局网页的设计要点

由于表格能将页面划分成任意大小的矩形区域,所以可以通过表格和单元格大小的设置及表格的嵌套来实现网页的页面布局。表格控制页面布局简单直观,易于掌握应用。下面介绍使用表格布局页面的一些要点。

1. 确定网页的宽度

浏览网页时一般不希望出现水平滚动条,浏览器显示网页的最大宽度与显示器的分辨率有关,因此设计网页版面的宽度时要考虑主流显示器的分辨率,根据分辨率来确定页面的宽度。目前大多数网页设计是基于分辨率为 1024×768 像素的情况,采用 1000 像素左右的宽度来设计页面。

2. 页面的划分

浏览使用表格布局的页面时,一般要等待整个表格的内容都接收到后才显示整个表格的内容。如果使用一个大表格布局整个页面,访问速度会比较慢,因此当网页内容多时,建议将整个页面纵向上拆分成若干个表格,在显示时逐个显示各个表格的内容,加快页面的打开速度。

用表格布局页面最好先设计页面的效果图,对页面空间进行划分,根据页面的划分结果来确定表格的布局和嵌套层次。图 5-47 所示为"毕业生就业信息网"首页的页面划分设计图。

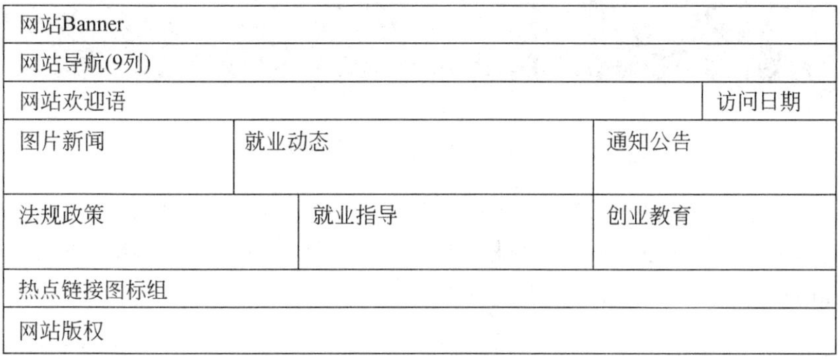

网站Banner			
网站导航(9列)			
网站欢迎语			访问日期
图片新闻	就业动态		通知公告
法规政策		就业指导	创业教育
热点链接图标组			
网站版权			

图 5-47 页面布局划分示意图

3. 表格宽度、对齐方式等的设置

使用表格进行页面布局时,一般采用多层表格嵌套,按页面的宽度来确定最外层表格的宽度,以保证整个网页不变形。外层表格的宽度使用绝对像素值设置,内层嵌套表格的宽度可以根据实际情况灵活确定采用绝对像素还是相对百分比来设置。

如果一个单元格中嵌套了一个表格,最好将单元格的垂直对齐方式设置为顶端对齐,使页面内容不产生较大的空隙。

为了使整个页面的效果层次分明、错落有致,就应当注意为不同栏目之间的表格布局预留一定的空隙,以免表格之间的内容挨得太近,影响版面的清晰性。

5.3.5 制作"毕业生就业信息网"首页

下面介绍使用表格布局技术制作"毕业生就业信息网"的首页。按照前面对该页面的整体布局的划分依次制作页面的各部分,制作过程如下。

1. 新建网页

(1) 将本书配套素材中的"\ch5\就业信息\images"文件夹复制到站点根文件夹下,新建一个空白 HTML 文档,命名为 index.html 保存到站点根文件夹下。

(2) 单击属性面板中的"页面属性"按钮,在弹出的"页面属性"对话框中,选择"标题/

编码"类别,设置标题为"欢迎光临毕业生就业信息网"。选择"外观(CSS)类别",设置页面字体为"宋体",大小为12px,设计左边距和上边距为0。

2. 制作网站 Banner、导航栏和欢迎信息栏等

(1) 制作网站 Banner。在设计视图下,单击"插入"面板中的"表格"按钮囲,插入一个1行1列,宽度为1003像素,边框、单元格边距和单元格间距为0的表格,设置表格居中对齐,在表格中插入图片 Banner.jpg,如图5-48所示。

图 5-48　制作网站 Banner

(2) 插入一个1行17列,宽度为1003像素,边框、单元格边距和单元格间距为0的表格,设置表格居中对齐。选中表格,切换到代码视图,在<table>标签中,添加 background 属性,设置表格背景图片为 menu_bg.jpg,如图5-49所示。

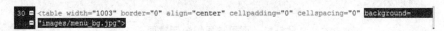

图 5-49　设置表格背景图片

(3) 设置所有单元格水平、垂直均为居中对齐,设置单元格行高为32,设置奇数列单元格的宽度为98像素,偶数列单元格的宽度为15像素。在奇数列单元格中,输入导航栏的各栏目文字;在偶数列单元格中插入分隔线图片 zs_08.jpg,如图5-50所示。使用 CSS 样式设置导航文字为白色、加粗、16像素,具体方法在后面章节将详细讲解。

图 5-50　制作网站导航栏

(4) 为了分隔导航栏和网页主体内容,制作欢迎信息栏。插入一个1行3列,宽度为1003像素,边框、单元格边距和单元格间距为0的表格,设置表格居中对齐。切换到代码视图,设置表格背景图片为 zs_12.jpg。

(5) 设置单元格行高为33,设置第2个单元格的宽度为17像素,垂直居中对齐;第3个单元格的宽度为160像素,水平、垂直居中对齐。

(6) 在第1个单元格输入文字"欢迎光临毕业生就业信息网——资源共享　传递信息",在第2个单元格插入图片 ico_01.gif,在第3个单元格插入日期。

(7) 切换到代码视图,修改第1个单元格的代码为"<td height="33"><marquee>欢

迎光临毕业生就业信息网——资源共享 传递信息</marquee></td>",使字幕滚动起来,如图 5-51 所示。

图 5-51 制作欢迎信息栏

3. 制作就业动态模块组

本模块最外层设计为 1 行 3 列的表格,分别放置图片新闻、就业动态和通知公告栏 3 部分,如图 5-52 所示。第 1 个单元格为图片新闻栏目,直接插入图片和文字即可;第 2 个单元格为就业动态栏目,嵌套一个 9 行 3 列的表格;第 3 个单元格通告公告栏,嵌套一个 9 行 2 列的表格。为了使栏目布局整齐划一,保持合适的间隔,在操作之前一定要事先规划好布局表格的行列数量及单元格的宽高。

图 5-52 就业动态模块效果

(1)制作最外层表格。将光标定位到欢迎信息栏表格的右侧,插入一个 1 行 3 列,宽度为 1003 像素,边框、单元格边距和单元格间距为 0 的表格,设置表格居中对齐。依次设置单元格的宽度为 293 像素、450 像素和 260 像素,高度为 235 像素。设置所有单元格水平、垂直为居中对齐。

(2)制作图片新闻栏目。将光标定位在左侧单元格内,插入图片 news.jpg,设置图片宽为 270 像素,高为 180 像素。将光标定位在图片右侧,按 Shift+Enter 组合键,输入文字"校园招聘回暖,企业入驻校园现场招聘"。

(3)制作就业动态栏目。将光标定位在中间单元格内,插入一个 9 行 3 列、宽度为 441 像素,边框、单元格边距和单元格间距为 0 的表格。设置 3 列的宽度分别为 25 像素、336 像素和 80 像素,设置第 1 行的高度为 32 像素,其余各行高度为 25 像素。选中嵌套的表格,在代码视图中设置表格的背景图片为 libg_01.gif。设置各单元格的对齐方式,插入图片和文字,效果如图 5-53 所示。

📖**小提示**:为了在栏目间留有间隙,嵌套表格的宽度设置要略小于所在单元格的宽度。另外,嵌套表格的宽度和总高度要根据表格背景图片的大小来设置。

(4)制作通知公告栏目。将光标定位于最外层表格的右侧单元格内,插入一个 9 行 2 列,宽度为 250 像素,边框、单元格边距和单元格间距为 0 的表格。设置 2 列的宽度分别为 234 像素和 16 像素,设置第 1 行的高度为 28 像素,其余各行高度为 25 像素。选中嵌套的表格,在代码视图中设置表格的背景图片为 libg_022.gif。设置各单元格的对齐方式,插入图片和文字,效果如图 5-54 所示。

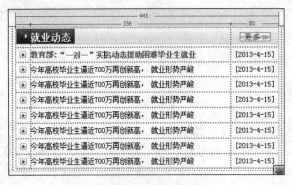

图 5-53　制作就业动态栏目

图 5-54　制作通知公告栏目

4. 制作政策法规模块组

本模块与就业动态模块相似,最外层设计为 1 行 3 列的表格,分别为政策法规、就业指导和创业教育 3 部分,如图 5-55 所示。

图 5-55　政策法规模块效果

(1) 制作最外层表格。将光标定位到欢迎就业动态模块最右侧,插入一个 1 行 3 列,宽度为 1003 像素,边框、单元格边距和单元格间距为 0 的表格,设置表格居中对齐。依次设置单元格的宽度为 371 像素、372 像素和 260 像素,高度为 245 像素。设置所有单元格水平、垂直为居中对齐。政策法规栏目的制作与上述就业动态栏目相似,这里不再赘述。

(2) 制作就业指导栏目。将光标定位在最外层表格的中间单元格内,插入一个 10 行 3 列,宽度为 366 像素,边框、单元格边距和单元格间距为 0 的表格。设置 3 列的宽度分别为 25 像素、261 像素和 80 像素,设置第 1 行的高度为 30 像素,第 2 至第 8 行高度为 25 像素,第 9 行高度为 1,第 10 行的高度为 31。将第 9 行 3 个单元格合并,设置单元格背景颜色为♯D6D6D6,第 10 行 3 个单元格合并。选中嵌套的表格,在代码视图中设置表格的背景图片为 libg_05.gif。设置各单元格的对齐方式,在第 1~8 行中插入图片和文字。切换到代码视图中,删除第 9 行单元格内的占位符 ,如图 5-56 所示,制作水平分割细线。将光标定位于第 10 行单元格内,再插入一个 1 行 3 列,宽度为 100% 的表格,设置边框、单元格边距和单元格间距为 0,单元格高度为 31,分别插入图片。

(3) 制作创业教育栏目。在最外层表格的右侧单元格内,插入一个 2 行 1 列的表格,

```
243        <tr>
244 ■        <td height="1" colspan="3" bgcolor="#D6D6D6"> </td>
245        </tr>
```

图 5-56 删除单元格内占位符

其中第1行再嵌套一个6行2列的表格。具体制作方法参照上述各栏目的制作，这里不再赘述。

热点链接图标组和网站版权区制作相对简单，就不再一一叙述。网页最终效果如图5-39所示。这里只是实现了首页的页面布局，页面的超链接和页面文字的美化等还需要进一步完善。

项 目 小 结

本项目介绍了表格的基本知识，包括表格的构成和作用，插入、选择和编辑表格，设置表格和单元格的属性，导入和导出表格，排序表格，表格嵌套等表格操作。重点介绍了利用表格对网页进行布局的方法。熟练掌握表格的各种操作和使用表格布局页面的方法是网页设计与制作的重点内容之一。

项 目 实 训

实训 5.1　制作"信息工程系图形图像 11-2 班课程表"网页

使用表格制作"信息系课程表"网站中图形图像11-2班课程表的网页，表格的宽度大约为700像素，居中放置，自行设置表格的外观效果。最后的制作效果可参考图5-57所示。

年级：2011		专业：图形图像制作		班级：图形图像11-2班	
		星期一	星期二	星期三	星期四	星期五
上午	一			Flash动画设计 B201	Maya三维基础 三维工作站	东西方文化比较 A500
	二	影视后期 编辑与合成 B106	Maya三维基础 B202		Maya三维基础 三维工作站	职业发展 与就业指导 A200
下午	三	动画分镜头设计 B103	形势与政策 六楼会议室	动画剧本与策划 B104	动画分镜头设计 三维工作站	
	四	影视后期 编辑与合成 三维工作站	Flash动画设计 六机房		静态网页制作 B102	人文素质教育 六楼会议室
晚上	五		Flash动画设计 六机房		静态网页制作 七机房	

图 5-57　图形图像 11-2 班课程表

实训 5.2　制作"花影袭人"网站中"菊花简介"的网页

　　使用表格制作"花影袭人"网站中介绍菊花的网页,要求表格的宽度为 600 像素,居中放置,表格其他的外观效果可自行设置,根据网页显示的效果决定是否设置锚记链接,制作完成的效果可参照图 5-58 所示。素材可使用本书配套素材"ch5\花影袭人\images"文件夹中提供的,也可自行在网上下载。

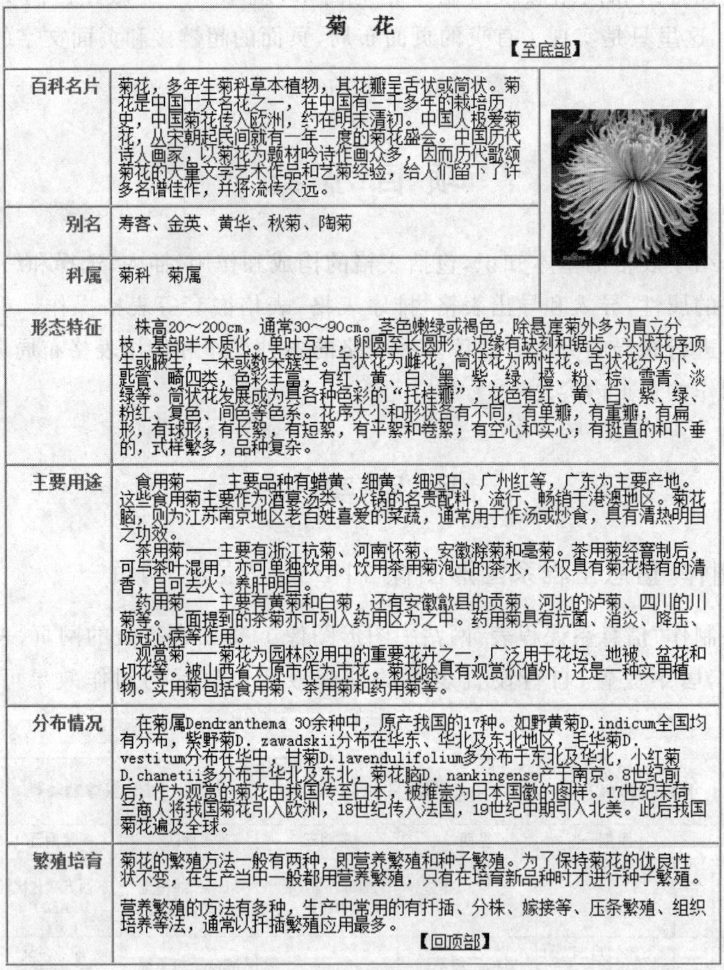

<table>
<tr><td colspan="3" align="center">菊　花
【至底部】</td></tr>
<tr>
<td>百科名片</td>
<td>菊花,多年生菊科草本植物,其花瓣呈舌状或简状。菊花是中国十大名花之一,在中国有三千多年的栽培历史,中国菊花传入欧洲,约在明末清初中。中国人极爱菊花,从宋朝起民间就有一年一度的菊花盛会。中国历代诗人画家,以菊花为题材吟诗作画众多,因而历代歌颂菊花的大量文字艺术作品和艺菊经验,给人们留下了许多名谱佳作,并将流传久远。</td>
<td rowspan="3"></td>
</tr>
<tr>
<td>别名</td>
<td>寿客、金英、黄华、秋菊、陶菊</td>
</tr>
<tr>
<td>科属</td>
<td>菊科　菊属</td>
</tr>
<tr>
<td>形态特征</td>
<td colspan="2">　　株高20～200cm,通常30～90cm。茎色嫩绿或褐色,除悬崖菊外多为直立分枝,基部半木质化。单叶互生,卵圆至长圆形,边缘有缺刻和锯齿。头状花序顶生或腋生,大或成朵簇生。舌状花为雌花,简状花为两性花。舌状花分为下垂、匙瓣、畸四类,色彩丰富,有红、黄、白、墨、紫、绿、捧、粉、棕、雪青、淡绿等。简状花发展成为具各种色彩的"托桂瓣",花色有红、黄、白、紫、绿、粉红、复色、间色等色系。花序大小和形状各有不同,有单瓣,有重瓣;有扁形,有球形,有长絮,有短絮,有平絮和卷絮;有空心和实心;有挺直的和下垂的,式样繁多,品种复杂。</td>
</tr>
<tr>
<td>主要用途</td>
<td colspan="2">　　食用菊——主要品种有蜡黄、细黄、细泥白、广州红等,广东为主要产地。这些食用菊主要作为酒宴汤类、火锅的名贵配料,流行、畅销于港澳地区。菊花脑,则为江苏南京地区老百姓喜爱的菜蔬,通常用于作汤或炒食,具有清热明目之功效。
　　茶用菊——主要有浙江杭菊、河南怀菊、安徽滁菊和毫菊。茶用菊经窨制后,可与茶叶混用,亦可单独饮用。饮用茶用菊泡出的茶水,不仅具有菊花特有的清香,且可去火、养肝明目。
　　药用菊——主要有黄菊和白菊,还有安徽歙县的贡菊、河北的泸菊、四川的川菊等。上面提到的茶菊亦可列入药用区为之中。药用菊具有抗菌、消炎、降压、防冠心病等作用。
　　观赏菊——菊花为园林应用中的重要花卉之一,广泛用于花坛、地被、盆花和切花等。被山西省太原市作为市花。菊花除具有观赏价值外,还是一种实用植物。实用菊包括食用菊、茶用菊和药用菊等。</td>
</tr>
<tr>
<td>分布情况</td>
<td colspan="2">　　在菊属Dendranthema 30余种中,原产我国的17种。如野黄菊D.indicum全国均有分布,紫野菊D.zawadskii分布在华东、华北及东北地区,毛华菊D.vestitum分布在华中,甘菊D.lavendulifolium多分布于东北及华北,小红菊D.chanetii多分布于华北及东北,菊花脑D.nankingense产于南京。8世纪前后,作为观赏的菊花由我国传至日本,被推崇为日本国徽的图样。17世纪末荷兰商人将我国菊花引入欧洲,18世纪传入法国,19世纪中期引入北美。此后我国菊花遍及全球。</td>
</tr>
<tr>
<td>繁殖培育</td>
<td colspan="2">　　菊花的繁殖方法一般有两种,即营养繁殖和种子繁殖。为了保持菊花的优良性状不变,在生产当中一般都用营养繁殖,只有在培育新品种时才进行种子繁殖。
　　营养繁殖的方法有多种,生产中常用的有扦插、分株、嫁接等,压条繁殖、组织培养等法,通常以扦插繁殖应用最多。
 【回顶部】 </td>
</tr>
</table>

图 5-58　菊花页面效果

实训 5.3　制作"信息工程系教学评估网"首页

　　应用表格页面布局制作信息工程系教学评估网的首页,如图 5-59 所示。本网页以蓝色为主色调,页面干净整洁,主次分明。

　　本网页整体宽度为 900 像素,即最外层表格的宽度为 900 像素。制作时可参照网页效果图,网页水平分割成网站页眉、网站导航、网站 Banner 动画、网站主体和网站页脚几

图 5-59　教学评估网首页效果图

部分,分别用表格布局,各部分之间的空隙可以利用 1 行 1 列、宽度为 900 像素、高度为 2 像素的表格实现。网站页眉、网站导航、网站 Banner 动画和网站页脚制作相对简单,不需要表格嵌套。

　　网站主体部分要采用表格嵌套来实现各栏目的布局,首先网站主体要划分为左、右两部分,左、右各自再利用表格的嵌套实现内部的区域划分,制作时要合理安排各区域的大小和位置,并适当留有空隙。插入嵌套表格时,表格的宽度可以百分比为单位设置,从而保证表格间的间隙。此外还要注意表格单元格的对齐方式,保证布局的整齐美观。

　　表格内细线的制作方法可参照"任务 5.3　使用表格布局网页"中介绍的方法。

　　素材可使用本书配套素材"ch5\就业信息"文件夹中提供的,也可自行在网上下载。

用框架布局页面

项目概要：框架是网页布局的一种常用方式,使用框架可以在同一浏览窗口显示多个网页。框架将浏览窗口划分成多个区域,在每个区域显示不同的页面内容。通常情况下,通过为超链接指定目标框架,在框架间建立以内容为媒介的联系来实现页面导航的功能。本项目将介绍如何在 Dreamweaver CS6 中创建和编辑框架,在同一浏览窗口中布局多个页面并实现页面间的导航。

知识目标：认识框架技术,理解框架网页的结构组成,掌握框架集和框架的作用与区别。

技能目标：掌握框架网页的创建方法,学会框架集和框架属性的设置,掌握框架网页链接设置的方法。

任务6.1 创建框架网页

6.1.1 案例导入——制作"信息系课程表"网页

为了能在同一个浏览窗口中显示多个网页,需要使用框架结构。框架结构的网页是一种特殊的网页,由若干个框架页面和定义各框架页面结构的框架集组成。如图 6-1 所示的"信息系课程表"页面就是利用框架结构设计的网页,在该浏览窗口中显示了 3 个框架网页的内容,它们在浏览窗口中的位置、大小等属性均保存于一个未显示的框架集网页文件中。下面将介绍框架网页的创建、保存等基本操作,并完成"信息系课程表"网页的制作。

6.1.2 认识框架网页

框架可以将浏览窗口划分为若干个矩形区域,每个区域分别显示不同的网页。采用框架(Frames)技术的网页由框架集(Frameset)和框架(Frame)网页两部分组成。顾名思义,框架集就是框架的集合,它定义浏览窗口中框架的结构,框架的数量、大小及装入框架中的页面文件的路径和名称等有关框架的属性。框架是框架集的组成元素,框架的页面是整个网页页面的一部分,是一个矩形区域,它具有网页所有的属性和功能,与框架集中其他框架页面的关系是平等的。

图 6-1 "信息系课程表"网页

框架结构的网页不是一个单独的网页文件，而是由一组网页文件组成。框架结构的网页包含一个框架集的 HTML 文件和若干个在框架内显示的网页文件。框架集的 HTML 文件是一个特殊的网页文件，本身不存储在浏览器中显示的具体网页内容，只是向浏览器提供应如何显示一组框架以及在这些框架中应显示哪些文档。浏览框架结构的网页时，打开框架集网页浏览器就会打开显示在各个框架中的相应文档。

6.1.3 创建框架网页

创建框架的方法有两种：一是使用预定义框架；二是自定义框架。

1. 新建框架网页

Dreamweaver CS6 共提供了"左对齐""上方及固定""上方及右侧嵌套"等 13 种预设的框架型网页的框架结构，在 Dreamweaver CS6 中使用预设的框架集可以很方便地创建框架网页。

在当前打开的文档中执行菜单栏中的"插入"→HTML→"框架"命令，选择预定义的框架集，就可以创建框架网页。图 6-2 所示为执行插入"上方及左侧嵌套"框架命令及效果图。

如果在"首选参数"对话框的"辅助功能"分类中选中了"框架"复选框，框架集创建后将弹出"框架标签辅助功能属性"对话框，在"框架"下拉列表中选择一个框架，就可以在"标题"文本框中为其指定相应的标题名称，如图 6-3 所示。

2. 创建自定义框架

在当前文档中，执行下列操作之一，就可以自定义框架。

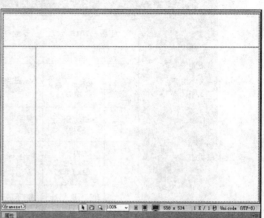

图 6-2　预定义框架

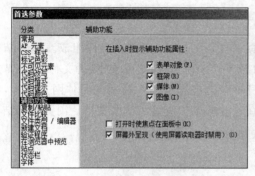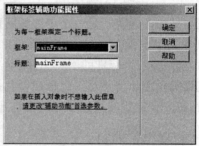

图 6-3　"框架标签辅助功能属性"对话框

- 打开菜单栏中的"修改"→"框架集"子菜单。其中包括"拆分左框架""拆分右框架""拆分上框架"和"拆分下框架"4个命令,如图6-4所示。
- 执行菜单栏中的"查看"→"可视化助理"→"框架边框"命令,使文档窗口中显示框架边框。将光标移至框架边框上,拖动框架至相应的位置,则拆分成2个框架,如图6-5所示;将光标移至框架边角上拖曳时,则拆分成4个框架。

📖 **小提示**:框架可以拆分也可以合并,拖曳框架的边框到文档窗口的边界就可以合并框架。

6.1.4　保存框架网页

由于一个框架集包含多个框架,每个框架都包含一个文档,因此一个框架集会包含多个文件。在保存框架网页时,不能只简单地保存一个文件,而要将所有的框架网页和框架集页面都保存下来。用户可以选择分别单独保存每个框架网页和框架集页面,也可以选择同时保存所有的框架网页和框架集页面。

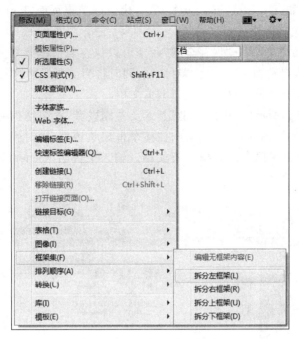

图 6-4 拆分框架命令菜单

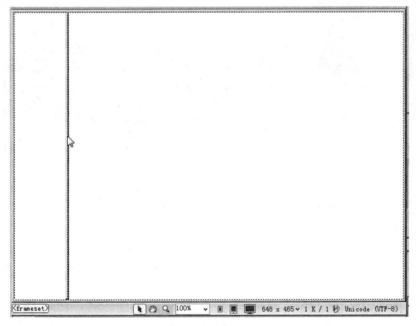

图 6-5 拆分框架

1. 保存全部框架网页

在 Dreamweaver CS6 中创建框架网页时,每个新的框架网页文档都会被自动赋予一个临时文件名。例如,UntitleFrameset-1.html代表框架集页面,UntitledFrame-1.html、Untitle-3.html等代表框架页面。

执行菜单栏中的"文件"→"保存全部"命令可以保存当前框架集内的所有网页文件。当选择该命令后,将自动弹出"另存为"对话框,同时将当前要保存的框架页面部分用虚线框围住,依次保存框架集网页文档和框架网页文档。

例如,在如图6-2所示中,选择创建"上方及左侧嵌套"框架结构网页,执行菜单栏中的"文件"→"保存全部"命令后,虚线框围住整个框架集边框,同时弹出"另存为"对话框,如图6-6所示,此时要求保存的是框架集文档。输入文件名kechengbiao.html,单击"保存"按钮保存框架集文档。

图6-6　保存整个框架集

接着虚线框围住标题为mainFrame的框架,弹出第2个"另存为"对话框,如图6-7所示。输入文件名kcb_main.html,保存该框架文档。

随后会依次围住标题为leftFrame、topFrame的框架,并弹出"另存为"对话框,分别输入文件名kcb_list.html、kcb_top.html,保存另外的两个框架文档,如图6-8所示。

2. 有选择地保存框架网页

框架集文档和每个框架网页文档也可以分别单独保存。

在文档窗口中单击框架的边框,执行菜单栏中的"文件"→"框架集另存为"命令,就可以将框架集保存为一个新的网页文档。

将光标定位于要保存的框架网页内,执行菜单栏中的"文件"→"保存框架"命令,就可以保存光标所在框架的网页文档。

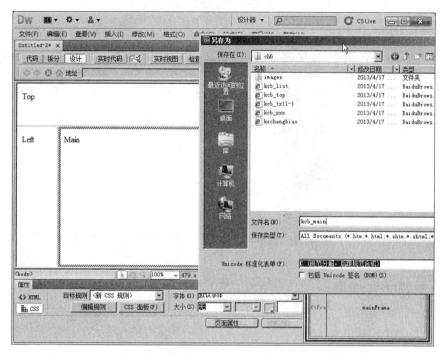

图 6-7 保存标题为 mainFrame 的框架文档

图 6-8 保存其余两个框架文档

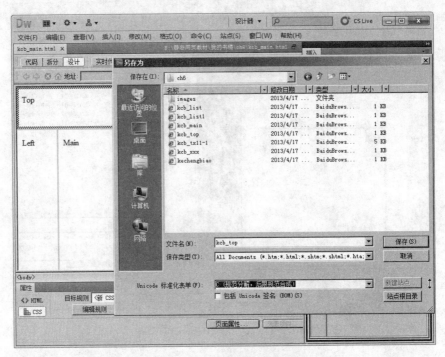

图　6-8（续）

　　📖 **小提示**：如果框架网页的内容没有发生更改，则"保存框架"命令为灰化显示，无法执行该命令，只有改动过的框架网页才可以保存。

6.1.5　观察框架集文件对应的代码

　　有关框架结构网页的框架是如何划分的内容都存放在框架集文档中，该文档只记录框架的划分情况，不记录具体页面的内容，下面是一个完整的框架集文档的代码。

```
<!DOCTYPE html PUBLIC "-//W3C//DTD XHTML 1.0 Frameset//EN"
"http://www.w3.org/TR/xhtml1/DTD/xhtml1-frameset.dtd">
<html xmlns="http://www.w3.org/1999/xhtml">
<head>
<meta http-equiv="Content-Type" content="text/html; charset=utf-8" />
<title>信息系 2016—2017 学年第二学期课程表</title>
</head>
<frameset rows="100,* " cols="* " framespacing="2" frameborder="yes"
        border="2">
  <frame src="kcb_top.html" name="topFrame" frameborder="no" scrolling="No"
        noresize="noresize" id="topFrame" title="topFrame" />
  <frameset rows="* " cols="160,* " framespacing="2" frameborder="yes"
        border="2">
    <frame src="kcb_list.html" name="leftFrame" frameborder="no"
        scrolling="No" noresize="noresize" id="leftFrame" title=
        "leftFrame" />
    <frame src="kcb_tx11-1.html" name="mainFrame" frameborder="no"
```

```
        id="mainFrame" title="mainFrame" />
  </frameset>
</frameset>
<noframes><body>
</body></noframes>
</html>
```

6.1.6　制作"信息系课程表"框架网页

图 6-1 所示"信息系课程表"网页就是采用框架结构的网页,下面以该网页的制作为例,介绍框架网页创建和保存的方法。

1. 新建框架网页

(1) 将本书配套素材中的"\课程表\images"文件夹复制到站点根文件夹下。

(2) 创建已定义框架。执行菜单栏中的"文件"→"新建"命令,在"新建文档"对话框中单击"空白页",再单击"创建"按钮创建空白网页。执行菜单栏中的"插入"→HTML →"框架"→"上方及左侧嵌套"命令。

(3) 设置上方框架的高度。单击文档窗口内水平的框架边框线,在属性面板的"行"文本框中输入 100,在"边框"下拉列表中选择"是",设置边框宽度为 2,如图 6-9 所示。

图 6-9　设置上方框架的高度图

(4) 设置左侧框架的宽度。单击文档窗口内垂直的框架边框线,在属性面板的"列"文本框中输入 160,如图 6-10 所示。

图 6-10　设置左侧框架的宽度

(5) 在文档工具栏"标题"文本框中输入框架集文档标题"信息系 2016—2017 学年第二学期课程表",如图 6-11 所示。

图 6-11　设置框架集文档的标题

（6）执行菜单栏中的"文件"→"框架集另存为"命令，将框架集文档命名为 kcb. html，保存到站点根文件夹下。

2. 制作 kcb_top. html 框架页面

（1）将光标定位于上方框架内，执行菜单栏中的"文件"→"保存框架"命令，将该框架网页文档命名为 kcb_top. html，保存到站点根文件夹下。

（2）设置 kcb_top. html 网页的页面属性。单击属性面板中的"页面属性"按钮，在弹出的"页面属性"对话框中，选择"外观（CSS）"分类，设置页面字体为宋体，大小为 36px，文本颜色为♯FFFFFF，左边距和上边距为 0，背景图像文件为 bg_top. jpg，如图 6-12 所示，然后单击"确定"按钮。

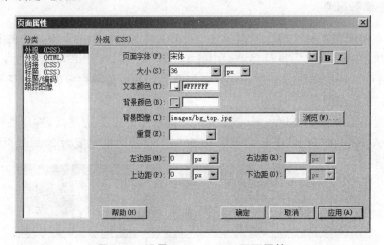

图 6-12　设置 kcb_top. html 页面属性

（3）插入图像文件 logo_xxx. jpg，在属性面板中设置图像的对齐方式为"绝对对齐"。将光标置于图像后面，输入"2016—2017 学年第二学期课程表"文字。页面效果如图 6-13 所示。

图 6-13　kcb_top. html 页面效果

3. 制作 leftFrame 框架页面

（1）将光标定位于左侧框架内，执行菜单栏中的"文件"→"保存框架"命令，将该框架网页文档命名为 kcb_list. html，保存到站点根文件夹下。

（2）设置 kcb_list. html 网页的页面属性。设置页面字体为宋体，大小为 16px，背景颜色为♯98A4CD，左边距和上边距为 30px。

（3）依次换行输入各班班级名称。选择第 1 行的文字，在属性面板中单击 CSS 按钮,在"目标规则"下拉列表中选择"＜内联样式＞"选项,设置字体为宋体,大小为18px,颜色为♯006,加粗显示,如图 6-14 所示。

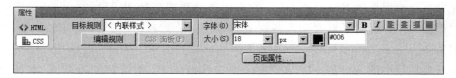

图 6-14　设置内联样式

4．制作 mainFrame 框架页面

(1) 将光标定位于右侧框架内,执行菜单栏中的"文件"→"保存框架"命令,将该框架网页文档命名为 kcb_tx11-1.html,保存到站点根文件夹下。

(2) 插入一个 7 行 7 列、宽度为 750 像素、单元格边距和单元格间距为 0、边框为 1 的表格,设置表格居中对齐。合并单元格,输入文字,最终表格效果如图 6-15 所示。

年级：2015		专业：图形图像制作		班级：图形图像15-1班	
		星期一	星期二	星期三	星期四	星期五
上午	一	影视后期编辑与合成B106	Maya三维基础B202		Flash动画设计六机房	东西方文化比较A500
	二	Flash动画设计B103		动画剧本与策划B101	Flash动画设计六机房	职业发展与就业指导A200
下午	三	影视后期编辑与合成三维工作站	形势与政策六楼会议室			动画分镜头设计三维工作站
	四	动画分镜头设计B103	静态网页制作B102	动画剧本与策划三维工作站	Maya三维基础三维工作站	人文素质教育六楼会议室
晚上	五		静态网页制作七机房		Maya三维基础三维工作站	

图 6-15　kcb_tx11-1.html 页面效果

任务6.2　框架和框架集的基本操作

6.2.1　案例导入——制作"花卉护理——牡丹"网页

一个包含框架的页面,每个框架和框架集都有各自的属性面板,可以设置框架的名称、大小、边框、滚动条等,实现框架网页的各种效果的需求。下面将首先介绍框架网页中框架和框架集的选择、属性设置、调整大小等基本操作,然后利用上述操作制作完成"花卉护理——牡丹"网页。

6.2.2 选择框架和框架集

在对框架或框架集进行操作前,首先要选择框架或框架集。Dreamweaver CS6 中的"框架"面板为用户提供了框架集内各框架的可视化效果,通常在"框架"面板中选择框架或框架集。

执行菜单栏中的"窗口"→"框架"命令或按 Shift+F2 组合键即可打开"框架"面板。在"框架"面板中以缩略图的形式显示当前页面的框架结构,框架集以较粗的边框线环绕,框架以细边框线环绕,除选中的框架或框架集边框是黑色外,其余的边框为灰色。每个框架内显示该框架的名称,当前正在编辑的框架文档的框架名称以黑色显示,其余的显示为灰色,如图 6-16 所示。

在"框架"面板中,单击框架集的边框线就可以选择该框架集,选中的框架集以粗黑线框环绕;在框架区域内单击即可选择该框架,选中的框架以细黑线环绕,如图 6-17 所示。此外,在文档窗口中,单击框架的边框线也可以选中该边框线所在的框架集。

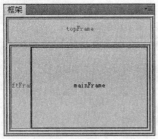
图 6-16 "框架"面板

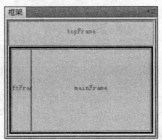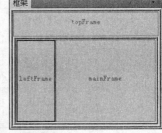
图 6-17 选中的框架集和框架

选中框架或框架集后,属性面板中将显示框架或框架集的属性。在文档窗口中,选中框架集后,该框架集内各框架的所有边框都被虚线环绕;选中框架后,该框架的边框被虚线环绕。

📖**小提示**:在框架集中可以嵌套框架集,大多数使用框架的网页都是使用的嵌套框架,Dreamweaver 中预定义的框架集也使用了嵌套。例如,"上方固定,左侧嵌套"的框架集实际上就是在一个上下结构的框架集中嵌套了一个左右结构的框架集。

6.2.3 编辑框架集的属性

选中框架集后,属性面板中将显示该框架集的属性,如图 6-18 所示。利用框架集属性面板可以设置框架的大小和边框的效果。框架集属性面板上各选项的含义如下。

图 6-18 框架集属性面板

（1）"边框"：用于设置当前框架是否显示边框。在下拉列表中有"是""否"和"默认"3个选项。在大部分浏览器中，"默认"选项为显示边框。

（2）"边框颜色"：用于设置边框的颜色。

（3）"边框宽度"：用于指定当前框架集的边框宽度。如果值为0，表示不显示边框。

（4）"行"或"列"：用于显示设置框架集的行高或列宽，由框架集的结构决定显示行或列。

（5）"值"和"单位"：用于设置选定的行或列的高度或宽度的数值与单位。单位有"像素""百分比"和"相对"3个选项。以"像素"为单位设置框架大小时，框架的大小是固定的。

（6）"行列选定范围"：单击右侧示意图，用于确定目前设置大小的框架的位置。例如，图6-18中正在设置上部框架的行高。

📖 **小提示**：以"像素"为单位设置的框架大小是固定的；以"百分比"为单位设置框架大小时，框架的大小将随框架集大小的变化而变化；以"相对"为单位设置框架大小时，框架占据前两种方式设置框架大小后所有的剩余空间。因此，浏览器为框架分配空间时，按单位决定分配次序："像素"→"百分比"→"相对"。

6.2.4 编辑框架的属性

选中框架后，属性面板中将显示该框架的属性，如图6-19所示。框架属性面板各选项的含义如下。

图6-19 框架属性面板

（1）"框架名称"：用于设置当前框架的名称。框架名称只能以字母开头，允许使用下划线"_"，但不允许使用"-""."和空格等符号。

（2）"源文件"：用于指定在当前框架中显示的文档。如果在此之前没有保存该框架，则使用系统默认的文件名。

（3）"滚动"：用于设置当没有足够空间来显示当前框架的内容时是否显示滚动条。它有4个选项，"是"表示下按时滚动条；"否"表示不显示滚动条；"自动"表示浏览器根据需要决定是否显示滚动条；"默认"表示使用系统默认设置，大部分浏览器默认为"自动"。

（4）"不能调整大小"：用于设置用户在浏览时是否能通过拖动框架边框来调节当前框架的大小。

（5）"边框"：用于设置当前框架是否显示边框。它有3个选项，"是"表示显示边框；"否"表示不显示边框；"默认"表示使用系统默认设置，浏览器一般采用默认设置。

（6）"边框颜色"：用于设置边框的颜色。

（7）"边界宽度"：用于设置框架中的内容与左右边框之间的距离，以像素为单位。

（8）"边界高度"：用于设置框架中的内容与上下边框之间的距离，以像素为单位。

6.2.5　调整框架的大小

如上节所述，选择框架集后，在属性面板上可以精确地分配各个框架所占的空间。

在设计视图中，将鼠标指针移动到框架内部的分割线上，指针变成双向箭头，拖动鼠标即可粗略地调整框架的大小。

6.2.6　删除框架（合并框架）

在设计视图中，将鼠标指针移动到框架内部的分割线上，将其拖曳到父框架的边框上或者拖离页面即可删除、合并框架。

6.2.7　制作"花卉护理——牡丹"网页

下面以图 6-20 所示"花卉护理——牡丹"网页的制作为例，介绍框架网页中框架与框架集的各种基本操作在框架结构网页制作中的具体应用。

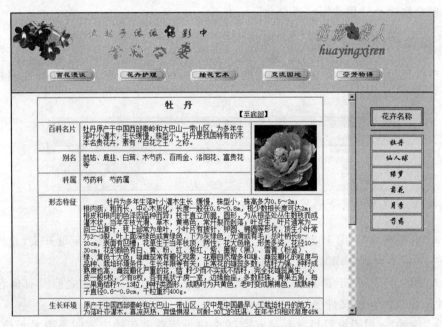

图 6-20　"花卉护理"网页效果

1．分别制作各框架内的网页

（1）将本书配套素材中的"\花影袭人\images"文件夹复制到站点根文件夹下。

（2）利用表格、鼠标经过图像等网页元素，在站点根文件夹下完成顶部导航网页、右侧导航网页和左下部内容网页的制作，分别命名为 top_huli.html、daohang_huli.html 和 content_mudan.html，各自制作的效果如图 6-21～图 6-23 所示。

图 6-21 top_huli.html 网页效果

图 6-22 daohang_huli.html 网页效果

牡 丹		
		【至底部】
百科名片	牡丹原产于中国西部秦岭和大巴山一带山区，为多年生落叶小灌木，生长缓慢，株型小。牡丹是我国特有的木本名贵花卉，素有"百花之王"之称	
别名	鼠姑、鹿韭、白茸、木芍药、百雨金、洛阳花、富贵花等	
科属	芍药科 芍药属	
形态特征	牡丹为多年生落叶小灌木生长 缓慢，株型小，株高多为0.5～2m；根肉质，粗而长，中心木质化，长度一般在0.5～0.8m，极少数根长度可达2m；根皮和根肉的色泽因品种而异；枝干直立而脆，圆形，为从根茎处丛生数枝而成灌木状；当年生枝光滑，草木，黄褐色，常开裂而剥落；叶互生，叶片通常为二回三出复叶，枝上部常为单叶，小叶片有披针、卵圆、椭圆等形状，顶生小叶常为2～3裂；叶片上面深绿色或黄绿色，下为灰绿色，光滑或有毛；总叶柄长8～20cm，表面有凹槽；花单生于当年枝顶，两性，花大色艳，形姿多姿，花径10～30cm；花的颜色有白、黄、粉、红、紫、墨紫色（墨）、雪青（粉蓝）、绿、复色十大色；雄蕊常有瓣化现象，花瓣自然增多和雄蕊瓣化的程度与品种、栽培环境条件、生长年限等有关；正常花的雄蕊雄蕊多数，结籽力强，种子成熟度也高，雌蕊瓣化严重的花，结籽少而不实或不结籽，完全花雄蕊离生，心皮一般5枚，少有8枚，各有瓶状子房一室，多数胚珠，多数胚珠，骨果五角，每一果角结籽7～13粒，种籽类圆形，成熟时为共黄色，老时变成黑褐色，成熟种子直径0.6～0.9cm，千粒重约400g	
生长环境	原产于中国西部秦岭和大巴山一带山区，汉中是中国最早人工栽培牡丹的地方，为落叶亚灌木。喜凉恶热，宜燥惧湿，可耐-30℃的低温，在年平均相对湿度45%右右的地区可正常生长。喜阴，亦少不耐阳。要求疏松、肥沃、排水良好的中性土壤或砂土壤，忌粘重土壤或低洼处栽培。花期4～5月。多采用嫁接方法进行栽培，因为与芍药同属芍药属，又多选用芍药作为砧木	
分布情况	国内主要产地：河南洛阳、山东菏泽、湖北武汉、四川彭州等地。国外：日本、法国、英国、美国、意大利、澳大利亚、新加坡、加拿大等二十多个国家均有牡丹栽培。其中以日、法、英、美等国的牡丹园艺品种和栽培数量为最多	
繁殖方法	常用分株和嫁接法繁殖，也可播种和扦插。移植适期为9月下旬至10月上旬，不可过早或过迟。喜肥，每年至少应施肥三次，即"花肥""芽肥"和"冬肥"。栽培2～3年后应进行整枝	
栽培技术	选择向阳、不积水之地，最好是朝阳斜坡，土质肥沃、排水好的沙质壤土。栽植前深翻土地，栽植坑要适当大，牡丹根部放入其穴内要垂直舒展，不能拳根。栽植不可过深，以刚刚埋住根为好。一般盆栽较少	

图 6-23 content_mudan.html 网页效果

2. 创建框架结构网页并设置框架与框架集属性等

（1）打开 content_mudan.html 网页文档，执行菜单栏中的"插入"→HTML →"框架"→"上方及右侧嵌套"命令。

（2）执行菜单栏中的"窗口"→"框架"命令打开"框架"面板。在"框架"面板中单击最外围的粗边框线，在属性面板的"行"文本框中输入 160，在"边框"下拉列表中选择"是"，设置边框宽度为 4，边框颜色为♯333366，如图 6-24 所示。

图 6-24　外围框架集属性

（3）在"框架"面板中单击中间的粗边框线，选中左右分隔的框架集，在属性面板的"列"文本框中输入 720，在"边框"下拉列表中选择"否"，设置边框宽度为 0，如图 6-25 所示。

图 6-25　中间框架集属性

（4）在"框架"面板中单击上部标题为 topFrame 的框架，在属性面板中设置源文件为 top_huli.html，滚动为"否"，勾选"不能调整大小"，边框为"默认"，如图 6-26 所示。

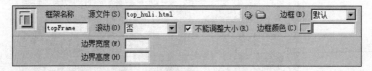

图 6-26　设置 topFrame 框架的属性

（5）以相同的方法设置 rightFrame 框架的属性，如图 6-27 所示。

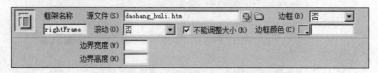

图 6-27　设置 rightFrame 框架的属性

（6）执行菜单栏中的"文件"→"框架集另存为"命令，将框架集命名为 huli.html，保存到站点根文件夹下。按 F12 键浏览网页即可得到如图 6-20 所示效果。

任务6.3 设置框架网页的链接

无论创建文字链接、图像链接或热点链接,当在属性面板中设置了"链接"选项后,就可以在"目标"的下拉列表中选择文档的打开位置,如图 6-28 所示。

图 6-28 各种链接的"目标"选项

在框架网页内使用链接时,必须为链接设置一个目标,以确定该链接要打开文档的位置。根据链接目标的不同,框架中的链接主要有两种:框架内的链接和关键字的链接。下面将分别介绍两种链接的设置方法和具体应用。

6.3.1 框架内的链接

框架内的链接就是建立一个框架内不同网页文档间的链接和跳转。在框架页面中,各框架的内容是相互联系的,当选择了某一框架内的链接后,相应的链接目标页面的内容会在当前框架结构中指定的另一个框架区域中显示出来。

通常情况下,利用框架结构,将顶部、左边或右边的框架作为导航条区域,在浏览网页时,用户选择导航条上的链接条目,则在网页上的另一个框架内切换显示相应的页面内容。

在创建框架网页时,Dreamweaver CS6 自动为每一个框架定义一个框架名称。例如,创建一个"上方固定,左侧嵌套"的框架网页时,上部框架、左侧框架和右侧框架的默认框架名称分别为 topFrame、leftFrame 和 mainFrame,用户可以在框架属性面板中修改框架的名称。在设置链接时,这些框架名称将出现在"目标"下拉列表中,作为实现框架内链接的选项,如图 6-29 所示。选择其中的框架名称后,相应的被链接的内容将会显示在该框架的区域内。

图 6-29 "目标"下拉列表

【例 6-1】 "信息系课程表"网页框架内链接的实现。

在上述已完成的图 6-1 所示的"信息系课程表"网页中,当单击左侧框架(leftFrame)班级列表导航条时,相应被链接的班级课程表将会显示在右侧的正文框架(mainFrame)区域中。例如,制作完成文件名为 kcb_tx11-2.html 的图形图像 15-2 班课程表后,如果单击"图形图像 15-2 班"将显示该班的课程表,具体操作如下。

(1) 在 Dreamweaver CS6 中打开已制作完成的"\课程表\kcb.html"文件。

（2）选中左边框架中的文字“图形图像 15-2”。

（3）在属性面板中，单击“链接”右侧的文件夹图标，从打开的“选择文件”对话框中浏览选择要链接的文件 kcb_tx11-2.html。

（4）在属性面板的“目标”下拉列表中选择名为 mainFrame 的框架，如图 6-30 所示。

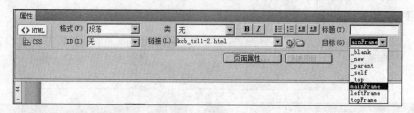

图 6-30 选择“目标”文件的显示位置

（5）设置完毕后保存文档，然后按 F12 键浏览网页，单击文字“图形图像 15-2”，可以看到右下角框架中显示该班的课程表，而其他框架内的内容不变，如图 6-31 所示。

年级：2015		专业：图形图像制作			班级：图形图像15-2班	
		星期一	星期二	星期三	星期四	星期五
上午	一			Flash动画设计 B201	Maya三维基础 三维工作站	东西方文化比较 A500
上午	二	影视后期编辑与合成 B106	Maya三维基础 B202		Maya三维基础 三维工作站	职业发展与就业指导 A200
下午	三	动画分镜头设计 B103	形势与政策 六楼会议室	动画剧本与策划 B104	动画分镜头设计 三维工作站	
下午	四	影视后期编辑与合成 三维工作站	Flash动画设计 六机房		静态网页制作 B102	人文素质教育 六楼会议室
晚上	五		Flash动画设计 六机房		静态网页制作 七机房	

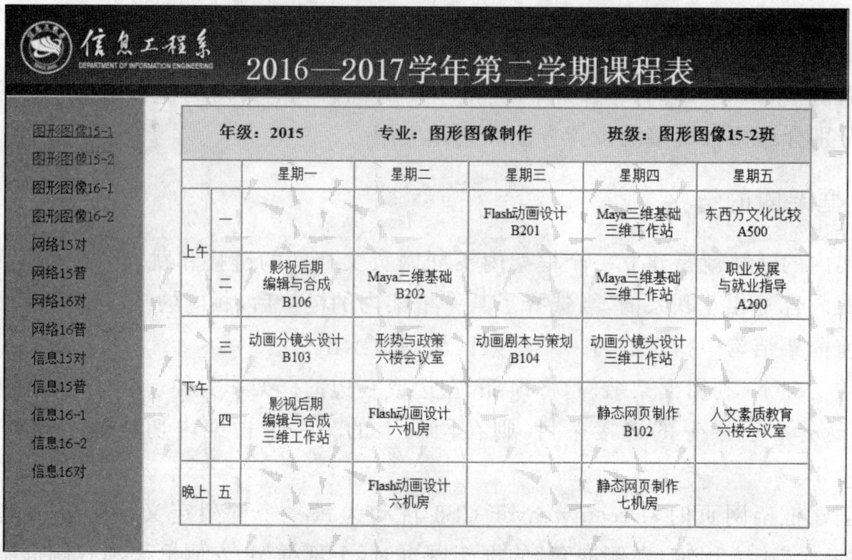

图 6-31 “信息系课程表”网页框架内的链接

（6）采用相同的方法可以实现单击左侧框架（leftFrame）内其他班级名称，在正文框架（mainFrame）显示相应各班的课程表。

6.3.2 关键字的链接

关键字是指在创建框架结构页面前属性面板的“目标”下拉列表中列出的参数，用来确定链接文件显示的位置。关键字不同于框架名称参数，用户可以修改框架名称，而关键字是固定不变的，关键字共有 4 个，其含义如下。

（1）_blank：打开一个新的浏览器窗口，显示所链接文件的内容，并保持原窗口仍然是打开的状态。

（2）_parent：在包含该链接框架的父框架结构中显示链接的文件。

（3）_self：在建立链接的框架内原框架中的内容被链接文件的内容替换。

（4）_top：将链接文件的内容显示在最外层的框架结构中，移除所有的框架结构。

【例 6-2】　"花卉护理——牡丹"网页关键字链接的设置。

在上述已完成的如图 6-20 所示的"花卉护理——牡丹"网页中，使用鼠标经过图像在 topFrame 框架内制作了网站导航按钮，下面实现单击插花艺术导航按钮时将移除所有的框架，在最外层框架中显示相应页面的设置，以及单击网站的 Logo 图标将在新的浏览器窗口中打开网站首页的设置。

（1）在 Dreamweaver CS6 中打开已制作完成的"\花影袭人\huli.html"文件。

（2）单击上部 topFrame 框架中的"插花艺术"按钮。

（3）在属性面板中，单击"链接"右侧的文件夹图标📁，从打开的"选择文件"对话框中浏览选择要链接的文件 chahua.html。

（4）在属性面板的"目标"下拉列表中选择关键字_top，如图 6-32 所示。

图 6-32　在最外层框架打开链接文档

（5）选中上部 topFrame 框架中的"花影袭人"Logo。

（6）在属性面板中，单击"链接"右侧的文件夹图标📁，从打开的"选择文件"对话框中浏览选择要链接的文件 index.html。

（7）在属性面板的"目标"下拉列表中选择关键字_blank，如图 6-33 所示。

图 6-33　在新窗口中打开链接文档

项 目 小 结

本项目主要介绍了框架结构网页的创建、框架与框架集的各种基本操作和框架结构网页链接的设置。通过本项目的学习，掌握运用 Dreamweaver 提供的预设框架集实现创建网页布局的设计并实现网页间的合理链接。

项 目 实 训

实训 6.1　制作"暗香盈袖"网站的系列网页

使用框架技术制作如图 6-34 所示"暗香盈袖"网站的系列页面。该系列页面均采用上方固定、左侧嵌套的框架结构,上边是网站的主题区,左侧为导航区,右侧为内容区。

图 6-34　"暗香盈袖"网站系列页面效果

要求制作两个以上系列页面,页面间要根据页面的关系选择不同的链接目标,实现合理链接。页面的美化工作可自行设计。

实训 6.2 制作"心情驿站"个人博客首页

使用框架技术制作如图 6-35 所示心情驿站个人博客的首页。该页面采用上方固定、下方固定的框架结构,上边是网站的主题区,下方为网站的版权区,中间为内容区。上方和下方框架均为固定高度,无滚动条,中间内容区滚动的设置为默认。

图 6-35 "心情驿站"个人博客网站首页效果

用 CSS 美化网页

　　项目概要：CSS(Cascading Style Sheets,层叠样式表)是一种专门用来设计网页外观的语言。CSS 是为了弥补 HTML 的缺点而开发的工具,它和 HTML 结合使用,专门用来控制网页的外观,如调整字间距、取消链接的下划线、设计页面中块级元素的格式和位置等。CSS 对网页中常用的控制可以分为两方面,一方面是对网页内容格式的控制;另一方面是对网页整体的布局控制。应用 CSS 可以很方便地使网页有更漂亮的外观和更灵活的布局。本项目中着重介绍 CSS 在网页内容格式控制方面的应用。用 CSS 布局网页在项目 8 中介绍。

　　知识目标：理解格式设置中常用到的属性的含义,掌握 CSS 代码的结构,理解 CLASS 和 ID 的异同。

　　技能目标：能完成常用格式设置的 CSS 的建立,会建立和应用内部 CSS 样式,会建立和应用外部 CSS 样式。

任务 7.1　认识 CSS

7.1.1　案例导入——对"影迷俱乐部"网站中的网页应用 CSS

　　最初的网页设计中对某个内容外观的定义是嵌入内容定义中的,例如定义某段文字的字体是黑体,字号是 14 像素,则可以用代码"＜p style＝"font-size:14px; font-family:'黑体'"＞文字内容＜/p＞"来实现。如果想对网页中不同位置的网页元素使用相同的外观样式,就要在这些位置重复相同的样式定义,这样做使一个网页的 HTML 代码非常繁杂、庞大。另外,如果这些样式要进行统一的改变,要找到使用这些样式的地方逐一进行修改,这样也造成样式管理的不便。

　　CSS 的基本思想就是把网页的外观样式设计从网页内容中独立出来,CSS 中只存储对样式的定义,这样某种样式在 CSS 中定义后,可以在网页中的不同地方被多次使用。当样式需要改变时,只需要在 CSS 中修改样式的定义,HTML 文件本身并不需要修改。这样既降低了网页文件的复杂程度,又方便了文件的管理和维护。

　　在本项目中,将通过对网站"影迷俱乐部"中已经建立了雏形的"剧情介绍"网页和"电影院"网页建立和应用 CSS,对网页进行美化,从而介绍用 CSS 美化网页常用的方法和技巧。

下面通过设置"剧情介绍"网页的文字格式来整体了解 CSS 的建立和使用过程,体会 CSS 的作用。

【**例7-1**】 设置"剧情介绍"(本书配套素材中的"ch7\jqjs1.html"文件)网页中的演员 名字为加粗倾斜字体。

(1) 在 Dreamweaver CS6 中打开 jqjs1.html,如图 7-1 所示。

图 7-1 "剧情介绍"网页

(2) 执行菜单栏中的"格式"→"CSS 样式"→"新建"命令,弹出"新建 CSS 规则"对话 框。在"选择器名称"框中输入 rm 作为新建的 CSS 规则的名称,保持"选择器类型"框为 "类(可应用于任何 HTML 元素)","规则定义"框为"(仅限该文档)",如图 7-2 所示。

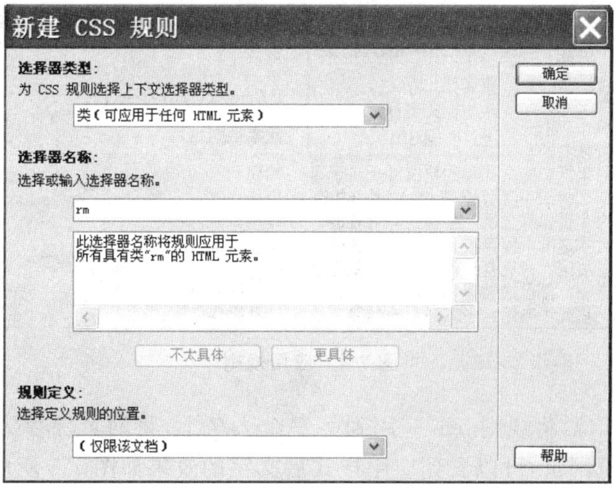

图 7-2 "新建 CSS 规则"对话框

（3）单击"确定"按钮，打开".rm 的 CSS 规则定义"对话框，在左侧的"分类"栏中选择"类型"选项，右侧"类型"栏的 Font-style 框中设置字体为斜体，Font-weight 框中设置字体为粗体，如图 7-3 所示。单击"确定"按钮，即完成了规则.rm 的建立。

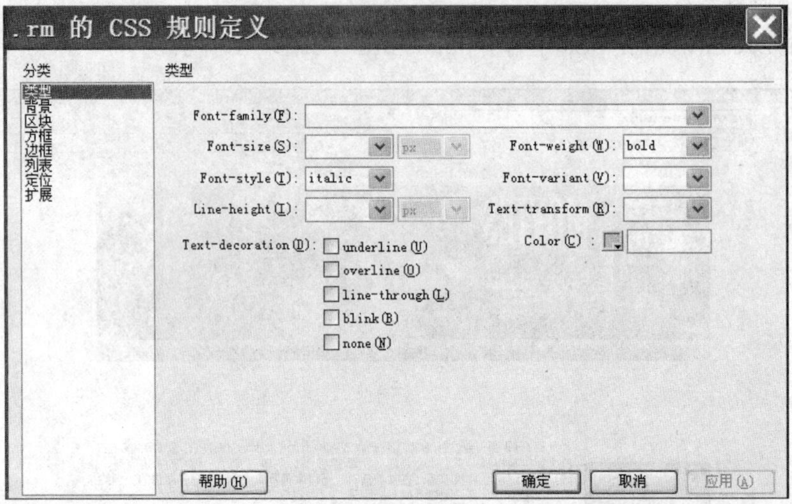

图 7-3　设置.rm 规则

（4）接下来应用刚刚建立的规则。回到设计窗口，拖动选择需要应用规则的文字，然后在右击出现的快捷菜单中选择"CSS 样式"→rm 命令，如图 7-4 所示，即可将规则.rm应用到需要的内容上。

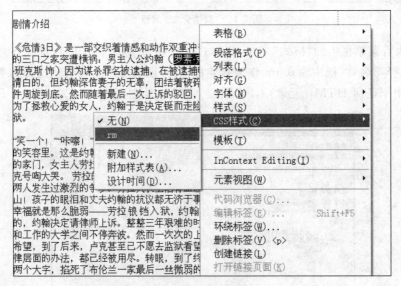

图 7-4　应用规则

（5）重复步骤（4），将规则.rm 应用到另一个人名上，将网页保存为 jqjs1.html，然后在 IE 浏览器中预览网页，可以看到应用样式后文字的效果如图 7-5 所示。

📖 **小提示**：用这种方法应用完样式后，回到代码视图，会发现应用规则的文字会被

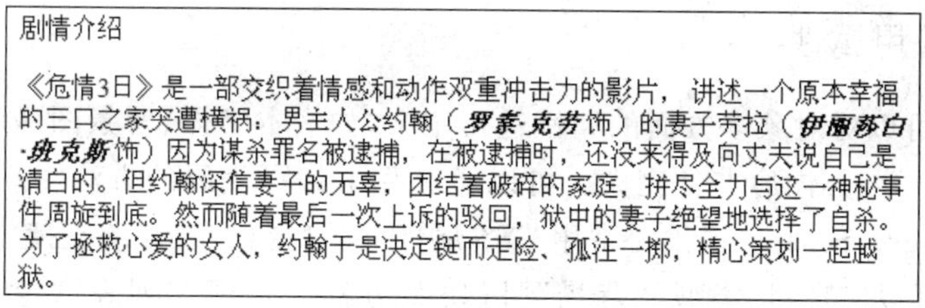

剧情介绍
《危情3日》是一部交织着情感和动作双重冲击力的影片，讲述一个原本幸福的三口之家突遭横祸：男主人公约翰（罗素·克劳饰）的妻子劳拉（伊丽莎白·班克斯饰）因为谋杀罪名被逮捕，在被逮捕时，还没来得及向丈夫说自己是清白的。但约翰深信妻子的无辜，团结着破碎的家庭，拼尽全力与这一神秘事件周旋到底。然而随着最后一次上诉的驳回，狱中的妻子绝望地选择了自杀。为了拯救心爱的女人，约翰于是决定铤而走险、孤注一掷，精心策划一起越狱。

图 7-5 应用规则后文字效果

一对新增加的<span>标签包围，<span>标签通常用来从文档中划分出一部分文字，以便应用不同的样式。

7.1.2 打开"新建 CSS 规则"的几种方法

可以通过多种方法打开图 7-2 所示的"新建 CSS 规则"对话框进行 CSS 规则的新建，常用的方法除了上例用到的执行菜单中的"格式"→"CSS 样式"→"新建"命令，还有以下几种。

（1）在属性面板中选择 CSS 属性，在"目标规则"下拉列表中选择"〈新 CSS 规则〉"，然后单击"编辑规则"按钮，如图 7-6 所示。

属性
HTML
CSS
目标规则
〈新 CSS 规则〉
编辑规则
CSS 面板(P)
字体(O)
默认字体
大小(S)
无
单元格
水平(Z)
默认
垂直(T)
默认
宽(W)
546
高(H)
不换行(O)
标题(E)
背景颜色(G)
页面属性...

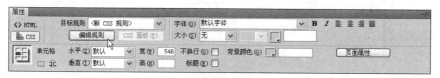

图 7-6 通过属性面板新建 CSS

（2）在设计界面中将光标定位到网页文本中，在右击出现的快捷菜单中执行"CSS 样式"→"新建"命令，如图 7-7 所示。

（3）执行菜单栏中的"窗口"→"CSS 样式"命令，打开"CSS 样式"面板，单击其中的"新建"按钮，如图 7-8 所示。

表格(B)
段落格式(P)
列表(L)
对齐(G)
字体(N)
样式(S)
CSS样式(C)
模板(T)
InContext Editing(I)
元素视图(W)
无(N)
rm
新建(N)...
附加样式表(A)...
设计时间(D)...

图 7-7 通过快捷菜单新建 CSS

CSS样式
全部
当前
所有规则
<style>
.rm
".rm" 的属性

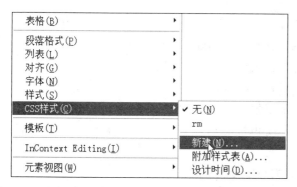

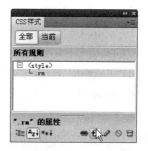

图 7-8 通过属性面板新建 CSS

7.1.3　CSS常用属性

在CSS中可以对对象多方面的属性进行定义,如文本字体、背景图像和颜色、布局元素的定义和定位等,其内容非常庞大。可以通过手工编写代码的方法实现这些属性的设计。Dreamweaver CS6中也提供对常用CSS属性的"可视化"设计的支持,通过"CSS规则定义"对话框,可以实现对"类型""背景""区块""方框""边框""列表""定位""扩展""过渡"9方面属性的可视化定义。下面首先介绍可视化设计中的常用属性,手工编写代码的方法会在后面的任务中涉及。

1. 类型属性

通过"CSS规则定义"对话框中的"类型"选项卡中,可以对文字的字体、大小、颜色效果等基本样式进行设定,如图7-9所示。

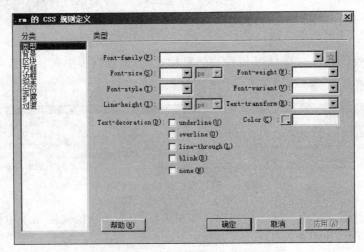

图7-9　CSS规则定义中的"类型"选项卡

对话框中各选项的含义如下。

(1) Font-family:为样式设置字体。

(2) Font-size:定义文本大小。通过选择数字和度量单位设定字体的大小。

(3) Font-style:指定"正常""斜体"或"偏斜体"作为字体样式。

(4) Line-height:设置文本所在行的高度,即行高。

(5) Text-decoration:向文本中添加下划线、上划线或删除线,或使文本闪烁。

(6) Font-weight:对字体应用特定或相对的粗体量。"正常"等于400,"粗体"等于700。

(7) Font-variant:设置文本的小型大写字母变体。

(8) Text-transform:将所选内容中的每个单词的首字母大写或将文本设置为全部大写或小写。

(9) Color:设置文本颜色。

　　📖 **小提示**：CSS 是需要浏览器的支持的，目前主流的浏览器如 IE、Firefox、Opera、Safari 等虽然都支持 CSS，但它们的支持方式并不一致，所以相同的 CSS 代码在不同的浏览器中显示的效果可能有所不同。

　　2. 背景属性

　　使用"CSS 规则定义"对话框的"背景"选项卡，可以对元素的背景属性进行设置，如图 7-10 所示。

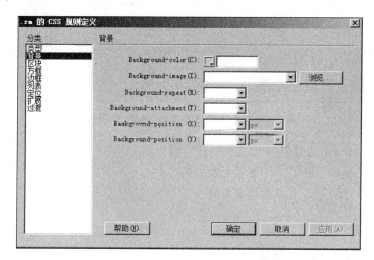

图 7-10　CSS 规则定义中的"背景"选项卡

对话框中各选项的含义如下。

（1）Background-color：设置元素的背景颜色。

（2）Background-image：设置元素的背景图像。

（3）Background-repeat：确定是否以及如何重复背景图像。

（4）Background-attachment：确定背景图像是固定在其原始位置还是随内容一起滚动。

（5）Background-position(X)和 Background-position(Y)：指定背景图像相对于元素的初始位置。

　　3. 区块属性

　　使用"CSS 规则定义"对话框的"区块"选项卡，可以定义对象文本的间距、对齐方式、上标、下标、首行缩进、显示方式等，如图 7-11 所示。

对话框中各选项的含义如下。

（1）Word-spacing：设置单词间距。

（2）Letter-spacing：增加或减小字母或字符的间距。

（3）Vertical-align：设置元素的垂直对齐方式。常用此属性设置上下标效果。

（4）Text-align：设置文字的水平对齐方式。

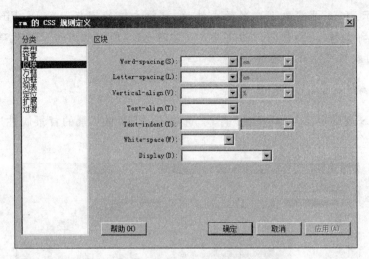

图 7-11　CSS 规则定义中的"区块"选项卡

（5）Text-indent：设定第一行文本缩进的程度。

（6）White-space：设定如何处理元素中的空格。

（7）Display：设定是否显示元素及如何显示元素。

4. 方框属性

使用"CSS 规则定义"对话框的"方框"选项卡，可以定义对象的边界、间距、宽度、高度和漂浮方式等，如图 7-12 所示。

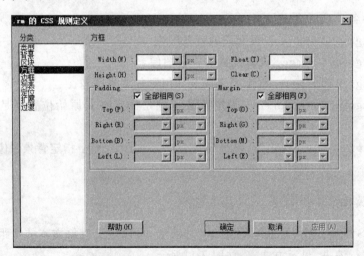

图 7-12　CSS 规则定义中的"方框"选项卡

对话框中各选项的含义如下。

（1）Width：设置元素的宽。

（2）Heigh：设置元素的高。

（3）Float：设置元素的浮动属性，用此属性可以使元素向左或向右浮动。

（4）Clear：设定元素的哪一侧不允许出现其他浮动元素。

（5）Padding：指定元素内容与元素边框之间的间距。

（6）Margin：指定一个元素的边框与另一个元素之间的间距。

5．边框属性

使用"CSS规则定义"对话框的"边框"选项卡，可以设置对象边框的宽度、颜色及样式，如图7-13所示。

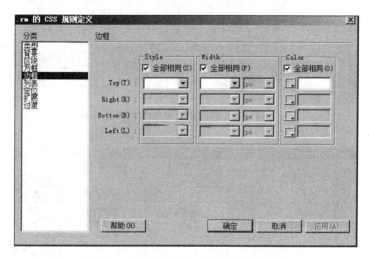

图7-13　CSS规则定义中的"边框"选项卡

对话框中各选项的含义如下。

· Style：设置边框的样式。

· Width：设置边框的粗细。

· Color：设置边框的颜色。

6．列表属性

使用"CSS规则定义"对话框的"列表"选项卡，可以设置列表项目的样式、列表项目图片和位置，如图7-14所示。

对话框中各选项的含义如下。

（1）List-style-type：设置项目符号或编号的外观。

（2）List-style-image：为项目符号指定自定义图像。

（3）List-style-Position：设置列表项文本是否换行并缩进。

7．定位属性

使用"CSS规则定义"对话框的"定位"选项卡，可以设置相关内容在页面上的定位方式，如图7-15所示。

对话框中各选项的含义如下。

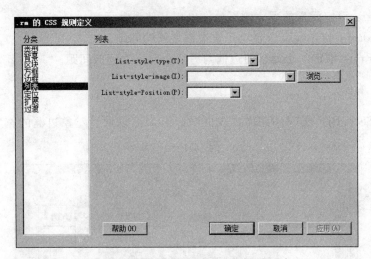

图 7-14   CSS 规则定义中的"列表"选项卡

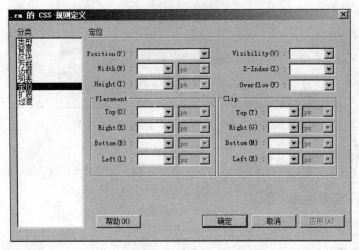

图 7-15   CSS 规则定义中的"定位"选项卡

（1）Position：确定浏览器应如何来定位选定的元素。

（2）Width：设置元素的宽。

（3）Heigh：设置元素的高。

（4）Visibility：确定内容的初始显示条件。如果不指定可见性属性，则默认情况下内容将继承父级标签的值。

（5）Z-Index：确定内容的堆叠顺序。Z-Index 轴值较高的元素显示在 Z-Index 轴值较低的元素的上方。

（6）Overflow：确定当容器的内容超出容器的显示范围时的处理方式。

（7）Placement：指定内容块的位置。

（8）Clip：定义内容的可见部分。如果指定了剪辑区域，可以通过脚本语言（如JavaScript）访问它，并操作属性以创建像擦除这样的特殊效果。

8. 扩展属性

使用"CSS 规则定义"对话框的"扩展"选项卡,可以设置打印网页时的分页效果,设置滤镜效果、指针外观,产生丰富的视觉效果,如图 7-16 所示。

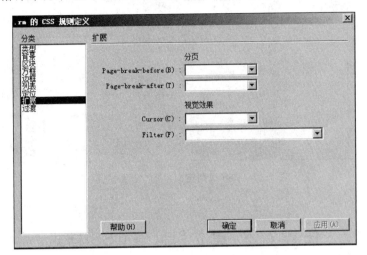

图 7-16 CSS 规则定义中的"扩展"选项卡

对话框中各选项的含义如下。

(1) Page-break-before:设置在打印网页时,在样式所控制的对象之前强行分页。

(2) Page-break-after:设置在打印网页时,在样式所控制的对象之后强行分页。

(3) Cursor:设置当指针位于样式所控制的对象上时改变指针图像。

(4) Filter:对样式所控制的对象应用特殊效果(如模糊和反转等)。

9. 过渡属性

使用"CSS 规则定义"对话框的"过渡"选项卡,可将平滑属性变化更改应用于基于 CSS 的页面元素,以响应触发器事件,如悬停、单击和聚焦。(常见例子是当悬停在一个菜单栏项上时,它会逐渐从一种颜色变成另一种颜色)"过渡"属性参数设置如图 7-17 所示。

对话框中各选项的含义如下。

(1) "所有可动画属性":勾选此项表明要过渡的所有 CSS 属性指定相同的"持续时间""延迟"和"计时功能"。如果希望为要过渡的每个 CSS 属性指定不同的"持续时间""延迟"和"计时功能",则不勾选此选项,然后在下面的属性框添加要分别设置的属性。

(2) "持续时间":以秒(s)或毫秒(ms)为单位输入过渡效果的持续时间。

(3) "延迟":以秒或毫秒为单位,在过渡效果开始之前的时间。

(4) "计时功能":从可用选项中选择过渡效果样式。

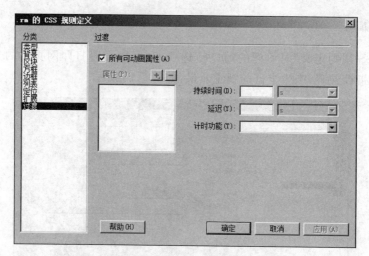

图 7-17 CSS 规则定义中的"过渡"选项卡

任务 7.2 建立和管理 CSS 样式

从任务 7.1 的例子中可以看出,CSS 样式要先建立,然后应用到指定的对象上,以达到预期的设计效果。CSS 样式要应用的对象范围不同,其建立的方法和应用到对象的方法也不同。在建立 CSS 样式时,要根据 CSS 样式应用的对象范围不同,在"选择器类型"中选择不同的选项。

7.2.1 建立可应用于任何 HTML 元素的 CSS 样式

【例 7-2】 为"剧情介绍"网页建立 CSS 样式,使鼠标移到网页左侧的图片上时,光标的形状为十字形。

（1）接着例 7-1 的操作继续,在网页文件 jqjs1.html 中操作。

（2）执行菜单栏中的"格式"→"CSS 样式"→"新建"命令,弹出"新建 CSS 规则"对话框,在对话框中设置 shubiao 作为新建的 CSS 规则的名称,在"选择器类型"框中选择"类（可应用于任何 HTML 元素）",在"规则定义"框中选择"（仅限该文档）",如图 7-18 所示。

（3）单击"确定"按钮,打开".shubiao 的 CSS 规则定义"对话框,在左侧的"分类"栏中选择"扩展"选项,右侧"扩展"栏的 Cursor 框中设置鼠标形状为十字形 crosshair,如图 7-19 所示。单击"确定"按钮,即完成了样式.shubiao 的建立。

（4）应用刚建立的 CSS 样式到指定的对象上。方法是：在状态栏中选中要应用规则的图像对应的标签<img>,右击,在弹出的快捷菜单中选择"设置类"→shubiao 命令,如图 7-20 所示。这样样式.shubiao 就应用到了图像上。

（5）保存网页为 jqjs2.html,在 IE 浏览器中预览,当鼠标指针移到图片上时,可以看到如图 7-21 所示的十字形光标效果。

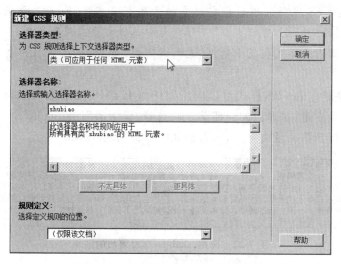

图 7-18 设置"新建 CSS 规则"对话框

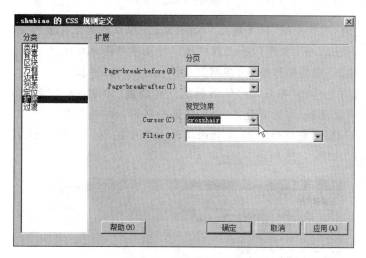

图 7-19 设置鼠标效果

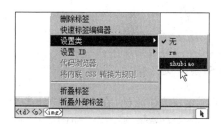

图 7-20 应用.shubiao 到图像上

图 7-21 应用.shubiao 到图像后的效果

　　📖**小提示**：CSS 规则应用到指定对象的方法有很多种，除了上面提到的方法，还可以在对象属性栏的"类"或"目标规则"下拉列表中选择需要应用的规则。如果想取消规则的应用，只需在弹出的样式列表中选择"无"，或者在"目标规则"下拉列表中选择"＜删除类＞"即可。

　　用这种方法建立的 CSS 样式可以应用到任何 HTML 元素上，比如在第一个段落对应的标签＜p＞上右击，在弹出的快捷菜单中选择"设置类"→shubiao 命令，在 IE 浏览器中预览，移动光标到第一段文字上，可看到如图 7-22 所示效果。

> 《危情3日》是一部交织着情感和动作双重冲击力的影片，讲述一个原本幸福的三口之家突遭横祸：男主人公约翰（**罗素·克劳**饰）的妻子劳拉（**伊丽莎白·菲克斯**饰）因为谋杀罪名被逮捕，在被逮捕时，还没来得及向丈夫说自己是清白的。但约翰深信妻子的无辜，团结着破碎的家庭，拼尽全力与这一神秘事件周旋到底。然而随着最后一次上诉的驳回，狱中的妻子绝望地选择了自杀。为了拯救心爱的女人，约翰于是决定铤而走险、孤注一掷，精心策划一起越狱。

图 7-22　应用.shubiao 到段落后的效果

7.2.2　建立应用于一个 HTML 元素的 CSS 样式

　　【**例 7-3**】　为"剧情介绍"网页建立 CSS 样式，为版权栏加上背景图像（本书配套素材中的 ch7\images\bg3.gif 文件），并设置版权栏的文字颜色为白色。

　　(1) 接着例 7-2 中的操作继续，在网页文件 jqjs2.html 中操作。

　　(2) 执行菜单栏中的"格式"→"CSS 样式"→"新建"命令，弹出"新建 CSS 规则"对话框。在对话框中设置 bq 作为新建的 CSS 规则的名称，在"选择器类型"框中选择"ID（仅应用于一个 HTML 元素)"（注意，这个选项和上例中的不同），在"规则定义"框中选择"（仅限该文档)"，如图 7-23 所示。

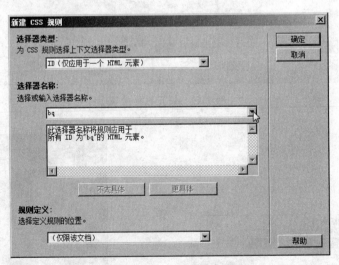

图 7-23　设置"新建 CSS 规则"对话框

　　(3) 单击"确定"按钮，打开"♯bq 的 CSS 规则定义"对话框，在左侧的"分类"栏中选择"类型"选项，右侧"类型"栏的 Color 文本框中设置字的颜色为白色，如图 7-24 所示。

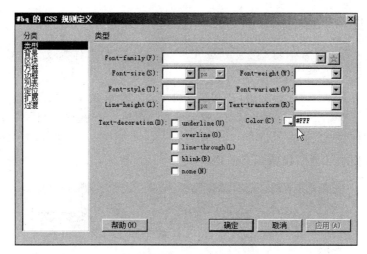

图 7-24 设置文字颜色

（4）在左侧的"分类"栏中选择"背景"选项，在右侧"背景"栏中，通过 Background-image 框后的"浏览"按钮选择需要的背景图像，设置后的对话框如图 7-25 所示。单击"确定"按钮，即完成了样式♯bq 的建立。

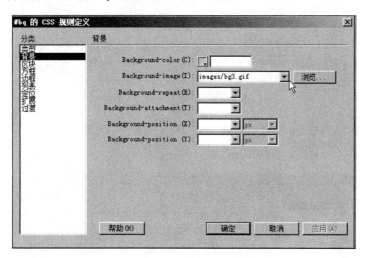

图 7-25 设置背景

（5）应用刚建立的 CSS 样式到版权栏。方法是：在状态栏中选中版权栏的单元格对应的标签＜td＞，在右击弹出的快捷菜单中选择"设置 ID"→bq 命令。

（6）保存网页为 jqjs3.html。在 IE 浏览器中预览，可以看到版权栏加上了背景，文字颜色也变成了白色。

📖小提示：ID 属性经常定义用来在调用脚本时使用。ID 和类（CLASS）两种选择器的区别是，ID 通常只被网页调用一次，而 CLASS 可以在不同的地方被任意调用。定义 ID 时，系统会自动为样式名字前加上"♯"号；定义 CLASS 时，系统会自动为样式名字前加上"."号。

7.2.3 建立应用于指定标签的 CSS 样式

【例 7-4】 为"剧情介绍"网页建立 CSS 样式,设置其标题文字(对应的标签为 <h1>)为黑体、36 像素,居中显示。

(1) 接着例 7-3 中的操作继续,在网页文件 jqjs3.html 中操作。

(2) 新建一个 CSS 样式,如图 7-26 所示设置"新建 CSS 规则"对话框。在"选择器类型"框中选择"标签(重新定义 HTML 元素)",在"选择器名称"下拉列表中选择标签 h1,在"规则定义"框中选择"(仅限该文档)"。

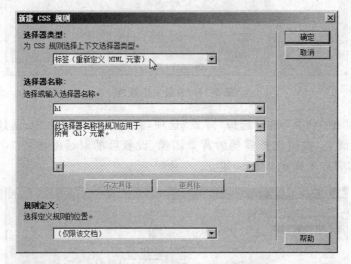

图 7-26 设置"新建 CSS 规则"对话框

(3) 单击"确定"按钮,打开"h1 的 CSS 规则定义"对话框,在"分类"栏中切换到"类型"选项卡,设置字体、字号,如图 7-27 所示。

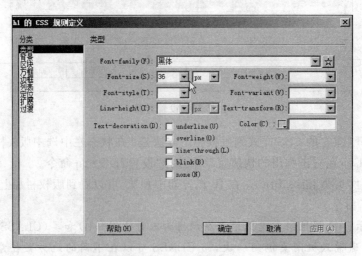

图 7-27 设置字体字号

📖**小提示**：在设置字体时，如果没有需要的字体，可以在字体下拉列表框的最下面通过"编辑字体列表"项添加需要的字体。

（4）在左侧的"分类"栏中选择"区块"选项，在右侧"区块"栏的 Text-align 下拉列表框中设置字体的对齐方式为 center，如图 7-28 所示。单击"确定"按钮，即完成了样式 h1 的建立。

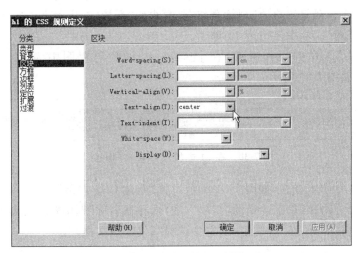

图 7-28 设置居中对齐

使用这种方法定义的 CSS 样式，是对选中的 HTML 标签的样式进行了重新定义，定义后的样式会自动应用到网页中对应的标签上。在上述样式建立后，保存网页为 jqjs4 .html，在 IE 浏览器中预览，可以看到对 h1 的定义已经应用到了标题上，如图 7-29 所示。

图 7-29 应用了样式 h1 后的效果

7.2.4 建立应用于指定范围内标签的 CSS 样式

使用上例中的方法可以对某个 HTML 标签进行样式定义，有时对同样名称的标签，应用到不同的地方，希望对其样式设置也是不同的，这时需要对指定范围内的标签进行定义。

【例 7-5】 在代码视图中为"剧情介绍"标题中的"剧情"二字加上＜span＞标签，建立 CSS 样式，设置"剧情"二字大小为 40 像素。

（1）接着例 7-4 中的操作继续，在 jqjs4.html 的代码视图中为"剧情"二字加上＜span＞标签，如图 7-30 所示。

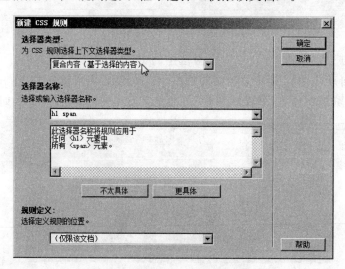

图 7-30 在 h1 中加入＜span＞标签

（2）新建一个 CSS 样式，如图 7-31 所示设置"新建 CSS 规则"对话框。在"选择器类型"框中选择"复合内容（基于选择的内容）"，在"选择器名称"框中输入标签 h1 span，注意两个标签间以空格隔开，在"规则定义"框中选择"（仅限该文档）"。

图 7-31 设置"CSS 样式"对话框

（3）单击"确定"按钮，打开"h1 span 的 CSS 规则定义"对话框，在"分类"栏中切换到"类型"选项卡，设置字体大小，如图 7-32 所示。单击"确定"按钮，即完成了样式 h1 span 的建立。

保存网页为 jqjs5.html，预览网页会看到，设置的效果已自动应用到标题的前两个字上，而同样有＜span＞标签的演员名字并没有出现字号变大的效果，如图 7-33 所示。这是因为在定义时指定了＜h1＞标签范围内的＜span＞标签的缘故。

📖**小提示**：建立这类 CSS 样式时，选择器名称栏中会自动出现光标所在处的标签，所以可以先在设计视图中将光标定位到要应用样式的地方，再新建 CSS 规则。

h1 span 的 CSS 规则定义
分类
类型
背景
区块
方框
边框
列表
定位
扩展
过渡
类型
Font-family(F):
Font-size(S): 40 px
Font-weight(W):
Font-style(T):
Font-variant(V):
Line-height(I): px
Text-transform(R):
Text-decoration(D): underline(U)
overline(O)
line-through(L)
blink(B)
none(N)
Color(C):
帮助(H)
确定
取消
应用(A)

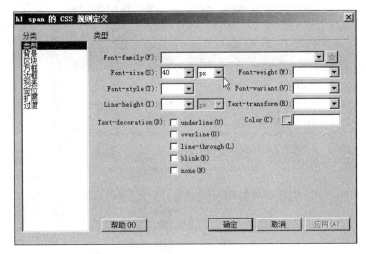

图 7-32 设置字体大小

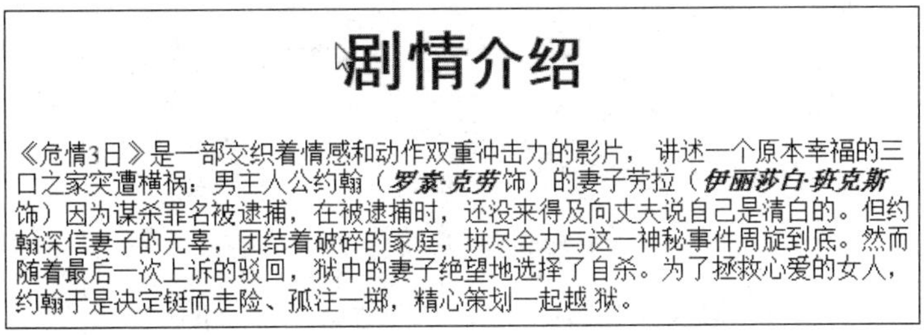

剧情介绍
《危情3日》是一部交织着情感和动作双重冲击力的影片，讲述一个原本幸福的三口之家突遭横祸：男主人公约翰（罗素·克劳饰）的妻子劳拉（伊丽莎白·班克斯饰）因为谋杀罪名被逮捕，在被逮捕时，还没来得及向丈夫说自己是清白的。但约翰深信妻子的无辜，团结着破碎的家庭，拼尽全力与这一神秘事件周旋到底。然而随着最后一次上诉的驳回，狱中的妻子绝望地选择了自杀。为了拯救心爱的女人，约翰于是决定铤而走险、孤注一掷，精心策划一起越狱。

图 7-33 应用样式后的效果

7.2.5 建立应用于多个标签的 CSS 样式

如果网页中多个不同类型标签的定义相同，则可以在一次定义中同时完成这些标签的定义。

【例 7-6】 设置“CSS 测试”（本书配套素材中的 ch7\e7-6.html 文件）网页中，表格第 2、3、4 行的文字为宋体，12 像素。

（1）在 Dreamweaver CS6 中打开 e7-6.html，可以看到在预览视图和代码视图中网页的样式分别如图 7-34 和图 7-35 所示。

（2）新建一个 CSS 样式，如图 7-36 所示设置“新建 CSS 规则”对话框。在“选择器类型”框中选择“复合内容（基于选择的内容）”，在“选择器名称”框中输入“#t1,td p,h1”，在“规则定义”框中选择“（仅限该文档）”。

（3）单击“确定”按钮，打开“#t1,td p,h1 的 CSS 规则定义”对话框，在“分类”栏中切换到“类型”选项卡，设置字体和字号，如图 7-37 所示。单击“确定”按钮，即完成了样式“#t1,td p,h1”的建立。

（4）保存网页后预览，效果如图 7-38 所示。可以看到设置的字体和字号属性应用到了所有指定的标签上。

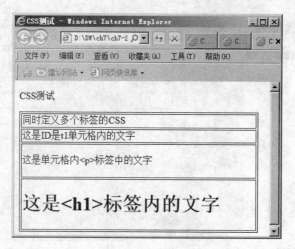

图 7-34　预览视图中的网页

```
<head>
<meta http-equiv="Content-Type" content="text/html; charset=utf-8" />
<title>CSS测试</title>
</head>
<body>
<p> CSS测试</p>
<table width="249" border="1">
  <tr>
    <td >同时定义多个标签的CSS</td>
  </tr>
  <tr>
    <td id="t1">这是ID是t1单元格内的文字</td>
  </tr>
  <tr>
    <td><p>这是单元格内&lt;p&gt;标签中的文字</p></td>
  </tr>
  <tr>
    <td>这是&lt;h1&gt;标签内的文字</td>
  </tr>
</table>
</body>
</html>
```

图 7-35　代码视图中的网页

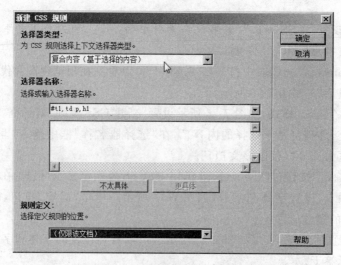

图 7-36　设置"新建 CSS 规则"对话框

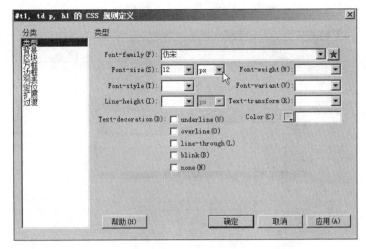

图7-37 设置字体和字号

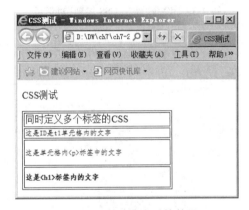

图7-38 应用样式后的效果

7.2.6 建立定义超链接的 CSS 样式

超链接是网页中非常重要的一个元素。默认情况下所建立的超链接都有固定的形式,如有下划线、超链接文字的颜色等。可以为超链接定义 CSS 样式,实现个性化的超链接样式。

【例7-7】 为"剧情介绍"网页建立 CSS 样式,去掉超链接文字的下划线,设置超链接文字的大小为14像素、加粗、白色,并设置访问过的链接颜色为白色。

(1) 在 Dreamweaver CS6 中打开 jqjs5.html,接着例7-5中对网页的操作继续。

(2) 新建一个 CSS 样式,在"新建 CSS 规则"对话框中,在"选择器类型"框中选择"复合内容(基于选择的内容)",在"选择器名称"下拉列表中选择 a:link,在"规则定义"框中选择"(仅限该文档)",如图7-39所示。

(3) 单击"确定"按钮,打开"a:link 的 CSS 规则定义"对话框,在左侧的"分类"栏中选择"类型"选项,如图7-40所示进行设置。其中在 Text-decoration 栏中勾选 none 选项去掉链接默认的下划线。单击"确定"按钮,即完成了规则 a:link 的定义。

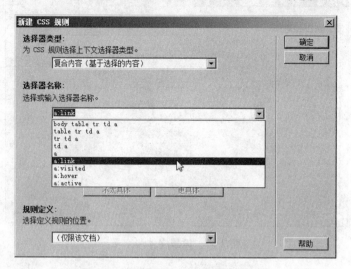

图 7-39　设置"新建 CSS 规则"对话框

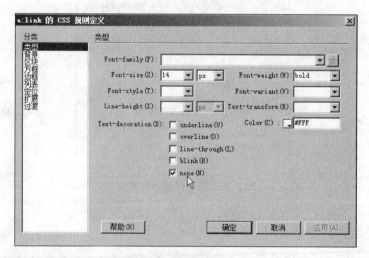

图 7-40　设置链接样式

(4) 再新建一个 CSS 规则控制访问过的链接样式,在"新建 CSS 规则"对话框的"选择器名称"下拉列表中选择 a:visited,其余设置同步骤(2),如图 7-41 所示。

(5) 单击"确定"按钮,在打开的"a:visited 的 CSS 规则定义"对话框中定义文字的颜色为白色。最后单击"确定"按钮,完成规则 a:visited 的定义。

保存网页为 jqjs7.html,在 IE 浏览器中预览,可以看到超链接文字在链接访问前后均为白色,刚才定义的两个 CSS 样式已经应用到了网页的超链接中。

📖 小提示:选择器下拉列表中用于定义超链接的选项共有 4 项,其中 a:link 定义链接文字的样式,a:visited 定义访问过的链接样式,a:hover 定义鼠标悬浮在链接文字上时的样式,a:active 定义链接被激活时(即已经单击了链接,但页面还没有跳转)的样式。

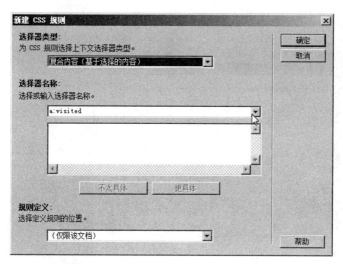

图 7-41 新建 CSS 样式控制访问过的链接

7.2.7 观察 CSS 样式对应的代码

在完成例 7-7 的操作后打开"剧情介绍"网页 jqjs7. html,转换到其代码视图,在网页头部的＜head＞和＜/head＞标签之间可以看到刚才各个 CSS 样式对应的代码,如图 7-42 所示。

可以看出 CSS 规则定义的代码书写格式如下。

选择器{属性 1:属性 1 的值;属性 1:属性 1 的值;…}

CSS 的代码在＜style＞和＜/style＞标签对中包含。＜style＞标签属于 HTML 标签,不归属于 CSS,它的任务就是告诉浏览器:包围在＜style＞标签内的信息是 CSS 代码,而不是 HTML 代码。所以,用编写代码的方法建立 CSS 样式需要在＜style＞标签对中写入一个或多个 CSS 样式,把它们放入＜head＞标签对中。在学习 CSS 的过程中,建议多用书写代码的方式应用 CSS,而不可过分依赖可视化设计,这样才能把 CSS 的功能利用得更为充分,因为并不是所有的 CSS 的属性在可视化设计中都可以找到。

接下来了解在代码中是如何实现 CSS 样式的应用的。定义好的 CSS 样式只有应用到具体的内容上才能表现出其效果。

如果定义的样式的选择器是关于某个标签的,则在网页中该名称的标签对应的内容直接应用此样式,例如图 7-42 中规则 h1 的样式定义直接应用到网页中＜h1＞标签对应的内容上;如果定义的样式的选择器是类(CLASS)或 ID(类的规则定义以. 号开头,ID 的规则定义以♯号开头),则规定的样式应用到页面中指定的 CLASS 或 ID 属性限定的标记中。例如图 7-42 中 CLASS. rm 和 ID♯bq 在网页中应用的代码如图 7-43 和图 7-44 所示。

7.2.8 用"CSS 样式"面板管理 CSS 样式

可以通过"CSS 样式"面板方便地实现对 CSS 样式的新建、查看、编辑、删除等常用的

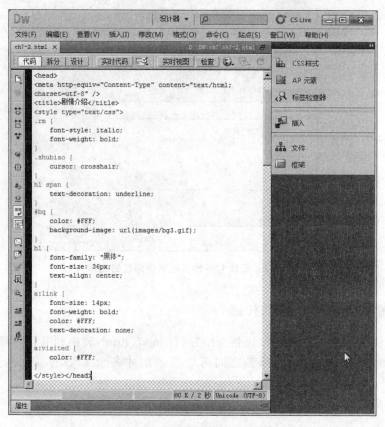

图 7-42　CSS 样式对应的代码

<p>《危情3日》是一部交织着情感和动作双重冲击力的影片，讲述一个原本幸福的三口之家突遭横祸：男主人公约翰（<span class="rm">罗素·克劳</span> 饰）的妻子劳拉（<span class="rm">伊丽莎白·班克斯</span> 饰）因为谋杀罪名被逮捕，在被逮捕时，还没来得及向丈夫说自己是清白的。但约翰深信妻子的无辜，团结着破碎的家庭，拼尽全力与这一神秘事件周旋到底。然而随着最后一次上诉的驳回，狱中的妻子绝望地选择了自杀。为了拯救心爱的女人，约翰于是决定铤而走险、孤注一掷，精心策划一起越狱。</p>

图 7-43　CLASS. rm 在网页中的应用

```
<tr>
  <td colspan="2" align="center" id="bq" >2013年最后修改   © All Rights    Reserved.
   影迷俱乐部版权所有   </td>
  </tr>
```

图 7-44　ID ♯ bq 在网页中的应用

管理操作。

1. 打开"CSS 样式"面板

如果"CSS 样式"面板没有处于打开状态，则要首先打开"CSS 样式"面板才能使用它，打开的方法是在菜单栏中执行"窗口"→"CSS 样式"命令，或者按 Shift＋F11 组合键。

2. 查看和编辑 CSS 样式

"CSS 样式"面板有"全部"和"当前"两种模式。使用面板顶部的切换按钮可以在两种模式之间切换。

在"全部"模式中可以查看或编辑应用到本网页的所有规则和规则中定义的属性。打开例7-7中保存过的"剧情介绍"网页,可以看到它的"CSS样式"面板的"全部"模式如图7-45所示(图中为在"全部"模式中选中样式h1 span时的样子)。

"全部"模式中的"CSS样式"面板显示两个窗格:"所有规则"窗格(顶部)和属性窗格(底部)。"所有规则"窗格显示当前应用到本网页的所有规则。在"所有规则"窗格中选中一个规则,在属性窗格中可以查看或编辑该规则的CSS属性。从图7-45可以看出本网页中共有7条规则,而规则h1 span中定义了对象的font-family属性。

在"当前"模式中可以查看和编辑影响页面中当前所选内容的所有规则和属性,如图7-46所示(图示页面中所选内容为标题中<span>标签区域内的元素)。

图7-45 "全部"模式

图7-46 "当前"模式

"当前"模式中的"CSS样式"面板显示3个窗格:"所选内容的摘要"窗格、"规则"窗格和"属性"窗格。"所选内容的摘要"窗格显示当前所选内容的CSS属性以及它们的值,从图7-46可以看出所选内容上共定义了font-family、text-align和font-size 3方面的属性。"规则"窗格可以根据窗格右上方的按钮设置不同的显示方式,单击左侧的按钮 ,会显示所选属性在哪个规则中定义;单击右侧的按钮 ,会显示直接或间接应用于当前所选内容的规则的层次结构。图7-46选择的是 按钮,在"规则"窗格中可以看到应用到所选内容上的规则共有两个:h1和h1 span。属性窗格显示"规则"窗格中选定规则的属性定义,可以在属性窗格中查看或者编辑这些属性。从图示可以看出规则h1 span中定义了对象的font-size属性。

📖 **小提示**:"继承性"是CSS非常重要的一个特性,对网页中元素属性的定义可以一层层继承下去,例如本例中标签<h1>中的子级标签<span>除了具有规则h1 span中定义的font-size属性,还具有从规则h1中继承而来的font-family和text-align属性。另外,当在多个地方对同一属性有不同定义时,更内层的样式的定义中的属性值会起作用。例如本例中规则h1 span和规则h1对font-size属性做了不同的定义,最终起作用的是h1 span中的定义。

3. CSS 样式面板中的常用按钮

"CSS 样式"面板底部有一排按钮,如图 7-47 所示,其中左侧的 3 个按钮决定"CSS 样式"面板属性窗格中的属性以不同方式排列显示。右边的按钮分别为:"附加样式表文件"按钮、"新建 CSS 规则"按钮、"编辑样式"按钮、"禁用/启用 CSS 属性"按钮和"删除 CSS 规则"按钮。可以用这些按钮快速实现 CSS 样式的常用管理操作。

图 7-47 "CSS 样式"面板底部按钮

📖 小提示:在"CSS 样式"面板中选择需要管理的规则或属性,在右击出现的快捷菜单中也可以实现常用的管理操作。

任务7.3 建立并应用外部 CSS 样式

前面所建立的 CSS 样式存放在一个网页的头部,只对一个网页起作用,叫内部 CSS 样式。CSS 样式还可以独立地存放在一个文件中,以.css 为文件扩展名,这样的 CSS 样式可以被多个网页利用。

在制作一个网站时,里面各个网页的风格往往是统一的,如果用内部 CSS 样式,就需要在每个网页中定义相同的 CSS 样式。而利用外部 CSS 样式可以很方便地实现这种统一:只需先建立一个外部 CSS 样式文件,然后在需要这些统一样式的网页上链接这个样式文件即可。另外在这些样式改变时,也只须修改这个外部 CSS 样式文件,则所有链接到这个样式文件的文档格式都会自动发生改变。由于外部 CSS 的这些优势,在建立网站时多采用外部 CSS 样式。

7.3.1 建立外部 CSS 样式定义页面文字和背景

【例 7-8】 为"剧情介绍"网页建立外部 CSS 样式,定义页面字体为"宋体",大小为 14px,并设置页面整体背景为灰色,表格背景为白色。

(1) 在 Dreamweaver CS6 中打开 jqjs7.html,接着例 7-7 中对网页的操作继续。

(2) 单击"CSS 样式"面板中的"新建 CSS 规则"按钮,打开"新建 CSS 规则"对话框,在对话框中设置 zht 作为新建的 CSS 规则的名称,在"选择器类型"框中选择"类(可应用于任何 HTML 元素)",在"规则定义"框中选择"(新建样式表文件)"(注意此处与建立内部 CSS 不同),如图 7-48 所示。

(3) 单击"确定"按钮,打开"将样式表文件另存为"对话框,在此对话框中定义一个扩展名为.css 的文件存放 CSS 样式,在"保存在"框中选择文件的保存位置,在"文件名"框中设置文件的名称,这里的设置如图 7-49 所示。

(4) 单击"保存"按钮,在指定的文件夹 ch7 中就生成了 css1.css 的样式表文件,同时打开".zht 的 CSS 规则定义(在 css1.css 中)"对话框,在"分类"栏中切换到"类型"选项卡,定义字体和字的大小,如图 7-50 所示。

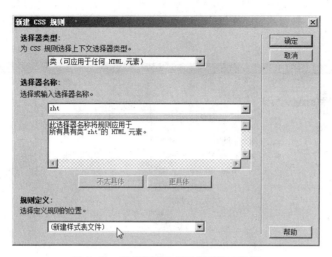

图 7-48 设置"新建 CSS 规则"对话框

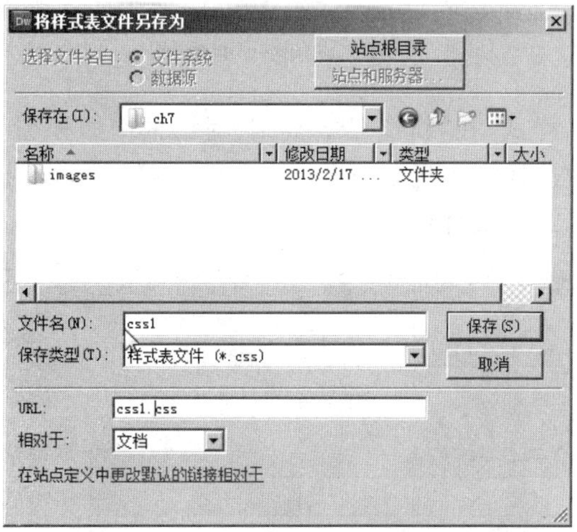

图 7-49 设置"新建 CSS 规则"对话框

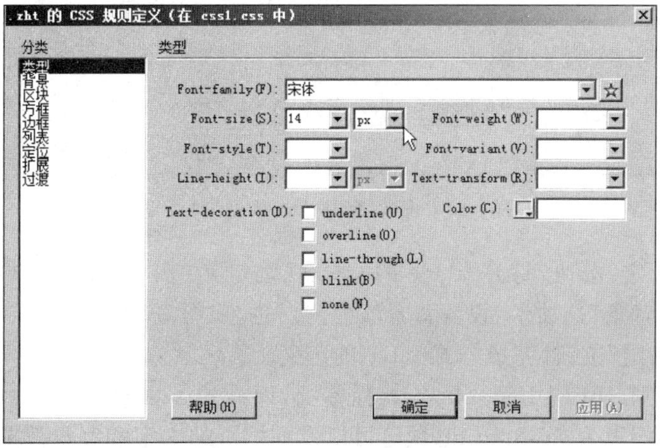

图 7-50 定义字体和大小

（5）在"分类"栏中切换到"背景"选项卡，定义背景为灰色，如图 7-51 所示。单击"确定"按钮，完成样式.zht 的定义。

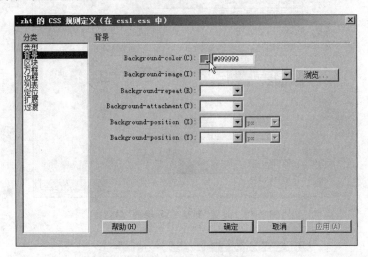

图 7-51 定义背景

（6）新建一个 CSS 样式，在"新建 CSS 规则"对话框中做如图 7-52 所示设置，注意在"规则定义"下拉列表中选择刚才建立的样式表文件 css1.css，表明把这个对 table 标签新建的样式也存储在 css1.css 文件中。

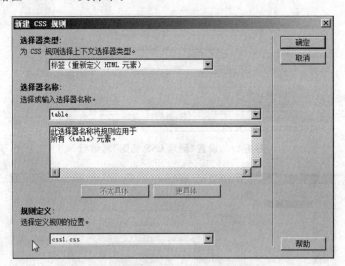

图 7-52 设置"新建 CSS 规则"对话框

（7）单击"确定"按钮，打开"table 的 CSS 规则定义（在 css1.css 中）"对话框，在"分类"栏中切换到"背景"选项卡，设置背景颜色为白色，如图 7-53 所示。

（8）单击"确定"按钮，完成样式 table 的定义。

接下来将规则.zht 应用到＜body＞标签上，而样式 table 中定义的背景已自动应用到表格中。保存网页为 jqjs8.html，预览可以看到网页的文字和背景效果。

📖**小提示**：在＜body＞中对页面整体的文字大小做限制后，在预览网页时执行浏览

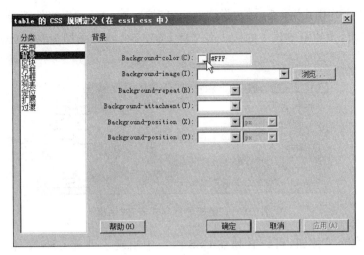

图7-53　设置表格背景颜色

器菜单中的"查看"→"文字大小"命令时，文字的大小将不会发生改变，这样可以避免页面文字排版变乱。

　　此时可以在"CSS样式"面板中看到刚才建立的样式以及它们所在的外部样式文件的名称，如图7-54所示。在网页文档文件名称标签的右边有一个名为css1.css的标签，单击这个标签，可以看到外部CSS文件中的内容，如图7-55所示。

　　📖小提示：如果一个网页文件用到了外部CSS，在打开这个网页文件时网页中用到的外部CSS会被同时打开，在图7-55所示的文档工具栏处单击CSS文件的名称可以查看CSS文件的代码，单击"源代码"标签可以查看网页文件代码。

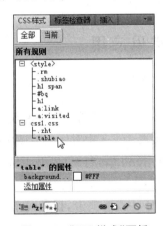

图7-54　"CSS样式"面板

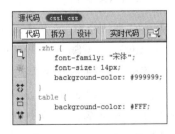

图7-55　css1.css代码内容

7.3.2　在一个网页中应用已建好的外部样式

　　【例7-9】　在网页"电影院"（本书配套素材中的ch7\dyy1.html文件）中应用已经建立的外部CSS样式css1.css。

　　(1) 在Dreamweaver CS6中打开dyy1.html，预览观察应用外部样式前的网页效果。

（2）单击"CSS样式"面板中的"附加样式表"按钮 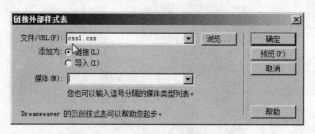，打开"链接外部样式表"对话框，单击"浏览"按钮，找到刚才建立的样式表文件 css1.css。在"添加为"项中选择"链接"，如图 7-56 所示。

图 7-56　"链接外部样式表"对话框

（3）单击"确定"按钮，可以看到在 CSS 面板中出现了外部 CSS 文件 css1.css 的定义，同时在网页文档文件名称标签的右边多了一个名为 css1.css 的标签，css1.css 就被链接到了 dyy1.html 中。

（4）将规则.zht 应用到<body>标签上，保存后预览网页效果，可以看到网页 dyy1.html 具有了和网页 jqjs8.html 同样的背景效果和页面字体效果。

应用外部样式表文件有链接和导入两种方式。在例 7-9 中切换到页面的代码视图，可以在<head>和</head>标签之间看到链接外部样式表文件对应的语句为<link href="css1.css" rel="stylesheet" type="text/css" />。在例 7-9 第（2）步的"添加为"项中选择"导入"，即可将样式表文件导入网页中，可以在代码视图中看到导入外部样式表文件对应的语句为@import url("css1.css")。

任务 7.4　CSS 常见应用

7.4.1　用 CSS 控制段落样式

【**例 7-10**】　为"剧情介绍"网页建立外部 CSS 样式，定义段落的缩进和段间距。

（1）在 Dreamweaver CS6 中打开 jqjs8.html，接着例 7-8 中对网页的操作继续。

（2）单击"CSS样式"面板中的"新建 CSS 规则"按钮 ，打开"新建 CSS 规则"对话框，在其中定义.duanluo CSS 样式，如图 7-57 所示。

（3）单击"确定"按钮后，在"分类"栏中切换到"区块"选项卡，设置段落缩进的值为 2 个字高，即设置 Text-indent 的值为 2ems，如图 7-58 所示。

（4）在"分类"栏中切换到"方框"选项卡，设置段前间距为 20 像素，即设置 Margin 选项组中 Top 的值为 20px，如图 7-59 所示。单击"确定"按钮完成规则.duanluo 的定义。

接下来在网页的两段正文的标签<p>上分别应用规则.duanluo，将网页文件保存为 jqjs10.html，预览网页可以看到段落的缩进和间距的设置效果，如图 7-60 所示。

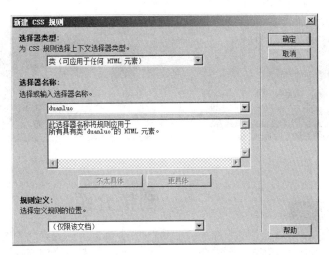

图 7-57 新建 CSS 规则 . duanluo

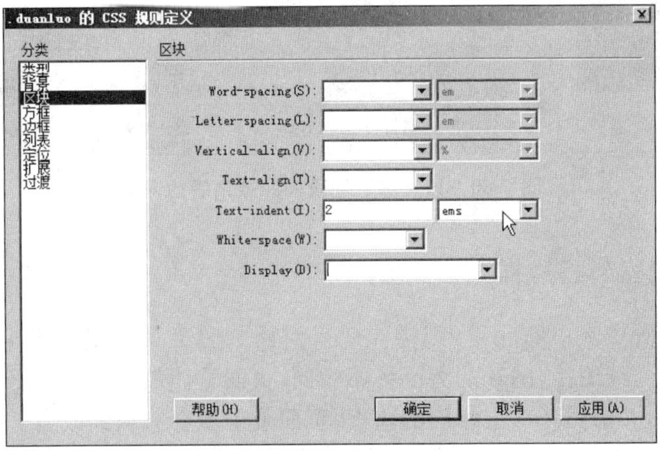

图 7-58 设置缩进

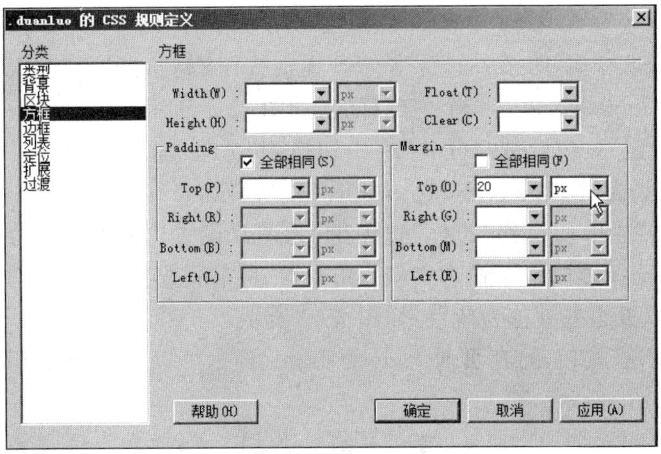

图 7-59 设置段间距

图7-60　设置缩进和段间距效果后的网页

7.4.2　用CSS控制图片样式

图片作为网页中常用的元素,其样式效果对网页的美观有很大影响。比如在例7-9中各个电影院的介绍图片,图片的大小各不相同,页面整体效果就很差。如果定义各个图片为同一个大小,并给图片加上相同的边框,页面效果就会有很大改善。这些效果可以在图片属性面板中规定,但需要对每个图片一一设置,如果用CSS就很容易实现这种效果。

【例7-11】　给网页"电影院"中的图片规定统一的大小,并加上边框。

(1)在Dreamweaver CS6中打开dyy1.html,接着例7-9中对网页的操作继续。

(2)单击"CSS样式"面板中的新建CSS规则按钮 ，打开"新建CSS规则"对话框,对嵌套表格内的img标签建立一个内部样式,如图7-61所示设置对话框。

(3)单击"确定"按钮后,在"分类"栏中切换到"方框"选项卡,通过Width和Height框设置图片的大小为宽170px、高91px,如图7-62所示。

(4)在"分类"栏中切换到"边框"选项卡,为图片设置边框效果。在Style选项组的Top下拉列表中选择边框的样式为实线solid,在Width选项组中设置其粗细为2px,在Color选项组中设置边框颜色为蓝色,如图7-63所示。

(5)单击"确定"按钮,另存页面为dyy2.html,预览可以看到图片大小统一并加上边框的效果,如图7-64所示。

📖 **小提示**:在"边框"选项卡中可以分别对上、下、左、右四个边设置属性。在Style、Width和Color属性下都有一个"全部相同"复选框,勾选此项表明对四个边框的设置相

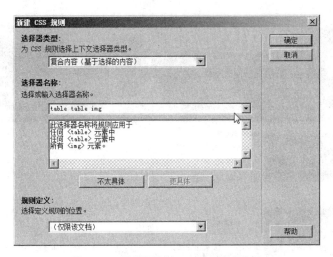

图 7-61　设置"新建 CSS 规则"对话框

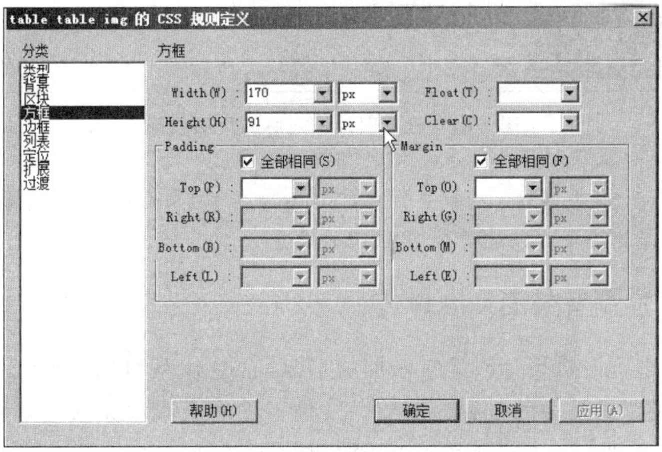

图 7-62　设置图片大小

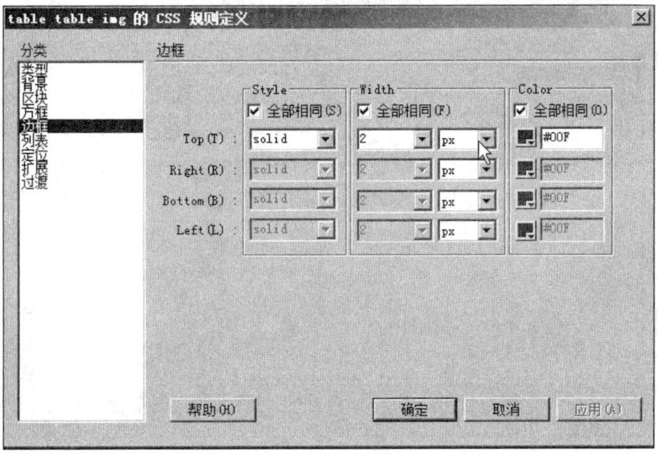

图 7-63　设置边框效果

图 7-64　设置图片样式后的页面效果

同,然后设一个边框的属性即可,本例即是此种设置。如果不是所有的边框都相同,则不勾选"全部相同"复选框,然后对四个边框分别设置。

7.4.3　用 CSS 控制背景图片的样式

背景图像是进行网页设计时经常添加的东西,通过 CSS 可以方便地为页面定义背景图像,还可以定义背景图像的位置、是否重复、是否随网页滚动条滚动等特性。背景图像的定义通过 CSS 规则定义对话框中的"背景"选项卡进行定义,如图 7-65 所示。由于背景定义的各个选项比较容易理解,这里不再举具体的例子,只对各个选项的含义进行说明。

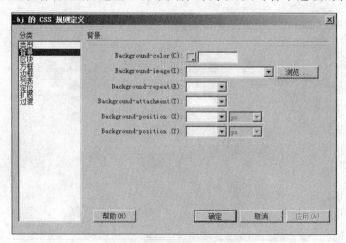

图 7-65　定义背景的对话框

（1）Background-color：设置背景颜色。

（2）Background-image：设置背景图片。

📖**小提示**：如果同时设置了背景颜色和背景图片，则显示背景图片。设置背景图片时要注意网页文件到背景图片的相对路径中不要有中文和特殊字符出现，否则会导致背景图片不能正常显示。

（3）Background-repeat：定义背景图片是否重复显示。其中有 4 个选项：no-repeat 表示图片不重复显示，即只显示一次；repeat 表示图片在 x 方向和 y 方向都重复显示；repeat-x 表示图片只在 x 方向重复显示；repeat-y 表示图片只在 y 方向重复显示。

📖**小提示**：利用 Background-repeat 的 repeat 属性可以用一个小的背景图片多次重复显示填满整个页面背景，如果此项空白，则默认属性是 repeat，即背景图片在 x 方向和 y 方向都重复。

（4）Background-attachment：有两个选项 fixed 和 scroll，fixed 表示图片固定在原始位置，不随页面内容的滚动而滚动；scroll 表示背景图像会随页面内容的滚动而滚动。

📖**小提示**：如果此项空白，则默认属性是 scroll，即背景图像会随页面内容的滚动而滚动。

（5）Background-position(X)和 Background-position(Y)分别规定背景图像在其所在元素中水平和垂直的位置。

7.4.4 用 CSS 美化列表

在 Dreamweaver CS6 中可以方便地制作列表，并用 CSS 美化列表。

【例 7-12】 将网页"电影院"中电影院介绍的文字制作成项目列表，并用自定义的图片作为其项目图标。

（1）在 Dreamweaver CS6 中打开 dyy2.html，接着例 7-11 中对网页的操作继续。

（2）拖动鼠标，选中第一个电影院图片对应的介绍文字，在属性面板中单击"项目列表"按钮▤，则所选的内容变成有圆点的项目列表，如图 7-66 所示。用同样的方法对每个电影院的文字介绍创建项目列表。

图 7-66 项目列表效果

📖**小提示**：如果在选中文字后单击"编号列表"按钮▤，则在列表前出现 1、2、3 这样的序号。在代码视图中可以看到项目列表对应的标签是＜ul＞，列表中每一个列表项对应的标签是＜li＞。编号列表对应的标签是＜ol＞，列表中每一个列表项对应的标签是＜li＞。

（3）建立 CSS 样式定义列表项的图标，如图 7-67 所示"新建 CSS 规则"对话框。

（4）单击"确定"按钮后，在"分类"栏中切换到"列表"选项卡。在 List-style-type 下拉列表中可以选择项目图标为方形、圆形等系统预定义的形状，也可以在 List-style-image

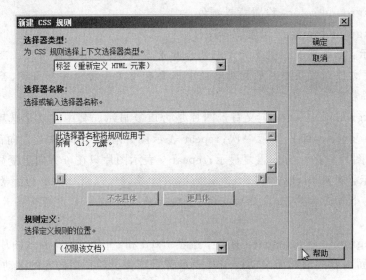

图 7-67　新建 CSS 规则

下拉列表中选择图片作为自定义的项目图标,这里用第二种方法,设置如图 7-68 所示。

(5) 单击"确定"按钮,另存页面为 dyy3. html,预览可以看到图 7-69 所示效果。

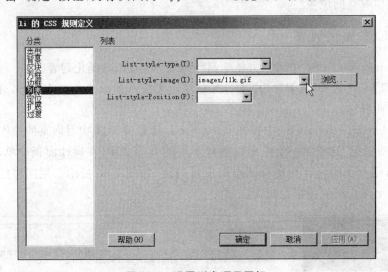

图 7-68　设置列表项目图标

7.4.5　应用 CSS 滤镜

应用 CSS 滤镜可以为文字或图片设置一些特殊效果的外观,增加视觉效果。

【例 7-13】　为网页"剧情介绍"中的标题文字设置光晕效果。

(1) 在 Dreamweaver CS6 中打开 jqjs10. html,接着例 7-10 中对网页的操作继续。

(2) 新建 CSS 规则,在"新建 CSS 规则"对话框中做如图 7-70 所示的设置。

图 7-69 设置列表项目图标后的效果

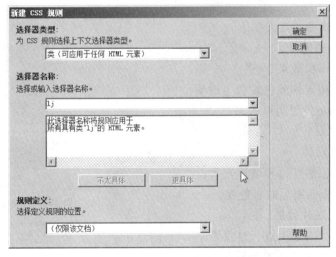

图 7-70 "新建 CSS 规则"对话框

（3）单击"确定"按钮后，在"分类"栏中切换到"扩展"选项卡，如图 7-71 所示。在 Filter 下拉列表中选择 Glow 滤镜，此滤镜使对象产生光晕效果，其中的参数 Color 设置光晕的颜色，参数 Strength 设置光晕的强度。

（4）单击"确定"按钮完成规则的建立。将规则应用到＜h1＞，并将网页另存为 e7-13. html。

应用完规则后可以看到在设计视图中文字的效果没有任何变化，这是因为滤镜的效果只有在浏览器中可以看到。在浏览器中预览时标题的效果如图 7-72 所示。

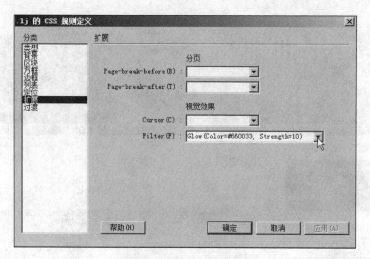

图 7-71   设置光晕效果

图 7-72   应用了光晕效果的标题文字

常见的滤镜属性的含义如下。

Alpha：设置透明度。

Blure：建立模糊效果。

Chroma：把指定的颜色设置为透明。

DropShadow：投射阴影效果。

FlipH：水平反转。

FlipV：垂直反转。

Glow：为对象的外边界增加光效。

Grayscale：降低图像的彩色度。

Invert：建立底片效果。

Light：在一个对象上进行灯投影。

Mask：为一个对象设置遮罩。

Shadow：设置阴影效果。

Wave：设置波纹效果。

Xray：设置 X 片效果。

项 目 小 结

本项目主要练习了 CSS 样式表的建立和应用方法。通过本项目的练习，应该重点掌握的技能有：掌握不同类型 CSS 样式的建立和应用方法，读懂其代码；掌握内部 CSS 样式的建立方法、外部 CSS 样式的建立和应用方法；掌握 CSS 在美化网页中的常见应用。

项 目 实 训

实训 7.1 为"影迷俱乐部"网站中的网页设置格式

先独立完成例子中对两个网页进行的 CSS 样式设计（源文件见本书配套素材 ch7\
e7-1.html 和 ch7\e7-9.html），然后从两个方面完善例题中的网页。

（1）建立外部 CSS 样式将网页"剧情介绍"中链接的效果和版权栏效果应用到网页
"电影院"中。

（2）给"剧情介绍"网页加入背景图片，实现图 7-73 所示效果。

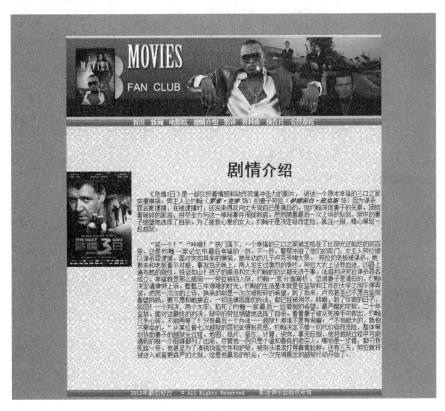

图 7-73 加入背景图片的网页效果

实训 7.2 设置"茶文化"网页

对"茶文化"网页（本书配套素材中的 ch7\shx\2.html 文件）做如下设置。

（1）设置字体大小为 16px。

（2）为段落设置两个字高的缩进，定义行高为 25px。

（3）为网页中的图片加上边框，并设置图文混排效果。

　　(4) 为网页加上背景,背景图片为 ch7\shx\images\bg2.jpg。要求背景图片居中,只显示一次,且不随页面内容滚动。

实训 7.3　设置"新闻公告"网页

　　对网页文件 ch7\shx\3.html 做如下设置,使其达到图 7-74 所示效果。

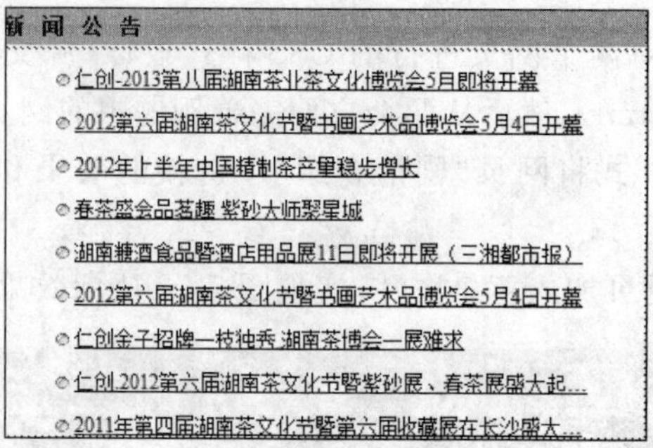

图 7-74　网页效果

　　(1) 设置"新闻公告"为加粗字体,设置其字间距为 15px。

　　(2) 为各个新闻题目创建项目列表,且设置其列表项目图标为 ch7\shx\images\tp2.png。

　　(3) 为列表项中的文字加下划线效果。

　　(4) 设置列表项间距为 10px。

用 CSS＋DIV 布局页面

项目概要：CSS 除了具有项目 7 中介绍的美化页面元素视觉效果的功能，还有一个非常重要的功能是对页面元素进行定位。CSS 经常和 DIV 一起结合来布局页面，<div>标签是一个 HTML 标签，常用来作为文本、图像或其他页面元素的容器。用 CSS＋DIV 布局页面时，会将<div>标签放在页面上，向这些标签中添加内容，然后用 CSS 控制将它们放到页面的不同位置上，从而完成网页的布局。和传统的表格、框架等布局方式相比，CSS＋DIV 的布局方式有更大的灵活性。本项目介绍 CSS 在网页布局方面的应用，用 CSS＋DIV 方法布局网页的基本思想和步骤，使用流体网格布局的响应式设计。

知识目标：理解 CSS 盒模型，理解各种定位方式的异同，理解浮动的含义，理解响应式设计的概念。

技能目标：灵活应用各种定位方式和浮动属性，完成 DIV 的定位；能完成简单版式网页的布局；掌握用 CSS＋DIV 方法布局网页的基本步骤；掌握用流体网格布局设计响应式页面的方法。

任务 8.1   认识 DIV 与 CSS 盒模型

8.1.1   <div> 标签

<div>标签是用来定义 Web 页面内容中的逻辑区域的标签。简单来说，<div>标签是一个设置区块容器的标签，即<div>和</div>之间相当于一个相对独立的容器，可以容纳段落、标题、图片、表格等各种 HTML 元素。

下面通过一个例子了解<div>标签的常用操作，同时这个例子也为后面案例"个人博客"网页提供框架。

【例 8-1】   插入<div>标签及嵌套的<div>标签。

(1) 在 Dreamweaver CS6 中新建一个网页，保存为 e8-1. html 文件。

(2) 在文档窗口中，将光标定位到要放置<div>标签的位置上。

(3) 执行菜单栏中的"插入"→"布局对象"→"Div 标签"命令，出现"插入 Div 标签"对话框。在此对话框的"插入"框中可设置<div>标签要插入的位置，"类"框中设置此<div>标签上应用的类名称，ID 框中设定<div>标签的 ID。本例先插入一个 ID 为 top

的<div>标签,则设置"插入 Div 标签"对话框如图 8-1 所示。

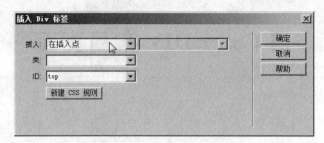

图 8-1　插入<div>标签 top

　（4）单击"确定"按钮,在设计视图中出现一个用虚线包围的区域,这就是刚才插入的 div 标签,当光标移到这个<div>标签的虚线边缘时,边缘会高亮显示。

　（5）再分别插入两个<div>标签 content 和 footer,设置"插入 Div 标签"对话框分别如图 8-2 和图 8-3 所示。

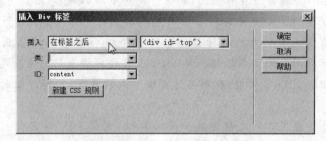

图 8-2　插入<div>标签 content

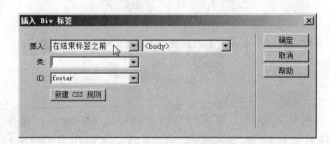

图 8-3　插入<div>标签 footer

　（6）此时在拆分视图中观察插入的<div>标签和它们所对应的代码,如图 8-4 所示。可以看出这 3 个<div>标签是并列的关系。

```
<body>
<div id="top">此处显示  id "top" 的内容</div>
<div id="content">此处显示  id "content" 的内容</div>
<div id="footer">此处显示  id "footer" 的内容</div>
</body>
```

此处显示 id "top" 的内容
此处显示 id "content" 的内容
此处显示 id "footer" 的内容

图 8-4　拆分视图中插入<div>标签后

　（7）在<div>标签 content 中嵌套两个<div>标签 left 和 right,分别如图 8-5 和

图 8-6 所示设置"插入 Div 标签"对话框。

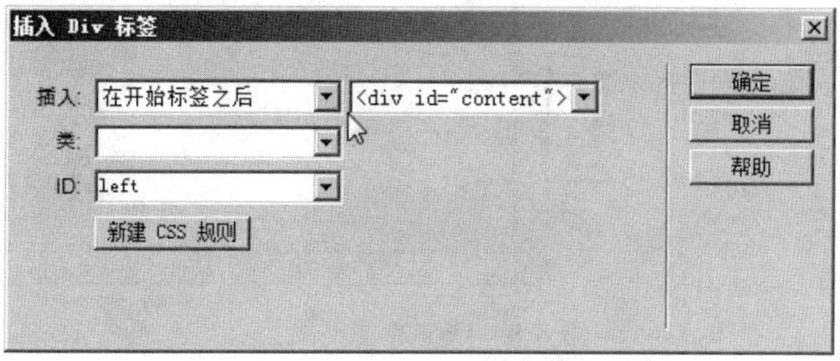

图 8-5 插入嵌套＜div＞标签 left

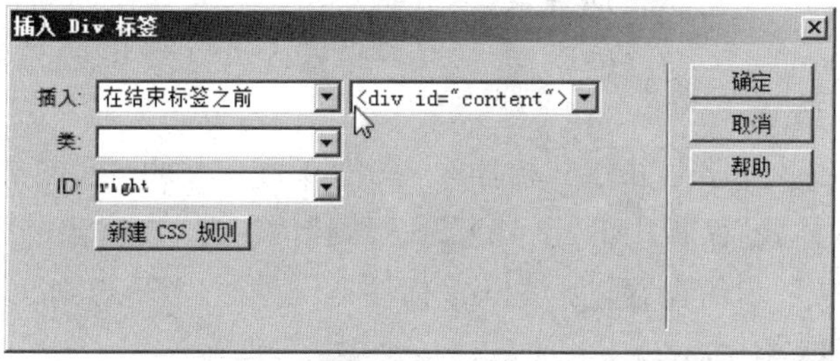

图 8-6 插入嵌套＜div＞标签 right

（8）此时在拆分视图中观察插入的＜div＞标签和它们所对应的代码，如图 8-7 所示，从代码可以看出＜div＞标签间的嵌套关系，在设计视图则可以通过状态栏中各个对象的标签看出其嵌套关系。

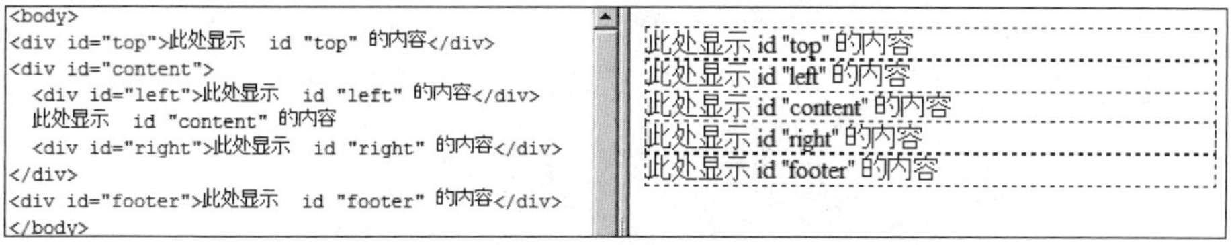

图 8-7 拆分视图中插入嵌套＜div＞标签后

8.1.2 CSS 盒模型

通过 CSS 可以对块级页面元素进行格式和位置的设定，块级页面元素是指一段独立的内容，在 HTML 中通常用一个新行分割，并在视觉上设置为块的格式。例如，＜h1＞标签、＜p＞标签、＜li＞标签等都可以在页面上产生块级元素，＜div＞标签也是一个典型的块级元素。

CSS 在对块级元素进行格式设置时，通常将这些块级元素看成一个矩形的盒子，这个盒子从内到外是由元素的内容区、内边距（Padding）、边框（Border）和外边距（Margin）组成的，这就是 CSS 的盒子模型，如图 8-8 所示。

📖**小提示**：盒模型中各个参数的含义和表格中相应参数的含义很像。Padding 是指内容区中的内容和边框之间的距离，Margin 是指盒子边框以外和其他对象之间的距离。

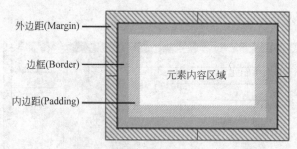

图 8-8　CSS 的盒子模型

可以通过 CSS 定义盒模型中的相关参数来设置一个块的形状、大小、边框、背景等属性。下面通过一个例子了解这些属性设置,并进一步理解盒模型的结构。

【例 8-2】　插入一个<div>标签,并设置其内容区域的大小、内边距、外边距、边框参数,并为之添加背景颜色。

(1) 新建页面 e8-2.html,并在其中插入一个 ID 为 box 的<div>标签。

(2) 单击"CSS 样式"面板中的"新建 CSS 规则"按钮 ,在弹出的"新建 CSS 规则"对话框中进行如图 8-9 所示的设置,为<div>标签 box 建立 CSS 规则。

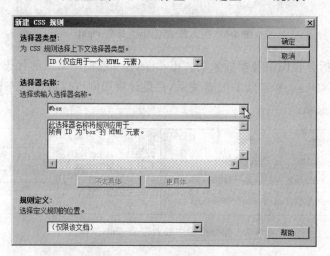

图 8-9　新建 CSS 规则♯box

(3) 单击"确定"按钮,打开"♯box 的 CSS 规则定义"对话框。在"分类"栏中切换到"方框"选项卡,在 Width 和 Height 框中分别设置内容区域的宽和高为 300px 和 200px,在 Padding 选项组中设置上、下、左、右内边距相同,均为 20px,在 Margin 选项组中设置上、下外边距为 30px,左、右外边距为 40px,如图 8-10 所示。

(4) 在"分类"栏中切换到"边框"选项卡,在 Style 选项组中定义边框样式为实线,在 Width 选项组中定义上、下、左、右边框线的宽度相同,均为 10px,在 Color 选项组中定义上、下、左、右边框线的颜色相同,均为绿色,如图 8-11 所示。

(5) 在"分类"栏中切换到"背景"选项卡,设置背景颜色为蓝色,如图 8-12 所示。最后单击"确定"按钮,完成规则♯box 的建立。

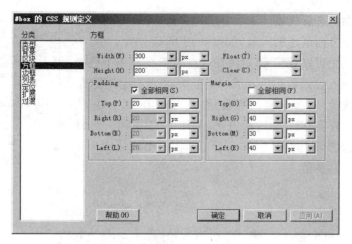

图 8-10　设置 #box 的方框属性

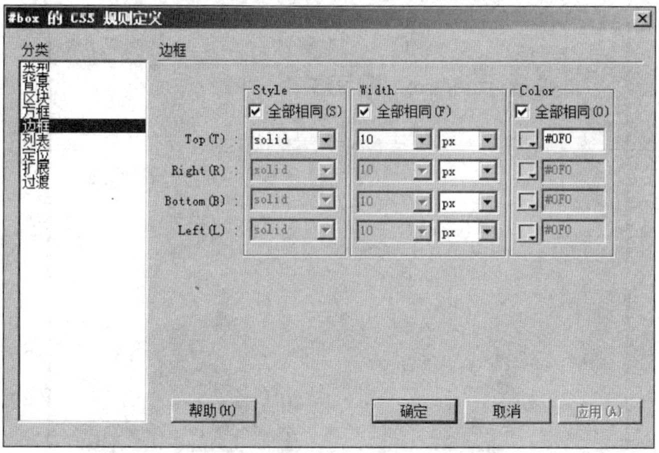

图 8-11　设置 #box 的边框属性

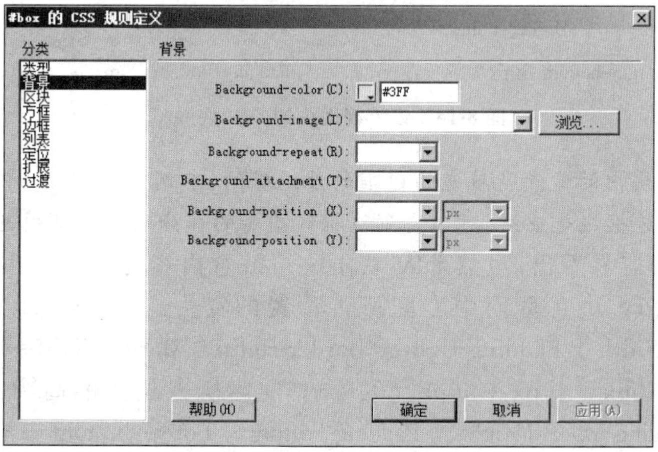

图 8-12　设置 #box 的背景属性

在代码视图中查看规则♯box对应的代码,可以更完整地看到刚才对各个方面属性的设置,如图8-13所示。

在设计视图中可以看到DIV块box在CSS的作用下已经变成了一个有绿色边框和蓝色背景的矩形块,将光标移到这个矩形块的边缘线上,边缘线会高亮显示,此时单击,则DIV块box的盒模型结构会详细地显示出来,如图8-14所示。当将光标放到盒模型的某个区域上时,还会显示出这个区域在CSS中已经定义的属性和值。

```
#box {
    padding: 20px;
    height: 200px;
    width: 300px;
    margin-top: 30px;
    margin-right: 40px;
    margin-bottom: 30px;
    margin-left: 40px;
    background-color: #3FF;
    border: 10px solid #0F0;
}
```

图 8-13 ♯**box 对应的代码**

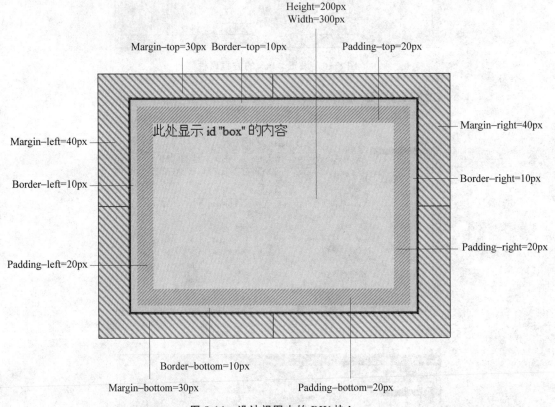

图 8-14 设计视图中的 DIV 块 box

📖 **小提示**:*块内的背景是填充到边框的外边缘的,本例中内容区和内边距区都可以看到背景。如果边框线是虚线,可以看到边框线虚着的部分也有背景填充。*

从图8-14很容易看出,虽然DIV块box可放置内容的区域大小为宽300px,高200px,但这个DIV块在页面中实际所占位置的宽为:Margin-left + Border-left + Padding-left + Width + Padding-right + Border-right + Margin-right = 40px + 10px + 20px + 300px + 20px + 10px + 40px = 440px。实际所占位置的高为:Margin-top + Border-top + Padding-top + Height + Padding-bottom + Border-bottom + Margin-bottom = 30px + 10px + 20px + 200px + 20px + 10px + 30px = 320px。

任务8.2 应用CSS实现定位

8.2.1 CSS的定位方式

CSS不仅能控制页面元素的大小和外观,还可以控制其在页面的放置位置,即CSS可实现页面元素的定位。

用CSS对页面元素进行定位时常用到的属性是position、float、clear、Z-Index等。其中position属性是实现定位最常用的属性。position属性有4种可能的值,对应4种对页面元素定位的不同方法,这4种值及其含义分别如下。

(1) static:静态定位。position属性的默认值,元素出现在文档的常规位置。

(2) relative:相对定位。元素相对于其在文档流中的本来位置偏移某个距离。

(3) absolute:绝对定位。元素相对于其最近的绝对定位或相对定位的上级元素的坐标(如果不存在绝对或相对定位的上级元素,则为相对丁页面左上角的坐标)偏移某个距离。

(4) fixed:固定定位。元素将在设定的位置保持固定,当滚动页面时,元素不随着移动。

4种定位方式中,静态定位不产生特殊的定位效果,所以这个属性值一般可以不设置,通常设置时是为了覆盖之前的定义。下面通过例子了解其他的定位方式以及定位时常用的属性的应用。

为方便比较出各个定位方式之间的差异,先建立一个网页保存为ch8.2.html,接下来各个定位方式的效果都以这个网页为基础讲解。在这个网页中定义6个DIV块,其中有3个并列的DIV块,其ID分别为box1、box2、box3;ID为box2的DIV块中嵌套了3个并列的DIV块,其ID分别为box2-1、box2-2、box2-3,每个DIV块都用相应的CSS设置了块的大小和背景。网页的效果如图8-15所示。

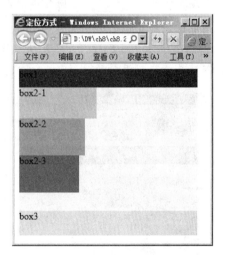

图8-15 网页效果

8.2.2 相对定位

【例8-3】 将网页ch8.2.html中ID为box2-1的DIV块设置为相对定位。

(1) 在Dreamweaver CS6中打开ch8.2.html文件。

(2) 在"CSS样式"面板中双击规则♯box2-1,打开"♯box2-1的CSS规则定义"对话框。

(3) 在"分类"栏中切换到"定位"选项卡(可以在Width和Height属性中看到之前对该DIV块的宽和高的定义),在Position属性对应的下拉列表中选择relative,表示定位方式为相对定位。在 Placement 选项组中设置 Top 为 20px，表明 DIV 块移动后距离顶部 20px，即表示要将 DIV 块向下移动 20px；Left 为 30px，表明 DIV 块移动后距离左边 30px，即表示要将 DIV 块向右移动 30px，如图 8-16 所示。

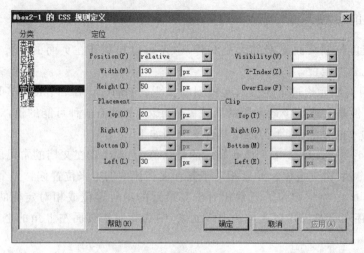

图 8-16　设置相对定位方式

　　（4）单击"确定"按钮。将网页另存为 e8-3.html 文件，在 IE 浏览器中预览网页，可以看到设置相对定位后的网页效果如图 8-17 所示。

　　📖小提示：图 8-18 中，符号/**/是 CSS 中的代码注释符号，被/**/包围的灰色显示的部分是给代码添加的注释。

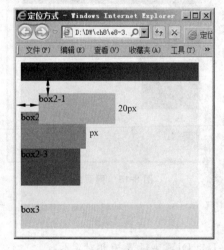

图 8-17　相对定位效果图

```
#box2-1 {
    background-color: #CCF;/*背景色*/
    height: 50px;/*Div块的高*/
    width: 130px;/*Div块的宽*/
    position: relative;/*定位方式*/
    left: 30px;/*相对于顶部的移动量*/
    top: 20px;/*相对于左边的移动量*/
}
```

图 8-18　相对定位 box2-1 对应的 CSS 代码

　　可以看出相对定位使元素相对于其原来的位置产生了移动，但移动后元素原来在文档流中所占用的空间依然保留。因此，移动元素会导致它覆盖其他元素。

　　看懂 CSS 规则定义对应的代码，并能在设计视图中手工输入 CSS 代码，对于熟练应用 CSS＋DIV 的页面布局方法非常必要。因为通过代码，可以更好地把握页面布局的整体结构,也能避免很多不必要的属性声明,使代码更简洁和高效。在后面应用 CSS+DIV 的实例中,有很多地方的属性设置以代码的方式给出。在这里,先从图 8-18 了解一下 ID 为 box2-1 的 DIV 块对应的 CSS 代码(符号/＊＊/中的内容为注释,用来帮助读代码的人更好地读懂代码,对代码的功能没有影响)。

8.2.3 绝对定位

【例 8-4】 将网页 ch8.2.html 中 ID 为 box2-1 的 DIV 块设置为绝对定位。

(1) 在 Dreamweaver CS6 中打开 ch8.2.html 文件。

(2) 在"CSS 样式"面板中双击规则♯box2-1,打开"♯box2-1 的 CSS 规则定义"对话框,在"定位"选项卡中进行如图 8-19 所示的设置,这个设置和例 8-3 的唯一不同是在 Position 属性对应的下拉列表中选择 absolute。

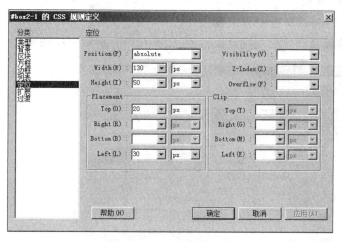

图 8-19 设置绝对定位方式

(3) 单击"确定"按钮。将网页另存为 e8-4.html 文件,在 IE 浏览器中预览网页,可以看到设置绝对定位后的网页效果如图 8-20 所示。

此时 box2-1 的 DIV 块对应的 CSS 代码如图 8-21 所示。

图 8-20 设置绝对定位后的效果

```
#box2-1 {
    background-color: #CCF;
    height: 50px;
    width: 130px;
    position: absolute;/*定位方式为绝对定位*/
    left: 30px;
    top: 20px;
}
```

图 8-21 绝对定位 box2-1 对应的 CSS 代码

📖**小提示**：绝对定位的 DIV 可以通过 Dreamweaver 菜单栏中的"插入"→"布局对象"→AP Div 命令直接添加。

可以看出和相对定位不同，绝对定位的元素在移动后，其原来在文档流中所占的空间会被释放，其他的元素随之上移占用此空间，就像绝对定位的元素不存在一样。

和相对定义的另一个不同之处是，此例中绝对定位的元素的移动是相对于文档窗口的左上角移动的，而非其原来的位置。绝对定位的元素是相对于其最近的绝对定位或相对定位的上级元素的坐标移动的，如果不存在绝对或相对定位的上级元素，就相对于页面左上角的坐标移动。所以如果想让一个元素相对于其父级元素移动，则设置其父级元素的定位方式为相对定位或绝对定位即可。

【**例 8-5**】 将 DIV 块 box2-1 设置为相对于父级元素 box2 的绝对定位。

（1）接着例 8-4 的操作继续。

（2）在"CSS 样式"面板中双击规则♯box2，设置 ID 为 box2 的 DIV 块为相对定位，可视化的设计界面及设计后规则♯box2 的 CSS 代码分别如图 8-22 和图 8-23 所示。

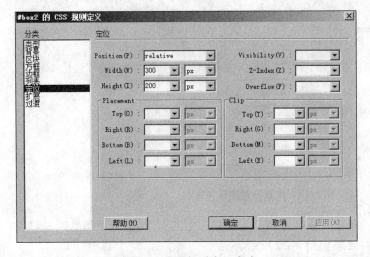

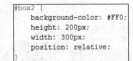

图 8-22　设置相对定位方式　　　　　　　　　图 8-23　相对定位 box2 对
　　　　　　　　　　　　　　　　　　　　　　　　　　　应的 CSS 代码

（3）另存网页为 e8-5.html 文件，在 IE 浏览器中预览网页的效果如图 8-24 所示。

通过设置 DIV 块 box2 的定位方式为绝对定位也可以实现 DIV 块 box2-1 相对于box2 的移动效果，但此时的页面会有所不同，请读者自己试验并思考为什么。

8.2.4　固定定位

【**例 8-6**】 将网页 ch8.2.html 中 ID 为 box2-1 的 DIV 块设置为固定定位。

（1）在 Dreamweaver CS6 中打开 ch8.2.html 文件。

（2）在"CSS 样式"面板中双击规则♯box2-1，打开"♯box2-1 的 CSS 规则定义"对话框，在"定位"选项卡中设置 Position 属性为 fixed。在 Placement 选项组中设置 Top 和 Left 均为 30px，如图 8-25 所示。设置后♯box2-1 对应的 CSS 代码如图 8-26 所示。

图 8-24 相对于父级元素的绝对定位效果

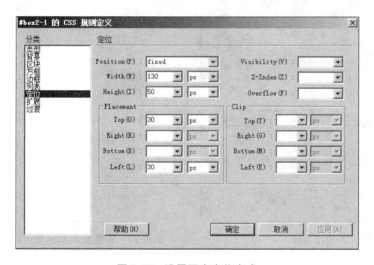

图 8-25 设置固定定位方式

图 8-26 固定定位 box2-1 对应的 CSS 代码

（3）另存网页为 e8-6.html 文件,在 IE 浏览器中预览网页,将网页窗口缩小到出现滚动条,拖动滚动条,可以看到 ID 为 box2-1 的 DIV 块始终悬浮在距离页面窗口左上角向右和向下分别 30px 处,不随窗口内容的滚动而改变位置,如图 8-27 所示。

可以看出定义了固定定位方式的元素也会从文档流中脱离,并将原来占有的位置释放。这种定位方式中定义的偏移量是相对于浏览器的左上角的。固定定位方式将定位的元素固定到指定位置不动,这个特性经常被用来制作悬浮广告效果。

图 8-27 固定定位方式效果

8.2.5　浮动

使用 CSS 布局页面时,除了前面介绍的 position 属性,浮动(float)也是使用频率很高的一个属性。通过设置浮动,可以使一个块级元素脱离文档流,向左或向右浮动,直到它的外边缘碰到包含框或另一个浮动框的边框为止。

该属性有 3 种可能的值:left、right 和 none,分别代表向左浮动元素、向右浮动元素和不浮动元素。

【例 8-7】　对网页 ch8.2.html 中的 DIV 块设置浮动。

(1) 在 Dreamweaver CS6 中打开 ch8.2.html 文件。

(2) 首先设置 DIV 块♯box2-1 为左浮动。在"CSS 样式"面板中双击规则♯box2-1,打开"♯box2-1 的 CSS 规则定义"对话框,在"方框"选项卡中设置 Float 属性为 left,如图 8-28 所示。设置后♯box2-1 对应的 CSS 代码如图 8-29 所示。

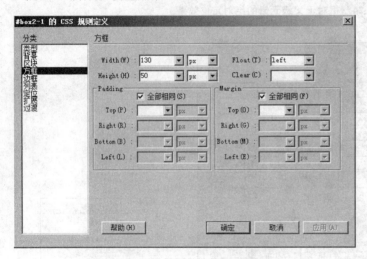

图 8-28　设置♯box2-1 为左浮动

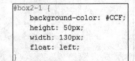

图 8-29　设置左浮动对应代码

(3) 另存网页为 e8-7.html 文件,在 IE 浏览器中预览网页,效果如图 8-30 所示。可以看出设置 DIV 块 box2-1 为左浮动后,该 DIV 块脱离了原来的文档流,向左移动,直到碰到包含框的边缘为止。它原来的位置被 DIV 块 box2-2 占据(box2-2 被 box2-1 挡住了一部分)。

(4) 用类似的方法给 DIV 块 box2-2 设置左浮动,设置后在 IE 浏览器中预览效果如图 8-31 所示。DIV 块 box2-2 同样脱离文档流,向左移动,直到碰到另一个浮动框的边框。

(5) 用类似的方法给 DIV 块 box2-3 设置左浮动,设置后在 IE 浏览器中预览效果如图 8-32

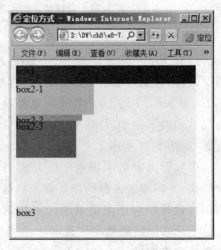

图 8-30　box2-1 左浮动效果

所示。产生这种效果是因为 DIV 块 box2 的宽度小于它的 3 个子 DIV box2-1、box2-2、box2-3 的宽度和，所以无法让这 3 个浮动元素并排放置，那么位置空间不够的元素会向下移动，直到有足够的空间放置它。

图 8-31 box2-1、box2-2 左浮动效果

图 8-32 box2-1、box2-2 、box2-3 左浮动效果

8.2.6 清除浮动

使用浮动效果能实现页面的灵活布局，但在浮动的使用过程中，经常会出现浮动元素对没有浮动的元素的遮挡，如图 8-30 和图 8-31 所示。很多时候这种遮挡是不希望的，通过 clear(清除浮动)属性的设置，可以解决这种现象。

clear 属性规定了在元素的哪边上不可以出现浮动元素，共有 4 个可选的值，这 4 种值及其含义分别如下。

（1）left：元素的左边不允许出现浮动元素。

（2）right：元素的右边不允许出现浮动元素。

（3）both：元素的两边均不允许出现浮动元素。

（4）none：元素的两边都可以出现浮动元素。

【例 8-8】 在网页 ch8.2.html 中，对 DIV块 box2-1 和 box2-2 分别设置左浮动和右浮动，为 box2-3 设置清除浮动属性。

（1）在 Dreamweaver CS6 中打开 ch8.2.html 文件。用例 8-7 中的方法对 DIV 块 box2-1和 box2-2 分别设置左浮动和右浮动，另存为 e8-8.html 文件后在 IE 浏览器中预览效果如图 8-33 所示。

（2）在"CSS 样式"面板中双击规则 ♯box2-3，

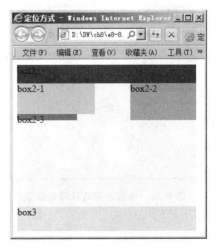

图 8-33 box2-1 左浮动，box2-2 右浮动效果

打开"♯box2-3 的 CSS 规则定义"对话框,在"方框"选项卡中设置 Clear 选项为 left,如图 8-34 所示。设置后♯box2-3 对应的 CSS 代码如图 8-35 所示。

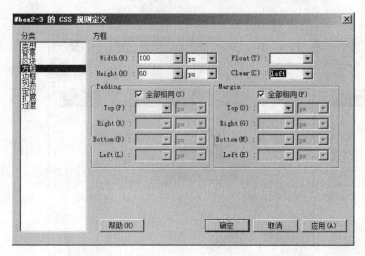

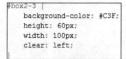

図 8-34　设置♯box2-3 为左侧清除浮动　　　　　　图 8-35　设置清除浮动对应代码

(3) 设置清除浮动后在 IE 浏览器中预览效果如图 8-36 所示。可以看出设置 clear 属性并不是删除某个浮动元素,而是通过移动设置了 clear 属性的元素来满足各个元素之间位置关系的要求。对 DIV 块 box2-3 设置左侧清除浮动属性,则 box2-3 的左侧不能再出现浮动块,为了达到这一要求,DIV 块 box2-3 下移,直到设置了左浮动的 DIV 块 box2-1 不在其左侧为止。

(4) 如果将 DIV 块 box2-3 的 clear 属性设置为 right 或 both,对应的效果都是图 8-37 所示的样子。

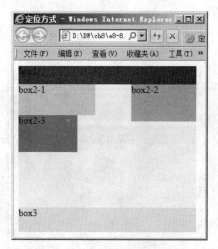

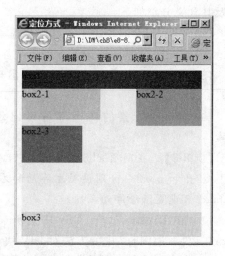

图 8-36　设置左侧清除浮动效果　　　　　　图 8-37　设置两侧清除浮动效果

任务 8.3 CSS+DIV 布局实例

8.3.1 案例导入——个人博客页面

在本任务中将用 CSS+DIV 的方法实现图 8-38 所示的"个人博客"页面的布局,从本案例中可以了解用 CSS+DIV 布局网页的基本思想和常用的技巧。

图 8-38 个人博客网页效果

8.3.2 用 CSS+DIV 布局网页的步骤

用 CSS+DIV 布局网页时,一般采用如下的步骤。

(1)首先对页面有一个整体的构思和规划。对于复杂一些的网页,可以先用制图软件,例如 Photoshop 或 Fireworks 做出网页的效果图。

(2)分析、规划网页的整体框架结构。将网页分成几大块,每个大块根据需要可以包含几个小块,明确块与块之间的包含关系,每一个块中包含的页面内容,以及这些块所在的位置,并用<div>标签组织这些块。

以图 8-38 所示的个人博客网页为例,页面可以被划分为 3 大块,其中第 1 块作为页面的头部放置导航;第 2 块作为页面的主体,其中包含 2 个小块,分别放置网页中间部分的图片和文字;第 3 块作为页脚放置页面版权等信息。用<div>标签组织这些块后,整个页面的框架如图 8-39 所示。

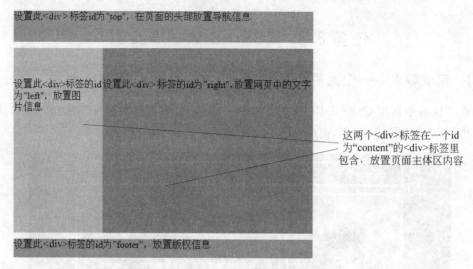

设置此<div>标签id为"top"，在页面的头部放置导航信息

设置此<div>标签的id设置此<div>标签的id为"right"，放置网页中的文字
为"left"，放置图
片信息

这两个<div>标签在一个id
为"content"的<div>标签里
包含，放置页面主体区内容

设置此<div>标签的id为"footer"，放置版权信息

图8-39　用DIV块表示的页面框架

（3）编写网页文件内容对应的 HTML 代码。在此步骤中需要建立网页文件，在其中插入需要的<div>标签，并将网页内容填入对应的 DIV 块中。这个步骤完成后页面的内容都会出现在页面中，但其外观和位置只是原始输入的样子，还没有实现预期的效果。

（4）编写 CSS 代码，实现对各个 DIV 的定位和文字格式等网页外观的设置。

📖**小提示：**上述过程中的第（3）步和第（4）步，即网页内容的编写和 CSS 代码的编写，有时候是同时进行的。尤其当一个网页的内容比较多时，先将网页内容整体写入会让设计者感到杂乱无章。这时通常是写入一块内容后紧接着编写其对应的 CSS，将这块内容布局好，然后再写下一块内容。

8.3.3　用 CSS＋DIV 布局个人博客网页

通过 8.3.2 小节中的分析，已经完成了用 CSS＋DIV 布局"个人博客"网页的前两个步骤，对页面的整体框架进行了规划，确定了页面中需要包含的<div>标签，各个<div>标签之间的关系以及它们需要包含的内容。下面接着从用 CSS＋DIV 布局网页的步骤（3）开始，编写网页对应的 HTML 代码。

（1）建立站点。在 Dreamweaver 菜单栏中执行"站点"→"新建站点"命令。在本地站点文件夹中设置站点的保存路径，本例的设置如图 8-40 所示。站点设置的其他参数用默认值即可。

（2）将素材文件 ch8 下的 images 文件夹复制到站点文件夹 D：\blogs 下。

（3）在 Dreamweaver 中新建 HTML 文件，在其中插入 5 个<div>标签。完成后在拆分视图中观察插入的<div>标签和它们所对应的代码，如图 8-41 所示。此时的页面和例 8-1 完成后的页面相同，共有 5 个<div>标签，其中<div>标签 top、content 和 footer 为并列关系，left 和 right 在 content 中嵌套。保存页面为 index.html 文件。

（4）接下来的 3 步在各个<div>标签中放入对应的内容。删除<div>标签 top 中建立标签时自动显示的文字"此处显示 id "top"的内容"，输入导航文字"首页""日志""相

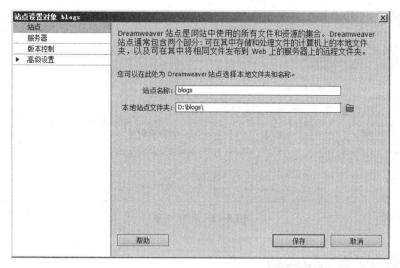

图 8-40　站点设置

图 8-41　插入需要的 5 个 Div 标签

册""最新作品""好友专栏""给我留言""和我联系",中间用 | 分隔,然后给每块导航文字建立空链接。

　　📖**小提示**：当 DIV 中的内容被完全删除后,DIV 的上、下边框会缩到一起,在设计视图中就很难看到没有内容的 DIV 的轮廓。如果在设计视图中不能确定光标是否在一个无内容的 DIV 中,可以转换到代码视图操作。

　　(5) 删除<div>标签 left 中原来显示的文字"此处显示 id "left"的内容",在其中插入图片 zhp.jpg(图片在 D:\blogs\images 中存放)。

　　(6) 用同样的方法删除剩下的<div>标签 right、content 和 footer 中建标签时自动显示的文字,在<div>标签 right 中输入文字正文的内容(标题是图片,不是文字),在<div>标签 footer 中输入版权信息。本步骤完成后的代码视图和预览效果分别如图 8-42 和图 8-43 所示。

　　(7) 图 8-42 是没有 CSS 时网页的预览效果,接下来的步骤中定义网页的 CSS。首先建立一个外部 CSS 文件。在 Dreamweaver 菜单栏中执行"文件"→"新建"命令,在弹出的对话框中选择"空白页"标签,页面类型选择 CSS,如图 8-44 所示。

　　(8) 单击"创建"按钮,即可新建一个 CSS 文件。在 Dreamweaver 菜单栏中执行"文件"→"保存"命令,在"另存为"对话框中设置 CSS 文件名为 style.css,保存路径为站点根文件夹,如图 8-45 所示。单击"保存"按钮保存文件。这样在站点文件夹 D:\blogs 下就新建了一个 CSS 文件 style.css。

```
<body>
<div id="top">
        <a href="#">首页</a> |
        <a href="#">日志</a> |
        <a href="#">相册</a> |
        <a href="#">最新作品</a>|
        <a href="#">好友专栏</a>|
        <a href="#">给我留言</a> |
        <a href="#">和我联系</a></div>
<div id="content">
  <div id="left"><img src="images/zhp.jpg" alt="photo" /></div>
  <div id="right"><p>最喜欢的人生为两件美的事物充盈：画和舞蹈。</p>
<p>喜欢摄影、绘画，喜欢捕捉自然的美，记录、绘画他们，也偶尔会用神奇的PS去修补一下自己的作品，满足自己的完美主义追求。</p>
<p>喜欢各种舞蹈，奔放疯狂爵士，优雅的拉丁和国标。舞蹈让我尽情展示自己青春的能量和美。</p>
<p>和相同爱好的朋友的交流让我得益匪浅，也渴望和更多朋友的交流！</p>
<p>会传些小作到这里，我的绘画作品，摄影作品，绘画心得，PS技巧，我喜欢的舞蹈视频。</p>
<p>记录青春，也和相同爱好的你交流切磋！</p>
</div>
</div>
<div id="footer">Copyright@ 2013     YHH个人网站版权所有。</div>
</body>
```

图 8-42 代码视图

首页 | 日志 | 相册 | 最新作品| 好友专栏| 给我留言| 和我联系

最喜欢的人生为两件美的事物充盈：画和舞蹈。

喜欢摄影、绘画，喜欢捕捉自然的美，记录、绘画他们，也偶尔会用神奇的PS去修补一下自己的作品，满足自己的完美主义追求。

喜欢各种舞蹈，奔放疯狂爵士，优雅的拉丁和国标。舞蹈让我尽情展示自己青春的能量和美。

和相同爱好的朋友的交流让我得益匪浅，也渴望和更多朋友的交流！

会传些小作到这里，我的绘画作品，摄影作品，绘画心得，PS技巧，我喜欢的舞蹈视频。

记录青春，也和相同爱好的你交流切磋！

Copyright@ 2013   YHH个人网站版权所有。

图 8-43 预览效果

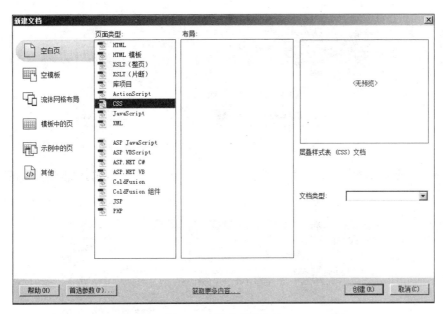

图 8-44　新建 CSS 文件

图 8-45　保存 CSS 文件

（9）链接外部 CSS 文件到网页文件中。转换到 index.html 的设计视图，在"CSS 样式"面板中单击"附加样式表"按钮 ，弹出"链接外部样式表"对话框，将刚才建立的 CSS 文件 style.css 链接到 index.html 页面中，如图 8-46 所示。

（10）接下来的步骤建立一个个网页需要的 CSS 样式规则，将它们保存在 style.css 中。首先为页面整体布局定义规则。在"CSS 样式"面板中单击"新建 CSS 规则"按钮 ，

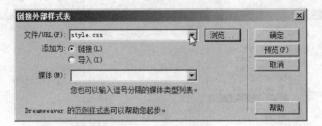

图 8-46 链接 style.css 到 index.html 中

在弹出的"新建 CSS 规则"对话框中设置对标签 body 新建规则,选择定义规则的位置为 style.css,如图 8-47 所示。

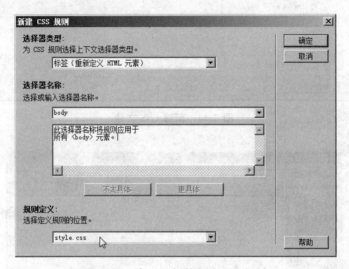

图 8-47 对 body 标签新建 CSS 规则

(11) 单击"确定"按钮,打开规则定义对话框,在"类型"选项卡中设置 Color 为白色, Font-family 为宋体,Font-size 为 14px,Font-weight 为加粗,Line-height 为 30px。在"背景"选项卡中设置背景图片 Background-image 为 images/background.gif。在"方框"选项卡中定义属性 Margin 为上、下、左、右全部相同,都为 0;Padding 为上、下、左、右全部相同,都为 0。

(12) 单击"确定"按钮,然后单击网页文档文件名称标签右边的 style.css 标签,可以看到标签 body 的 CSS 规则对应的代码,如图 8-48 所示。保存网页后预览,效果如图 8-49 所示。

```
body {
    color: #FFFFFF;
    font-family:"宋体";
    font-size: 14px;
    font-weight: bold;
    line-height: 30px;
    margin: 0;
    padding: 0;
    background-image:url(images/background.gif);
}
```

图 8-48 body 标签的 CSS 代码

图 8-49 应用 **body** 的 CSS 规则后的网页效果

📖**小提示**：用 CSS＋DIV 进行网页布局时将 body 的 padding 和 margin 属性设为 0 是一种很常用的做法。这是因为每种浏览器都有一种默认的样式表，如果不对这两个属性进行重置，就会按照默认样式表的规定去渲染网页。

（13）定义链接的样式。定义链接文字为白色，无下划线，当光标悬浮于链接上方和链接被激活时出现下划线。首先定义链接文字的样式，新建 CSS 规则 a：link，在"新建 CSS 规则"对话框中进行如图 8-50 所示设置。

图 8-50 新建 CSS 规则 a：link

（14）单击"确定"按钮,打开规则定义对话框,在"类型"选项卡中设置 Color 为白色,Text-decoration 为 none。在"区块"选项卡中设置 Letter-spacing 为 2px。单击"确定"按钮,然后单击网页文档文件名称标签右边的 style.css 标签,可以看到 CSS 规则 a:link 对应的代码,如图 8-51 所示。

（15）用相似的方法建立 CSS 规则 a:visited、a:hover、a:active,定义访问过的链接、鼠标悬浮于链接上方及被激活的链接样式。这些 CSS 规则对应的代码如图 8-52 所示。建立完这些 CSS 规则后预览网页,观察链接样式的效果。

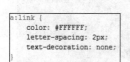

图 8-51　a:link 对应的代码　　　　图 8-52　a:visited、a:hover、a:active 对应代码

（16）定义＜div＞标签 top 的 CSS 规则。新建 CSS 规则♯top,在"新建 CSS 规则"对话框中进行如图 8-53 所示设置。

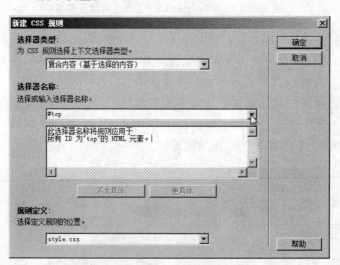

图 8-53　新建 CSS 规则♯top

（17）单击"确定"按钮,打开规则定义对话框,在"方框"选项卡中设置 Width 为763px,Height 为 30px,Margin 的上、右、下、左值分别设置为 20px、auto、0、auto,Padding的上值设置为 16px,右、下、左值为空白。在"边框"选项卡中设置 Style 的值为四个边全部相同,为实线;设置 Width 的值为四个边全部相同,为 6px;设置 Color 的值为四个边全部相同,为白色。在"背景"选项卡中设置 Background-color 为深蓝色。在"区块"选项卡中设置 Text-align 为 center。单击"确定"按钮,然后单击网页文档文件名称标签右边的

style.css 标签,可以看到 CSS 规则♯top 对应的代码,如图 8-54 所示。

```
#top {
    width: 763px;
    height: 30px;
    margin: 0 auto;
    margin-top: 20px;
    padding-top: 16px;
    border: 6px solid #FFFFFF;
    text-align: center;
    background-color:#1c2f45;
    }
```

图 8-54　♯top 对应代码

📖**小提示**:图 8-54 中的 margin:0 auto 可以设置一个块在它的父级元素中水平居中。

(18)保存并预览网页,可以看到应用 CSS 规则后<div>标签 top 在页面中的效果如图 8-55 所示。

首页｜日志｜相册｜最新作品｜好友专栏｜给我留言｜和我联系

图 8-55　应用 CSS 后 top 预览效果

(19)定义<div>标签 content 的 CSS 规则,用和新建规则♯top 类似的方法建立新建规则♯content,在规则定义对话框的"方框"选项卡中设置 Width 为 775px,Margin 的上、右、下、左值分别设置为 15px、auto、0、auto。定义完成后在 style.css 中可以看到 CSS规则♯content 对应的代码,如图 8-56 所示。保存并预览网页,可以看到网页主体区的图片与文字和 top 在垂直方向上对齐。

(20)定义<div>标签 left 的 CSS 规则,新建规则♯left,在规则定义对话框的"方框"选项卡中设置 Width 为 263px,Height 为 605px,Float 为左浮动;在"边框"选项卡中定义边框的属性和♯top 的边框相同,即和步骤(17)中对边框的定义相同;在"定位"选项卡中定义属性 Height 为 hidden。定义完成后在 style.css 中可以看到 CSS 规则♯left 对应的代码,如图 8-57 所示。

```
#content {
    margin: 0 auto;
    margin-top: 15px;
    width: 775px;
}
```

图 8-56　♯content 对应代码

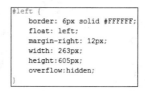

```
#left {
    border: 6px solid #FFFFFF;
    float: left;
    margin-right: 12px;
    width: 263px;
    height:605px;
    overflow:hidden;
}
```

图 8-57　♯left 对应代码

(21)定义<div>标签 right 的 CSS 规则,新建规则♯right,在规则定义对话框的"方框"选项卡中设置 Width 为 446px,Height 为 545px,Padding 的上、右、下、左值分别设置为 60px、15px、空白、15px,Float 为左浮动;在"边框"选项卡中定义边框的属性和♯left 的边框相同;在"背景"选项卡中设置 Background-color 为深蓝色,Background-image 为 images/t2. gif,Background-repeat 为 norepeat,Background-position(X)和Background-position(Y)均为 0;在"类型"选项卡中设置 Font-family 为"汉仪粗圆简";在

"区块"选项卡中设置 Letter-spacing 为 5px。定义完成后在 style.css 中可以看到 CSS 规则 ♯right 对应的代码,如图 8-58 所示。

```
#right {
    border: 6px solid #FFFFFF;
    float: left;
    width: 446px;
    height: 545px;
    padding-left: 15px;
    padding-right: 15px;
    padding-top: 60px;
    background-color:#1c2f45;
    background-image: url(images/t2.jpg);
    background-repeat: no-repeat;
    background-position: 0% 0%;
    letter-spacing: 5px;
    font-family: "汉仪粗圆简";
```

图 8-58　♯right 对应代码

📖 **小提示**:注意此处对背景的定义,背景图片起的作用是给块内的文字加上标题,背景颜色为块内正文的内容添加背景。

📖 **小提示**:对于系统中没有的字体,可以从网上下载相应的字体文件进行安装。

(22) 保存并预览网页,效果如图 8-59 所示。

图 8-59　网页预览效果

(23) 定义<div>标签 footer 的 CSS 规则。新建规则♯footer,在规则定义对话框的"方框"选项卡设置 Width 为 763px,Height 为 30px,Margin 的上、右、下、左值分别为 20px、auto、0、auto,Clear 为 both。在"边框"选项卡中定义边框的属性和♯left 的边框相同。在"背景"选项卡中设置 Background-color 为深蓝色;在"区块"选项卡中设置 Text-align 为 center。设置完成后在 style.css 中可以看到 CSS 规则♯footer 对应的代码,如

图 8-60 所示。

（24）保存并预览网页，效果如图 8-61 所示。可以发现，DIV 块 footer 并没有像预期那样和 DIV 块 content 有一定的间隔。这是因为 DIV 块 content 没有设置 height 属性，其高度就由其子元素撑开，而 content 中的两个 DIV 块 left 和 right 属性都设置了左浮动，脱离了标准的文档流，所以 DIV 块 content 就会忽略它们的高度，回到高度为 0 的状态。为了解决这个问题，在 content 内插入一个没有内容的 DIV 块，专门用于清除子块的浮动造成的影响。

```
#footer{
    clear: both;
    margin: 0 auto;
    margin-top: 20px;
    height: 30px;
    width: 763px;
    border: 6px solid #FFFFFF;
    text-align: center;
    background-color:#1c2f45;
}
```

图 8-60 ＃footer 对应代码

图 8-61 定义 ＃footer 后的预览效果

（25）在＜div＞标签 content 中，＜div＞标签 right 后插入一个新的＜div＞标签，命名为 clear，并建立起对应的 CSS 规则 ＃clear。完成后，CSS 规则 ＃clear 和 HTML 代码分别如图 8-62 和图 8-63 所示。

```
#clear{
    clear: both;
}
```

图 8-62 ＃clear 对应代码

（26）保存并预览网页，可以看到网页的最终效果，如图 8-38 所示。

```
<body>
<div id="top">
        <a href="#">首页</a> |
        <a href="#">日志</a> |
        <a href="#">相册</a> |
        <a href="#">最新作品</a>|
        <a href="#">好友专栏</a>|
        <a href="#">给我留言</a>|
        <a href="#">和我联系</a></div>
<div id="content">
    <div id="left"><img src="images/zhp.jpg" alt="photo" /></div>
    <div id="right"><p>最喜欢的人生为两件美的事物充盈：画和舞蹈。</p>
<p>喜欢摄影、绘画，喜欢捕捉自然的美，记录、绘画他们，也偶尔会用神奇的ps去修补一下自己的作品，满足自己的完美主义追求。</p>
<p>喜欢各种舞蹈，奔放疯狂爵士，优雅的拉丁和国标。舞蹈让我尽情展示自己青春的能量和美。</p>
<p>和相同爱好的朋友的交流让我得益匪浅，也渴望和更多朋友的交流！</p>
<p>会传些小作到这里，我的绘画作品，摄影作品，绘画心得，ps技巧，我喜欢的舞蹈视频。</p>
<p>记录青春，也和相同爱好的你交流切磋！</p>
    </div>
<div id="clear"></div>
</div>
<div id="footer">Copyright@ 2013     YHH个人网站版权所有。</div>
</body>
```

图 8-63   设计完成时网页 HTML 代码

任务 8.4   实现响应式网页设计

8.4.1   案例导入——响应式网页设计：佳莓生态食品

随着各种移动设备的广泛应用，响应式页面设计应运而生。响应式页面设计的理念是：页面的设计与开发应当根据用户行为以及设备环境进行相应的响应和调整。比如，当使用不同尺寸、不同分辨率的设备，或者用同一个设备而采取不同的屏幕锁定方向浏览同一个网页时，网页应该能根据相应的情况自动调整成最适合的样子进行显示。例如下面的"佳莓生态食品"网页，在手机上、平板电脑上、普通计算机屏幕上，可以分别显示成图 8-64～图 8-66 所示的 3 种样子。

在本任务中，会以图中所示网页为例，学习如何使用 Dreamweaver CS6 实现响应式的 Web 设计。

8.4.2   Dreamweaver CS6 中的流体网格布局

进行响应式 Web 设计要综合运用 HTML、CSS 和 JavaScript 技术，目前也有很多专门的开发框架工具用来进行响应式 Web 设计开发，常用的有 Gumby Framework、Get UI Kit、Foundation 等。Adobe 公司的 Dreamweaver 从 CS6 版本开始加入响应式 Web 设计功能，用 Dreamweaver CS6 提供的流体网格布局可以进行响应式 Web 设计的可视化设计。

使用 Dreamweaver CS6 建立流体网格布局时，会自动地生成一个 CSS 文件 boilerplate. css、一个 JavaScript 文件 respond. min. js。boilerplate. css 是基于 HTML 5 的样板文件，该文件是一组 CSS 样式，可确保在多个设备上渲染网页的方式保持一致。respond. min. js 是一个 JavaScript 库，可帮助在旧版本的浏览器中向媒体查询提供支持。下面通过实例，介绍用流体网格布局设计响应式网页的具体步骤。

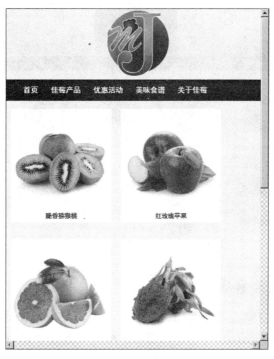

图 8-64 手机上的显示效果

图 8-65 平板电脑上的显示效果

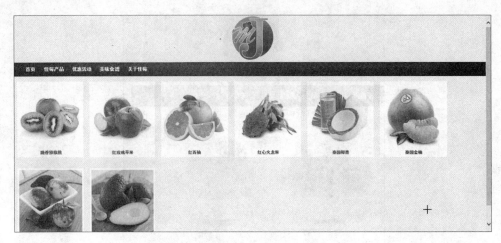

图 8-66　普通计算机上的显示效果

8.4.3　制作"佳莓生态食品"网页

（1）建立站点。在 Dreamweaver 菜单栏中执行"站点"→"新建站点"命令。在本地站点文件夹中设置站点的保存路径，本例的设置如图 8-67 所示。站点设置的其他参数用默认值即可。

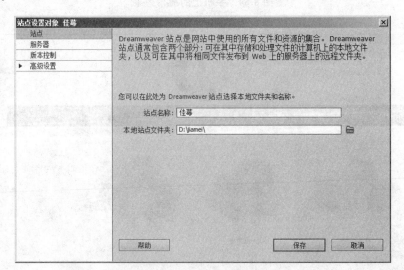

图 8-67　站点设置

（2）将本书素材文件"ch8\佳莓\img"文件夹复制到站点文件夹 D：\jiamei 下。

（3）在 Dreamweaver 菜单栏中执行"文件"→"新建流体网格布局"命令，弹出如图 8-68 所示的对话框。对话框中显示了 Dreamweaver 预设的 3 种媒体类型及参数设置。媒体类型中央显示网格中列数的默认值，可以编辑这个值自定义设备的列数。媒体下面以百分比的形式设置了相对于屏幕大小的页面宽度。这里都使用默认值。

（4）单击"创建"按钮，系统会要求指定一个 CSS 文件。可以创建新 CSS 文件，也可

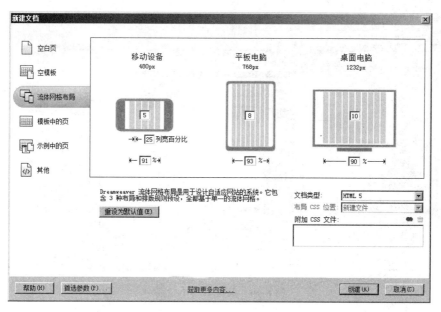

图 8-68 新建流体网格布局

以打开现有的 CSS 文件。这里创建一个新的 CSS 文件,将文件命名为 mycss.css,保存在根文件夹 jiamei 下,如图 8-69 所示。单击"保存"按钮保存样式表文件。

图 8-69 指定样式表文件的名称和路径

(5)此时可以看到新生成的 HTML 文件 Untitled-1. html,按 Ctrl+S 组合键保存 HTML 文件,更名为 index. html,保存在站点根文件夹下,如图 8-70 所示。

(6)单击"保存"按钮,系统会提示将同时生成的依赖文件 boilerplate. css 和

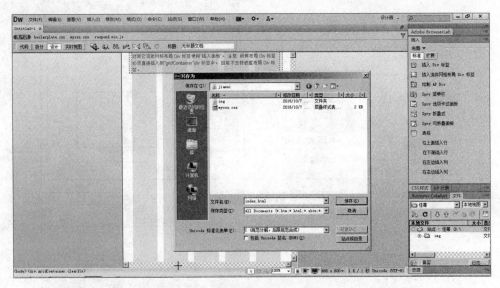

图 8-70   保存 HTML 文件

respond.min.js 保存到计算机上的某个位置。这里将这两个文件保存在站点根文件夹下，如图 8-71 所示。然后单击"复制"按钮。

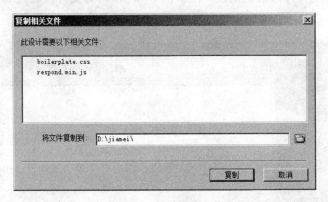

图 8-71   复制相关文件

（7）此时将视图转换到拆分，会看到页面中有一个 id 为 LayoutDiv1 的 DIV 嵌套在一个 CLASS 为 gridContainer clearfix 的 DIV 中，如图 8-72 所示。单击 mycss.css，可以看到在 3 种媒体中都有对 ♯ LayoutDiv1 和 .gridContainer clearfix 的定义，如图 8-74 所示。

📖 **小提示**：设计视图默认的是尺寸较小的移动电话设备，可以单击文档工具栏中的"多屏幕"按钮切换到比较大的尺寸或者全尺寸。设计视图中的一列列的辅助线可以通过单击文档工具栏的"可视化助理"按钮，如图 8-73 所示。清除"流体网格布局参考线"复选框。

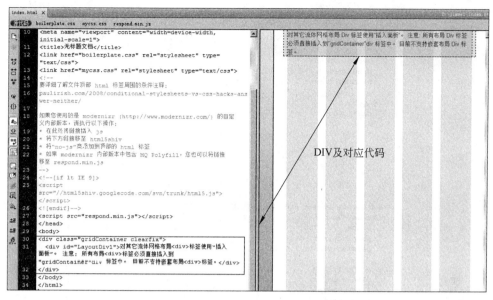

图 8-72　拆分视图中的 index. html

多屏幕按钮　　可视化助理按钮

图 8-73　工具按钮位置

（8）在 mycss.css 中对 body 设置 CSS 样式,控制页面字体样式、背景图片,代码如图 8-75 所示。

（9）删除 div"LayoutDiv1"中的文字,选择 img 文件夹下的图片 logo.jpg 插入此 DIV 中。打开 mycss.css,在其中将 3 处关于 ♯ LayoutDiv1 的 CSS 定义均替换成图 8-76 所示的样子。设置浮动方式和 DIV 中内容居中。替换后在设计视图中可以看到图片是居中的。

（10）在 Dreamweaver 菜单栏中执行"插入"→"布局对象"→"流体网格布局 Div 标签"命令,弹出如图 8-77 所示的对话框。将新插入的 DIV 命名为 menu。

（11）打开 mycss.css,可以看到 3 种媒体类型下都有关于 ♯ menu 的默认 CSS 定义。在这 3 处将默认定义替换成自己的定义,规定导航栏的高度、背景图片等属性,如图 8-78 所示。

（12）在 HTML 代码中输入 menu DIV 中的内容,然后在 mycss.css 中定义,定义 menu 中导航栏目的边距、字体颜色和字体大小,如图 8-79 所示。完成后,拆分视图如图 8-80 所示。

（13）重复步骤（10）的操作,插入流体网格布局 DIV pic1,如图 8-81 所示。

```
/* 移动设备布局：480px 及更低。 */
.gridContainer {
    margin-left: auto;
    margin-right: auto;
    width: 87.36%;
    padding-left: 1.82%;
    padding-right: 1.82%;
}
#LayoutDiv1 {
    clear: both;
    float: left;
    margin-left: 0;
    width: 100%;
    display: block;
}


/* 平板电脑布局：481px 至 768px。样式继承自：移动设备布局。 */

@media only screen and (min-width: 481px) {
.gridContainer {
    width: 90.675%;
    padding-left: 1.1625%;
    padding-right: 1.1625%;
}
#LayoutDiv1 {
    clear: both;
    float: left;
    margin-left: 0;
    width: 100%;
    display: block;
}
}

/* 桌面电脑布局：769px 至最高 1232px。样式继承自：移动设备布局和平板电脑布局。 */

@media only screen and (min-width: 769px) {
.gridContainer {
    width: 88.2%;
    max-width: 1232px;
    padding-left: 0.9%;
    padding-right: 0.9%;
    margin: auto;
}
#LayoutDiv1 {
    clear: both;
    float: left;
    margin-left: 0;
    width: 100%;
    display: block;
}
}
```

图 8-74 CSS 文件中的定义

```
body{
    color:#4e4635;
    font-family: "黑体";
    font-size:12px;
    font-style: normal;
    font-weight: bolder;
    font-variant: normal;
    background-color: #fffae4;
    background-image:url(img/bg3.jpg);
    background-repeat: repeat-x;
}
```

图 8-75 body 的 CSS 定义

```
#LayoutDiv1 {
    clear: both;
    float: left;
    margin-left: 0;
    width: 100%;
    display: block;
    text-align:center;
}
```

图 8-76 #LayoutDiv1 的 CSS 定义

图 8-77 插入流体网格布局 Div 标签 menu

```
#menu {
    clear: both;
    margin-left: 0;
    display: block;
    height:39px;
    line-height:39px;
    background-image:url(img/menu-bg.jpg);
    background-repeat:repeat-x;
    padding-left:20px;
}
```

图 8-78 #menu 的 CSS 定义

```
#menu span{
    margin-left:12px;
    margin-right:12px;
    color:#FFF;
    font-size:14px;
    }
```

图 8-79 #menu span 的 CSS 定义

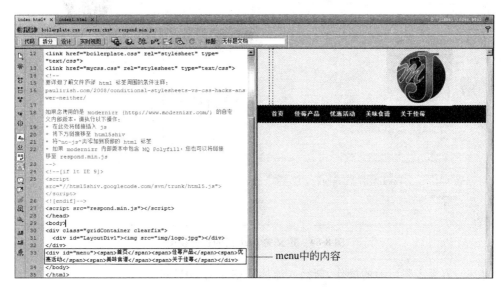

图 8-80 定义完 menu 后的拆分视图

图 8-81 插入流体网格布局 Div 标签 pic1

(14) 在设计视图中,将 DIV pic1 中默认的文字删除,向其中插入图片文件夹 img 下的 11.jpg,然后按 Shift+Enter 组合键实现换行,输入文字"脆香猕猴桃"。打开 mycss.css,可以看到 3 种媒体类型下都有关于#pic1 的默认 CSS 定义。在这 3 处将默认定义替换成自己的定义,规定 pic1 的填充、边界、背景颜色等属性,如图 8-82 所示。再在 mycss

.css 添加一个 CSS 定义,规定 pic1 中图片的大小和下边距,如图 8-83 所示。

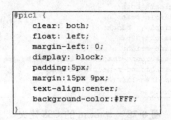

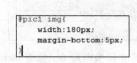

图 8-82　定义 pic1 的 CSS　　　　　　　图 8-83　定义 pic1 中图片的 CSS

　　(15) 此时拆分视图如图 8-84 所示。

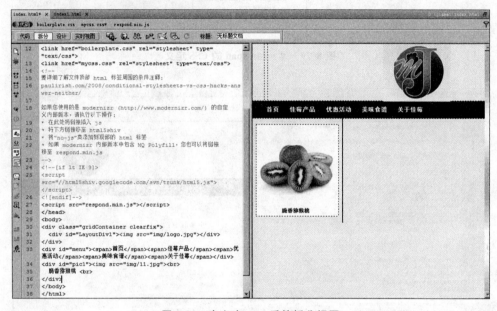

图 8-84　定义完 pic1 后的拆分视图

　　(16) 重复步骤(13)的操作,新插入流体网格布局 DIV pic2。

　　(17) 和步骤(14)类似,在设计视图中,将 DIV pic2 中默认的文字删除,向其中插入图片文件夹 img 下的 22.jpg,然后按 Shift+Enter 组合键实现换行,输入文字"红玫瑰苹果"。打开 mycss.css 文件,可以看到 3 种媒体类型下都有关于♯pic2 的默认 CSS 定义。在这 3 处将默认定义替换成自己的定义,规定 pic2 的填充、边界、背景颜色等属性,如图 8-85 所示。再在 mycss.css 添加一个 CSS 定义,规定 pic2 中图片的大小和下边距,如图 8-86 所示。注意,与 pic1 的 CSS 定义相比较,pic2 没有规定清除浮动,其余设置相同。

　　(18) 此时拆分视图如图 8-87 所示。

　　(19) 重复步骤(17),完成剩余 6 个 DIV 和其中图片及文字内容的添加。设计完成后拆分视图如图 8-88 所示。

```
#pic2 {
    float: left;
    margin-left: 0;
    display: block;
    padding:5px;
    margin:15px 9px;
    text-align:center;
    background-color:#FFF;
}
```

图 8-85 定义 pic2 的 CSS

```
#pic2 img{
    width:180px;
    margin-bottom:5px;
}
```

图 8-86 定义 pic2 中图片的 CSS

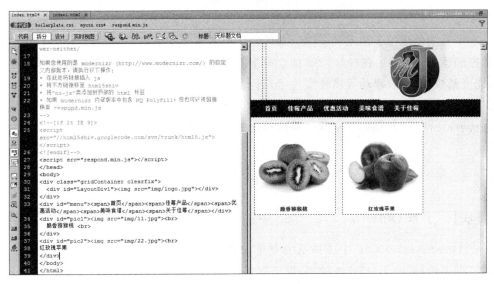

图 8-87 定义完 pic2 后的拆分视图

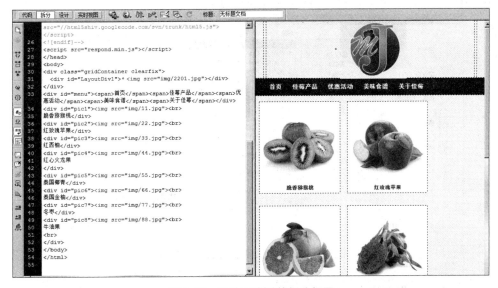

图 8-88 设计完成后的拆分视图

（20）单击"多屏幕"按钮,选择不同的屏幕尺寸后,在实时视图中可以看到在不同屏幕尺寸下的预览效果。

  📖 **小提示**：可以看到按照上述方法建立的网页文件，在 CSS 样式定义时有大量的重复代码，其实这些代码可以用定义 CLASS 的方式来简化。方法是新建流体网格布局文件后，在每次插入 DIV 时，可以不用插入流体网格布局＜div＞标签，而只插入普通＜div＞标签，然后在 mycss.css 中对这些标签的 CSS 进行定义，相同的用一个 CLASS 定义即可。

项 目 小 结

  本项目主要练习了用 CSS+DIV 布局网页的基本思想和方法。通过本项目的练习，应掌握的重点技能有：在理解 CSS 的盒模型的基础上，理解与定位相关的常用属性的含义；能灵活应用定位、浮动等属性实现常用网页格式的布局；能读懂 CSS 样式的代码，并能在代码视图中进行常用属性的设置；理解响应式 Web 设计的思想，并能用 Dreamweaver CS6 提供的建立流体网格布局的方法进行响应式 Web 设计。

项 目 实 训

实训 8.1   了解 Dreamweaver CS6 中的预设布局

  在 Dreamweaver CS6 中选择系统菜单中的"文件"→"新建"命令创建新页面时，在"布局"框中选择"＜无＞"之外的项，可以创建一个已经包含 CSS 布局的页面。如图 8-89 所示，Dreamweaver CS6 中附带 16 种可供选择的不同的 CSS 布局，请查看这些布局对应的 HTML 代码和 CSS 代码，理解各种常用布局的方法。

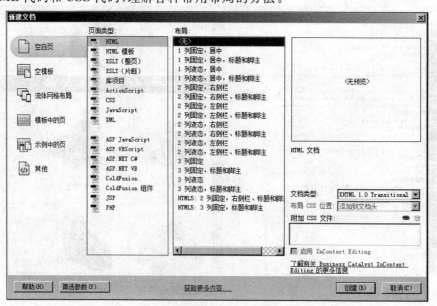

图 8-89   16 种 CSS 布局

实训 8.2 用 CSS＋DIV 布局"园林设计"网页

用 CSS＋DIV 设计"园林设计"网页,使其达到图 8-90 所示效果(在本书配套素材 ch8\shx\images 文件夹中)。要求如下。

(1) 网页上部的导航用项目列表创建,链接实现图 8-90 所示的鼠标悬浮效果,访问过的链接和链接本来的样式相同。

(2) 合理设置 DIV 块及对应的 CSS 代码,在实现网页效果的前提下使网页代码和 CSS 代码尽可能简洁。

图 8-90 网页效果

实训 8.3 实现响应式页面设计

用定义 CLASS 的方式来简化实现任务 8.4 中的响应式页面设计。

向网页添加行为

项目概要：浏览网页时经常会接触到变化的图像、滚动的新闻、弹出的广告等，这些动态效果一直被很多网友所钟爱，这也是网站具有生命力的原因之一。现在，大多数的网页动态效果是通过 JavaScript 脚本来实现的。Dreamweaver 采用了"行为"面板（也叫"行为控制器"）来完成行为中的动作和事件的设置，从而实现动态的交互效果。本项目中介绍 Dreamweaver 中内置的行为的效果和添加方法，目前比较流行的常用特效的 JavaScript 脚本及添加方法。

知识目标：了解行为的基本概念和应用，理解 Dreamweaver 内置的行为，了解 JavaScript 代码。

技能目标：能完成网页中行为的添加，完成下拉菜单的制作，滚动文字的制作，实现悬浮广告等 JavaScript 特效。

任务 9.1 了解行为

在网页设计中常用 JavaScript 编写代码嵌入 HTML 中，来实现各种网页的动态特效。但是编写脚本 JavaScript 既复杂又专业，需要专门学习，而 Dreamweaver CS6 提供的"行为"机制，虽然也是基于 JavaScript 来实现动态网页和交互的，却不需书写任何代码。在可视化环境中单击几个按钮，选择几个选项就可以实现丰富的动态页面效果，实现人与页面的常用交互。

9.1.1 认识行为

行为是某个事件和由该事件触发的动作的组合。例如，当鼠标指针移动到网页的图片上方时，图片高亮显示。此时的鼠标指针移动称为事件，图片的变化称为动作。一般的行为都是要由事件来激活动作。动作是由预先写好的能够执行某种任务的 JavaScript 代码组成，而事件是和浏览器前用户的操作相关，如单击鼠标、鼠标上滚等。

Dreamweaver CS6 中的行为将 JavaScript 代码放置到文档中，这样访问者就可以通过多种方式更改网页，或者启动某些任务。与行为相关的有 3 个重要的部分——对象、事件和动作。

1. 对象

对象(Object)是产生行为的主体,很多网页元素都可以成为对象,如网页中的图片、文字、多媒体文件等,甚至是整个页面。

2. 事件

事件(Event)是触发动态效果的原因,它可以被附加到各种页面元素上,也可以被附加到 HTML 标签中。一个事件总是针对页面元素或标签而言的,例如,将鼠标指针移到图片上(onMouseOver)、将鼠标指针放在图片之外(onMouseOut)、单击鼠标(onClick),是与鼠标有关的 3 个最常见的事件。不同的浏览器支持的事件种类和多少是不一样的,通常高版本的浏览器支持更多的事件。

3. 动作

行为通过动作(Action)来完成动态效果,如图片翻转、打开浏览器、播放声音等都是动作。动作通常是一段预先编写的 JavaScript 代码,在 Dreamweaver 中使用 Dreamweaver 内置的行为时可以自动生成对应的 JavaScript 代码,而不必自己编写。

4. 行为

将事件和动作组合起来就构成了行为。例如,将 onClick 事件与一段 JavaScript 代码相关联,单击鼠标时就可以执行这段相应的 JavaScript 代码(动作)。一个事件可以同多个动作相关联,即发生事件时可以执行多个动作。为了实现需要的效果,还可以指定和修改动作发生的顺序。

9.1.2 附加行为

添加一个行为,要先选择行为要附加到的对象,行为可以附加到整个文档,即附加到<body>标签,还可以附加到超链接、图像、表单元素或多种其他 HTML 元素的任何一种。对象选定后,在"行为"面板中,先指定一个动作,然后指定触发该动作的事件,以此将行为添加到页面中。

1. 添加"行为"的一般步骤

(1) 选择要添加行为的对象并选择需要的行为。在页面上选择一个需要添加"行为"的对象,例如一个图像或一个链接。执行菜单栏中的"窗口"→"行为"命令,打开"行为"面板,如图 9-1 所示。单击"行为"面板中的"添加行为"按钮+,从弹出的行为列表(如图 9-2 所示)中选择一个动作,如"弹出信息"命令,在打开的相应动作设置对话框中设置好各个参数后返回"行为"面板。

(2) 定义事件。行为设置好以后,就要定义事件了。在"行为"面板中,单击"事件"栏右侧的小三角形按钮,在弹出的下拉列表中选择一个合适的事件,如图 9-3 所示。

这样完成操作以后,在页面中选择一个对象,与当前所选对象相关的行为就会显示在行为列表中,如果设置了多个事件,则按事件的字母顺序进行排列。如果同一个事件有多个动作,则将以在列表上出现的顺序执行这些动作;如果行为列表中没有显示任何行为,则说明没有行为附加到当前所选的对象。如图 9-4 所示,"行为"面板中显示了 3 个行为。

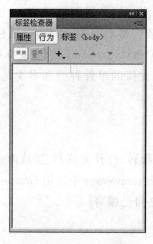

图 9-1　"行为"面板

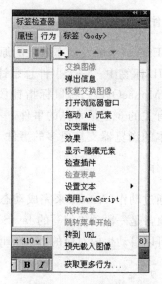

图 9-2　行为列表

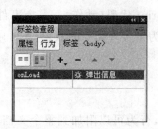

图 9-3　添加的行为

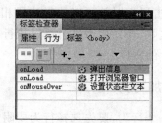

图 9-4　添加了 3 个行为

在为某一对象附加了行为之后,还可以改变触发动作的事件、添加或删除动作及改变动作的参数等。

2. 修改行为的具体操作

(1) 删除行为:将其选中然后单击"删除事件"按钮━或按 Delete 键。

(2) 改变动作参数:在"行为"面板中双击该行为名称,然后更改弹出对话框中的参数并最后单击"确定"按钮。

(3) 改变给定事件的动作顺序:选择某个动作然后单击"降低事件值"按钮▼或者单击"增加事件值"按钮▲。也可以选择该动作,然后剪切它,并将它粘贴在动作列表中所需的位置。

任务 9.2　使用 Dreamweaver CS6 内置的行为

9.2.1　用"行为"面板实现交换图像行为

"交换图像"行为通过改变＜img＞标签的 src 属性将一幅图像替换成为另外一幅图像。使用此行为可以创建鼠标指针经过按钮的效果以及其他图像效果。

【例 9-1】　用行为实现交换图像。

（1）将本书配套素材 ch9\images 文件夹中的素材复制到站点根文件夹下，新建一个空白 HTML 文档，命名为 jhtx.html，保存到站点根文件夹下，在文档中插入图像 z1.gif。

（2）在属性面板的 ID 文本框中输入图像的 ID 为 img1。

（3）在"行为"面板中单击按钮 +., 选择"交换图像"动作，在"交换图像"对话框中进行如图 9-5 所示设置，图中各参数的含义如下。

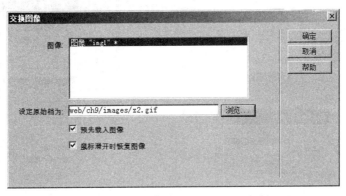

图 9-5　"交换图像"对话框

① "图像"：选择一个需要改变其源文件的图像。

② "设定原始档为"：输入新图像的文件路径和名称，或者单击"浏览"按钮选取一个新的图像文件。这里设置另外一个图像 z2.gif，作为要和 z1.gif 交换的图像。

③ "预先载入图像"：选择此项可以将新图像预先加载到浏览器缓存中，防止图像延迟。

图 9-6　"行为"面板

（4）设置完成后的"行为"面板如图 9-6 所示。

（5）设置完成后按 F12 键预览，当鼠标指针移动到图像上时，会出现图像的交换。

📖**小提示**：在网页中嵌入行为后，当用 IE 浏览器预览网页时，网页上部会出现图 9-7 所示提示，此时要选择"允许阻止的内容"选项，设定的行为效果才能正常显示。

📖**小提示**：执行"插入"→"图像对象"→"鼠标经过图像"命令也可以实现图片交换效果。

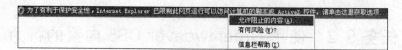

图 9-7　预览网页时提示信息

9.2.2　制作页面打开时弹出广告信息

【例 9-2】　制作页面——打开时弹出广告信息,如图 9-8 所示。

(1) 新建一个 HTML 文件,命名为 tcgg. html 并保存到站点根文件夹下。在"行为"
面板中单击 ➕ 按钮,选择"弹出信息"命令,如图 9-9 所示。

图 9-8　来自网页的广告消息　　　　图 9-9　选择"弹出信息"命令

(2) 在"弹出信息"面板的"消息"框中输入"欢迎来到中原在线网站"文字,单击"确
定"按钮,如图 9-10 所示。

(3) 在"行为"面板中修改触发事件为 onLoad,使页面加载时就弹出设置的广告信
息。设置完成后的"行为"面板如图 9-11 所示。

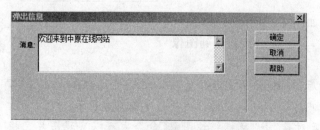

图 9-10　弹出信息图　　　　　　　图 9-11　设置完成后的"行为"面板

（4）完成设置后，按 F12 键预览，可以看到页面加载时，弹出如图 9-8 所示信息。

9.2.3 "打开浏览器窗口"行为

使用"打开浏览器窗口"行为可以在一个新的窗口中打开指定的 URL。可以指定新窗口的属性（包括其大小）、特性（它是否可以调整大小、是否具有菜单栏等）和名称。在浏览网页时，有时会同时弹出一个包含重要通知的网页或者一个广告页面，用此方法就可以实现这种效果。

【例 9-3】 设置一个网页打开时打开另一个浏览器窗口。

（1）新建一个 dkllq.html 网页，网页内容可自行设置。

（2）再新建一个 text.html 普通的网页，内容自行设定。

（3）在"行为"面板中单击按钮 **+**，选择"打开浏览器窗口"命令，如图 9-12 所示。

（4）出现"打开浏览器窗口"对话框，单击"要显示的 URL"文本框右侧的"浏览"按钮，选择刚才建立的 text.html，如图 9-13 所示。

图 9-12　选择"打开浏览器窗口"命令　　图 9-13　"打开浏览器窗口"对话框

其他选项的含义如下。

① "窗口宽度"指定窗口的宽度（以像素为单位）。"窗口高度"指定窗口的高度（以像素为单位）。

② "导航工具栏"是一行浏览器按钮（包括"后退""前进""主页"和"重新载入"）。

③ "地址工具栏"是一行浏览器选项（包括地址文本框）。

④ "状态栏"是位于浏览器窗口底部的区域，在该区域中显示消息。

⑤ "菜单条"是浏览器窗口上显示菜单（例如"文件""编辑""查看""转到"和"帮助"）的区域。如果不设置此选项，则在新窗口中只能关闭或最小化窗口。

⑥ "需要时使用滚动条"指定如果内容超出可视区域则显示滚动条。如果不设置此选项，则不显示滚动条。

⑦ "调整大小手柄"指定用户应该能够调整窗口的大小,方法是拖动窗口的右下角或单击右上角的最大化按钮。如果未显式设置此选项,则调整大小控件将不可用,右下角也不能拖动。如果"调整大小手柄"选项也关闭,则访问者将不容易看到超出窗口原始大小以外的内容。

⑧ "窗口名称"是新窗口的名称。如果要通过 JavaScript 使用超链接指向新窗口或控制新窗口,则应该对新窗口进行命名。此名称不能包含空格或特殊字符。

📖 **小提示**:如果不指定该窗口的任何属性,在打开时它的大小和属性与打开它的窗口相同。指定窗口的任何属性都将自动关闭所有其他未显式打开的属性。例如,如果不为窗口设置任何属性,它将以 800 像素×600 像素的大小打开它的窗口并具有导航条、地址工具栏、状态栏和菜单栏。如果将宽度显式设置为 400、高度设置为 300 并不设置其他属性,则该窗口将以 400 像素×300 像素的大小打开,并且不具有任何导航条、地址工具栏、状态栏、菜单栏、调整大小手柄和滚动条。

图 9-14　设置完成后的"行为"面板

(5)在"行为"面板中修改触发事件为 onLoad,使页面加载时就弹出设置的页面。完成设置后的"行为"面板如图 9-14 所示。

(6)单击"确定"按钮,按 F12 键预览,可以看到网页打开时先打开 text.html 页面。

9.2.4　制作可移动的面板

【**例 9-4**】　使用 AP Div 与行为制作可移动的面板,如图 9-15 所示。

(1)新建一个普通文件,命名为 float.html 保存到站点根文件夹下。

(2)将光标定位在第 1 行,执行菜单栏中的"插入"→"布局对象"→AP Div 命令,如图 9-16 所示。

您对2013年楼市的价格判断是
一路狂跌 ○
先跌后涨 ○
持续调整
你会选择在房展会期间购房吗
会的,早就有购房打算了 ○
不会,先看看再说 ○
如果准备购房,你的置业目的是
首次购房置业
改善居住条件 ○
父母养老
自己养老 ○
投资
为子女上学考虑 ○

图 9-15　可移动的面板

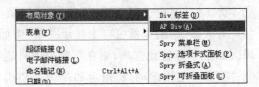

图 9-16　选择 AP Div 命令

（3）在新插入的 DIV 中制作一个页面，如图 9-15 所示。

（4）选择＜body＞标签，在"行为"面板中单击按钮 +，，选择"拖动 AP 元素"命令，如图 9-17 所示。

（5）在"拖动 AP 元素"对话框中选择"基本"选项卡，在"AP 元素"下拉列表中选择 apDiv1，单击"确定"按钮，如图 9-18 所示。

图 9-17　拖动 AP 元素　　　　　　　　图 9-18　拖动 AP 元素属性

（6）完成设置后的"行为"面板如图 9-19 所示。

（7）按 F12 键预览，可以看到在 AP Div 中的面板可以用鼠标拖动。

9.2.5　下拉菜单的制作

在 Windows 的软件中有许多下拉菜单，既外观时尚又使用方便。在下面的一个实例中，将制作一个简单的下拉菜单。

【例 9-5】　使用 AP Div 与行为制作网页中的下拉菜单，如图 9-20 所示。

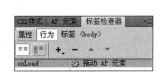

图 9-19　完成设置后的"行为"面板　　　图 9-20　设置完成后的下拉菜单

（1）新建一个普通文件命名为 xlcd.html，保存到站点根文件夹下，在编辑区中插入一个 1 行 1 列的表格，表格宽度为 202 像素，间距为 0，居中显示。表格属性设置如图 9-21 所示。

图 9-21　表格的属性

（2）在表格的第 1 行中输入"下拉菜单教学指南"字样。

（3）保持插入点在表格最左边，执行菜单栏中的"插入"→"布局对象"→AP Div 命令，插入一个 DIV，注意插入后不要移动该 DIV。

（4）将插入点放入 DIV 中，插入一个 8 行 1 列的表格，表格设置同步骤（1），在每行输入作为下拉菜单超链接的文字。完成后，选中刚才插入的 DIV，在 DIV 属性面板中，会发现 DIV 没有位置参数（即"左"和"上"两项参数为空，这说明当前位置是以表格为参照物的，也就是 DIV 与表格是相对定位的），此时通过调整"宽"和"高"来改变 DIV 的大小，结果如图 9-22 所示。

图 9-22　DIV 的设置

（5）完成 DIV 的设置后，选中该 DIV，按键盘上的向上或向下方向键微调 DIV 的位置，直到 Div 的上边框与表格的下边框重合。

📖 **小提示**：只能上下调整，而不能左右调整，要切记此点，否则 DIV 与表格的相对位置关系将被解除。

（6）按 F2 键调出"AP 元素"面板，将 DIV 的可见性设置为不可见 🐛，如图 9-23 所示，睁眼图标是可见，闭眼图标是不可见，无图标时等效于睁眼图标功能。

（7）将"下拉菜单教学指南"几个字选中，在"行为"面板中单击按钮 ➕，在弹出的下拉菜单中单击"显示-隐藏 Div"选项。

（8）在"显示-隐藏元素"对话框中，设置 apDiv1 为"显示"，如图 9-24 所示。然后单击"确定"按钮。

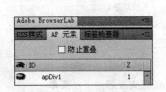

图 9-23　"AP 元素"面板

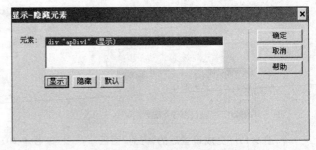

图 9-24　显示-隐藏元素（显示）

（9）重复第（7）步，新添加一个"显示-隐藏元素"动作，在"显示-隐藏元素"对话框中，设置 apDiv1 为"隐藏"，如图 9-25 所示。

（10）完成设置后，在"行为"面板中出现刚刚设置的两个行为，将第（8）步中创建的行为的触发条件修改为 onMouseOver（当鼠标指针移上时），将第（9）步中创建的行为的触发条件修改为 onMouseOut（当鼠标指针移出时），如图 9-26 所示。

（11）设置完成后按 F12 键预览，当鼠标指针移动到文字上时，会出现下拉菜单；移出时，下拉菜单消失。

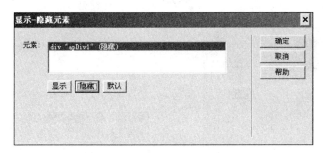

图 9-25 显示-隐藏元素（隐藏）

图 9-26 "行为"面板

9.2.6 为元素添加特殊的动画效果

效果行为的作用是为网页中的各种图像、AP Div 元素等添加特殊的动画效果，从而使网页更加具有动感。Dreamweaver CS6 预制了 7 种基本的效果动作，可以对这些网页元素进行各种带有渐进式的属性修改，如图 9-27 所示。

【例 9-6】 用"行为"面板实现图像增大/收缩效果，当鼠标指针移上图片时，图片变大；鼠标指针移出图片时，图片恢复原样。

（1）新建一个网页，在其中插入一幅图片，在属性面板中命名图片为 img1。

（2）在设计视图中选中图片，在"行为"面板中单击 +. 按钮，选择"效果"子菜单中的"增大/收缩"命令，打开"增大/收缩"对话框，在其中进行如图 9-28 所示的设置，表示要将图片 img1 在 1000 毫秒内从原始大小增大至原始大小的 2 倍。

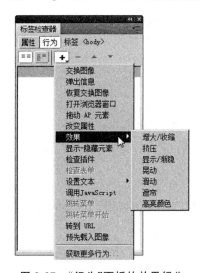

图 9-27 "行为"面板的效果行为

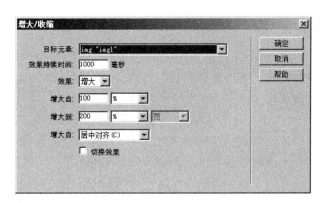

图 9-28 "增大"设置

（3）在"行为"面板中将触发事件改为 onMouseOver。

（4）重复步骤（2），再次添加"增大/收缩"行为，在"增大/收缩"对话框中进行如图 9-29 所示设置，表示要将图片 img1 在 1000 毫秒内收缩至原始大小的一半。

（5）在"行为"面板中将触发事件改为 onMouseOut。完成设置后"行为"面板如

图 9-30 所示。

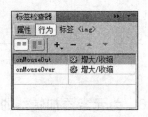

图 9-29 "收缩"设置   图 9-30 完成设置后的"行为"面板

（6）保存网页后按 F12 键预览，将鼠标指针移入、移出图片，可看到预期效果。

📖 **小提示**：在制作效果行为时，有两个方面需要注意：①有些效果动作必须附加给 DIV，必须将对象放入 DIV 才可以实现，例如滑动效果和遮帘效果；②需要附加动作的对象必须定义其 ID，然后在设置效果对话框的"目标元素"框中选择对应的对象。

效果中其他的动作读者可以用类似的方法进行试验，观察其实际效果。

任务9.3 JavaScript 行为的应用

网页嵌入技术有 JavaScript、VBScript、DOM（Document Object Model，文档对象模型）、Layers 和 CSS，这里主要介绍 JavaScript，了解其在页面中的常见应用，更多的网页嵌入技术的相关知识，可以参考相应的书籍和资料学习。

9.3.1 认识 JavaScript

JavaScript 是由 NetScape 公司开发的一种脚本语言（Scripting Language），或者称为描述语言。常用来给 HTML 网页设计特效，添加动态功能，如响应用户的各种操作等，使网页包含更多活跃的元素和更加精彩的内容。

JavaScript 和 Java 在语法上有类似，但 JavaScript 是一种脚本语言，而不是一般的程序设计语言，它不能开发独立的应用程序，只能嵌入 HTML 网页中使用。目前的浏览器基本上都能识别和执行 JavaScript 脚本语言。

不同于服务器端脚本语言，例如 PHP 与 ASP，JavaScript 是客户端脚本语言，也就是说 JavaScript 是在用户的浏览器上运行，不需要服务器的支持而可以独立运行。所以使用 JavaScript 可以减少对服务器的负担，同时 JavaScript 还有跨平台、容易上手等优点，这也是在网页设计中广泛应用 JavaScript 的重要原因。

9.3.2 调用 JavaScript

可以在网页中调用 JavaScript，指定在事件发生时要执行的自定义函数或者

JavaScript 代码。

【例 9-7】 调用 JavaScript 行为单击文字关闭窗口。

（1）新建一个空白 HTML 文档，命名为 gbck.html 并保存到站点根文件夹下。输入文字"关闭窗口"。

（2）选中文字，在"行为"面板中单击  按钮，选择"调用 JavaScript"命令，如图 9-31 所示。

（3）在"调用 JavaScript"对话框中输入要执行的 JavaScript 代码，如图 9-32 所示。此时代码视图中网页的源代码如图 9-33 所示。

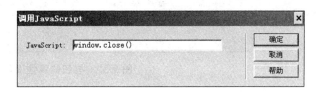

图 9-31　选择"调用 JavaScript"命令　　　　图 9-32　"调用 JavaScript"对话框

有些函数或者 JavaScript 源代码需要修改、调试以后才能正确使用。

（4）在"行为"面板中修改触发事件为 onClick。此时"行为"面板如图 9-34 所示。

图 9-33　调用 JavaScript 源代码

图 9-34　"行为"面板

（5）保存网页后按 F12 键预览。此时单击文字"关闭窗口"，弹出如图 9-35 所示对话框，选择"是"按钮，可以关闭窗口。

9.3.3　单击按钮背景颜色变换

【例 9-8】 调用 JavaScript，使用鼠标单击按钮后背景的颜色会发生变化，如图 9-36

所示。

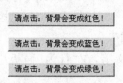

图 9-35　关闭窗口对话框　　　　　图 9-36　单击按钮背景颜色变换

具体实现的步骤如下。

（1）新建一个空白 HTML 文档，命名为 ysbh. html 保存到站点根文件夹下。

（2）执行菜单栏中的"插入"→"表单"→"表单"命令。

（3）执行菜单栏中的"插入"→"表单"→"按钮"命令。插入 3 个按钮，3 个按钮在表单属性面板中的"值"分别为"请点击：背景会变成红色！""请点击：背景会变成蓝色！""请点击：背景会变成绿色！"，"动作"为"无"。如图 9-37 所示为其中一个按钮的属性设置。

图 9-37　按钮的属性设置

（4）单击"请点击：背景会变成红色！"按钮，在"行为"面板中单击按钮 ⬦，选择"调用 JavaScript"命令，在"调用 JavaScript"对话框中输入 document. bgColor = 'red'，如图 9-38 所示。另两个按钮执行同样的设置，区别是在"调用 JavaScript"对话框中输入的分别为 document. bgColor = 'blue' 与 document. bgColor = 'green'，如图 9-39 和图 9-40 所示。

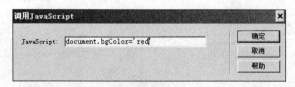

图 9-38　"调用 JavaScript"对话框（红色）

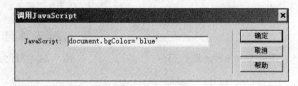

图 9-39　"调用 JavaScript"对话框（蓝色）

（5）选中一个按钮时，对应的"行为"面板如图 9-41 所示。

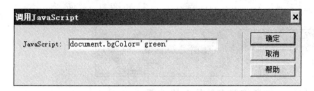

图9-40 "调用JavaScript"对话框（绿色）

图9-41 "行为"面板

（6）保存网页后按F12键预览。单击各个按钮，背景图像颜色产生相应的变化。其代码如图9-42所示。

```
2  <html xmlns="http://www.w3.org/1999/xhtml">
3  <head>
4  <meta http-equiv="Content-Type" content="text/html; charset=gb2312" />
5  <title>JavaScript对象使用属性示例</title>
6  <script type="text/javascript">
7  function MM_callJS(jsStr) { //v2.0
8    return eval(jsStr)
9  }
10 </script>
11 </head>
12
13 <body>
14 <form><input type="button" onclick="MM_callJS('document.bgColor=\'red\'')" value="请点击：背景会变成红色！" />
15
16 <br />
17 <br />
18 <input type="button" onclick="MM_callJS('document.bgColor=\'blue\'')" value="请点击：背景会变成蓝色！" />
19 <br />
20 <br />
21 <input type="button" onclick="MM_callJS('document.bgColor=\'green\'')" value="请点击：背景会变成绿色！" />
22 </form>
23 <p> </p>
24 </body>
25 </html>
```

图9-42 单击按钮背景颜色变换代码

📖**小提示**：网页的背景颜色可以用预定义对象document的bgColor属性表示，将字符串red赋给bgColor属性，单击此按钮时，这个按钮的onClick事件处理器设置document.bgColor属性，将当前文档的背景色改为红色。

9.3.4 添加到收藏夹和设为首页

【例9-9】 在网页中实现添加到收藏夹和设为首页功能。

（1）新建一个空白HTML文档，命名为swsy.html并保存到站点根文件夹下。在swsy.html中输入文字"设为首页"，按Enter键后输入文字"添加到收藏夹"。

（2）选择"设为首页"，在"行为"面板的第1行第1列选择onClick，第2列输入this.style.behavior='url(♯default♯homepage)'，第2行第1列选择onClick，第2列输入this.setHomePage('http://www.zyonline.com.cn/')，如图9-43所示。

（3）选择"设为首页"，将其超链接设置为♯，如图9-44所示。

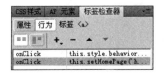

图9-43 "行为"面板

图9-44 将超链接设置为♯

（4）选择"添加到收藏夹"，将其超链接设置为"JavaScript：window.external

.AddFavorite('http://www.zyonline.com.cn/','中原在线')", 如图9-45所示。

图 9-45　添加到收藏夹的超链接设置

（5）保存文件，按F12键预览，单击"设为首页"按钮，弹出如图9-46所示的对话框，可以实现将网页设为首页的功能。

（6）单击"添加到收藏夹"按钮，弹出如图9-47所示的对话框，可以实现将网页添加到收藏夹的功能。

图 9-46　设为首页

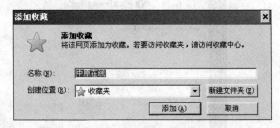

图 9-47　添加到收藏夹

9.3.5　在网页中嵌入JavaScript脚本

在网页中使用JavaScript时，可以自己书写这些JavaScript代码，也可以使用网络上免费发布的各种JavaScript库。在网页中嵌入JavaScript脚本有多种方法，具体说明如下。

1. 使用<Script>标签嵌入脚本

在网页中一般使用<Script>标签嵌入JavaScript脚本，也就是将脚本代码放在<Script>与</Script>标记符之间。上面几个例子就是这种形式的。在嵌入JavaScript脚本时，可以设置type="text/javascript"属性值，也可不设置，因为默认脚本类型也为JavaScript。例如：

```
<script type="text/javascript">
//JavaScript脚本代码
</script>
```

或者

```
<script >
//JavaScript脚本代码
</script>
```

2. 导入外部JavaScript文件

对于代码比较多的JavaScript程序或者经常重复使用的程序，可以考虑将这些代码

放在外部文件中,然后通过<Script>元素载入。例如:

```
<script src="jsFileName.js">  </script>
```

如果没有设置 src 属性,则可以在 script 元素中编写任意形式的 JavaScript 代码,但是一旦设置了 src 特性,那么 script 元素包含的任意代码就可能无效,具体还要看不同的浏览器是如何处理的。因此,如果在页面中既包含内嵌的 JavaScript 脚本,又包含外部 JavaScript 文件,则可以考虑分开书写,如下所示:

```
<script src="jsFileName.js">  </script>
<script >
//JavaScript 脚本代码
</script>
```

9.3.6 JavaScript 脚本在文档中的位置

<script>标签可以被嵌入网页中的任何位置,如文档顶部,<head>和</hcad>标签之间,<body>标签内部等,浏览器都可以正确地解析它们。但其放置位置有时会影响其运行的结果。例如,想用 JavaScript 脚本来定义页面中显示的字体大小是 10px,如果进行如下设置。

```
<html >
<head>
<script  type="text/javascript" language="javascript">
    document.getElementById("box").style.fontSize="10px";
</script>
</head>
<body>
<div id="box">盒子内容</div>
</body>
</html>
```

在浏览器中预览时,会发现页面中包含的文本的字号并没有变化。但是,如果将 JavaScript 脚本放在"<div id="box">盒子内容</div>"之后,脚本就能够起到作用,其代码如下。

```
<html >
<head>
</script>
</head>
<body>
<div id="box">盒子内容</div>
<script  type="text/javascript" language="javascript">
    document.getElementById("box").style.fontSize="10px";
</body>
</html>
```

因为浏览器是按照从上到下的顺序来解析网页源代码的。只要脚本所属的那部分页面被载入浏览器,脚本就会被执行。而在解析 JavaScript 脚本时,由于<div id="box">标签还没有被解析,因此脚本引擎就无法找到 ID 为 box 的元素而失去作用,所以"盒子内容"字符串依然显示为默认的字体大小。

在没有强制规定的情况下,养成良好的书写习惯将会受益匪浅。<script>标签一般写在<head>和</head>标签之间,或者<body>和</body>之间。一般建议将全局变量、变量初始化或者自定义函数单独放在一个<script>标签中,置于<head>和</head>标签之间,这样在显示页面主体后,JavaScript 代码就被完全加载到浏览器中,可供随时调用。而对于函数调用等可立即执行的脚本则建议放置在<body>标签内部。

9.3.7　实现悬浮广告特效

【例 9-10】　实现悬浮广告特效。

(1) 将本书配套素材 ch9\images 文件夹中的素材复制到站点根文件夹下,新建一个空白 HTML 文档,命名为 xfgg.html,保存到站点根文件夹下。

(2) 单击<body>标签,将下面的代码粘贴到<body>后面。

```html
<div id="codefans_net" style="position:absolute">
    <!--链接地址--><a href="#" target="_blank">
    <!--图片地址--><img src="/images/logo.gif" border="0"></a>
</div>
<script>
var x=50,y=60
var xin=true, yin=true
var step=1
var delay=10
var obj=document.getElementById("codefans_net")
function float(){
    var L=T=0
    var R=document.body.clientWidth-obj.offsetWidth
    var B=document.body.clientHeight-obj.offsetHeight
    obj.style.left=x+document.body.scrollLeft
    obj.style.top=y+document.body.scrollTop
    x=x+step* (xin?1:-1)
    if(x<L){ xin=true; x=L}
    if(x>R){ xin=false; x=R}
    y=y+step* (yin?1:-1)
    if(y<T){ yin=true; y=T }
    if(y>B){ yin=false; y=B }
}
var itl=setInterval("float()", delay)
obj.onmouseover=function(){clearInterval(itl)}
obj.onmouseout=function(){itl=setInterval("float()", delay)}
</script>
```

(3) 保存文件,按 F12 键预览,可以看到飘动的悬浮广告效果。

9.3.8 实现滚动图片特效

【例 9-11】 实现滚动图片特效。

（1）将本书配套素材 ch9\images 文件夹中的素材复制到站点根文件夹下，新建一个空白 HTML 文档，命名为 gdtp.html，保存到站点根文件夹下。

（2）单击＜body＞标签，将下面的代码粘贴到＜body＞后面。

```
<script language="JavaScript1.2">
var sliderwidth=300
var sliderheight=150
var slidespeed=3
slidebgcolor="#EAEAEA"
var leftrightslide=new Array()
var finalslide=''
leftrightslide[0]='<a href="#"><img src="images/01.jpg" border=1></a>'
leftrightslide[2]='<a href="#"><img src="images/02.jpg" border=1></a>'
leftrightslide[3]='<a href="#"><img src="images/03.jpg" border=1></a>'
var copyspeed=slidespeed
leftrightslide='<nobr>'+leftrightslide.join(" ")+'</nobr>'
var iedom=document.all||document.getElementById
if(iedom)
    document.write('<span id="temp" style="visibility:hidden;
        position:absolute;top:-100;left:-3000">'+leftrightslide+'</span>')
var actualwidth=''
var cross_slide, ns_slide

function fillup(){
    if(iedom){
        cross_slide=document.getElementById? document.getElementById
        ("test2"): document.all.test2
        cross_slide2=document.getElementById? document.getElementById
        ("test3"): document.all.test3
        cross_slide.innerHTML=cross_slide2.innerHTML=leftrightslide
        actualwidth=document.all? cross_slide.offsetWidth : document
        .getElementById("temp").offsetWidth
        cross_slide2.style.left=actualwidth+20
    }
    else if(document.layers){
        ns_slide=document.ns_slidemenu.document.ns_slidemenu2
        ns_slide2=document.ns_slidemenu.document.ns_slidemenu3
        ns_slide.document.write(leftrightslide)
        ns_slide.document.close()
        actualwidth=ns_slide.document.width
        ns_slide2.left=actualwidth+20
        ns_slide2.document.write(leftrightslide)
        ns_slide2.document.close()
    }
    lefttime=setInterval("slideleft()",30)
```

```
        }
    window.onload=fillup

    function slideleft(){
        if(iedom){
            if(parseInt(cross_slide.style.left)>(actualwidth* (-1)+8))
                cross_slide.style.left=parseInt(cross_slide.style.left)-copyspeed
            else
                cross_slide. style. left = parseInt (cross _ slide2. style. left ) +
                actualwidth+30

            if(parseInt(cross_slide2.style.left)>(actualwidth* (-1)+8))
                cross_slide2.style.left=parseInt(cross_slide2.style.left)-copyspeed
            else
                cross_slide2.style.left=parseInt(cross_slide.style.left)+
                actualwidth+30

        }
        else if(document.layers){
            if(ns_slide.left>(actualwidth* (-1)+8))
                ns_slide.left-=copyspeed
            else
                ns_slide.left=ns_slide2.left+actualwidth+30

            if(ns_slide2.left>(actualwidth* (-1)+8))
                ns_slide2.left-=copyspeed
            else
                ns_slide2.left=ns_slide.left+actualwidth+30
        }
    }
    if(iedom||document.layers){
        with(document){
            document.write('<table border="0" cellspacing="0" cellpadding="0"
            ><td>')
            if(iedom){
                write('<div style="position:relative;width:'+sliderwidth+
                ';height:'+ sliderheight+';overflow:hidden">')
                write('<div style="position:absolute;width:'+sliderwidth+
                ';height:'+ sliderheight+';background-color:'+slidebgcolor+
                '" onMouseover="copyspeed=0" onMouseout="copyspeed=slidespeed">')
                write('<div id="test2" style="position:absolute;left:0;top:0"
                ></div>')
                write('<div id="test3" style="position:absolute;left:-1000;
                top:0"></div>')
                write('</div></div>')
            }
            else if(document.layers){
                write('<ilayer width='+sliderwidth+' height='+sliderheight+
                ' name="ns_slidemenu" bgColor='+slidebgcolor+'>')
```

```
        write('<layer name="ns_slidemenu2" left=0 top=0 onMouseover=
        "copyspeed=0" onMouseout="copyspeed=slidespeed"></layer>')
        write('<layer name="ns_slidemenu3" left=0 top=0 onMouseover=
        "copyspeed=0" onMouseout="copyspeed=slidespeed"></layer>')
        write('</ilayer>')
    }
    document.write('</td></table>')
    }
}
</script>
```

（3）保存文件，按 F12 键预览，可以看到页面中图片的滚动效果。

9.3.9 实现鼠标跟随特效

在浏览有些网页时，会发现移动鼠标指针时有飘动的图片或者文字跟随光标移动，这就是鼠标跟随特效。下面介绍用 JavaScript 实现鼠标跟随特效。

【例 9-12】 实现鼠标跟随特效。

（1）将配套素材中 ch9\images 文件夹中的素材复制到站点根文件夹下，新建一个空白 HTML 文档，命名为 gstx.html，保存到站点根文件夹下。

（2）将下面关于 CSS 样式和 JavaScript 的代码粘贴到<head>和</head>标签之间。

```
<style type="text/css">
#tx{
    width: 203px;
    height: 232px;
    font: 14px/20px arial;
    text-align: center;
    position: absolute;
    left: -19px;
    top: -88px;
}
</style>
<script>
    window.onload=function(){
    var oTop=document.getElementById("tx");
    document.onmousemove=function(evt){
        var oEvent=evt || window.event;
        var scrollleft=document.documentElement.scrollLeft || document.body.
                    scrollLeft;
        var scrolltop = document.documentElement.scrollTop || document.body.
                    scrollTop;
        oTop.style.left=oEvent.clientX+scrollleft+10+"px";
        oTop.style.top=oEvent.clientY+scrolltop+10+"px";
    }
    }
</script>
```

（3）将下面的代码插入＜body＞和＜/body＞标签之间。

```
<div id="tx">
    <img src="image/hd1.gif" width="253" height="230" />
</div>
```

（4）保存网页，按 F12 查看鼠标跟随效果。

项 目 小 结

本项目主要讲述了"行为"面板、JavaScript 特效，它们的功能都是对网页进行修饰和点缀，实现一些特殊的功能，所以单纯从制作网页上讲它们不是必需的，但对于一个成功的网页来说，它们又是必不可少的。本章通过例子来讲解这些功能的位置和用法，并以此为基础引导读者自己去创意，从而提高水平。

项 目 实 训

实训 9.1   制作下拉菜单

制作如图 9-48 所示的下拉菜单，保存为 s9-01. html 文件。

网页制作	操作系统	软件教学	网络编程
html教程			
CSS教程			
javascript教程			

图 9-48　菜单效果

实训 9.2   实现 JavaScript 特效

（1）将 s9-01. html 文件背景设置为蓝色，二级菜单背景设为浅灰色，并实现鼠标跟随特效。

（2）将 s9-01. html 文件右上位置添加收藏夹和设为首页。

（3）将 s9-01. html 文件增加一个悬浮广告。

实训 9.3   给校园新闻网添加行为

对网页文件 ch9\shx\s9-02. html 做如下设置。

（1）左边的校园新闻自下而上滚动播放，如图 9-49 所示。

（2）鼠标指针移入，新闻滚动停下；鼠标指针移出后，自动播放新闻。

（3）打开文件后文件弹出一个对话框，如图 9-50 所示。

图 9-49 校园新闻滚动窗口

图 9-50 弹出对话框

制 作 表 单

项目概要：表单是用户和服务器之间数据交换的桥梁，表单的作用是收集用户信息。静态网页只能被动地显示数据，当用户需要自主地选择数据时需要和服务器进行交互，交互的信息就要求添加到表单中，由用户填写后提交给服务器端程序执行，服务器执行后的结果再以网页的形式反馈到用户浏览器，因此，使用表单是设计动态网页的基础。

本项目介绍表单的建立方法，表单中常见的表单对象的使用方法和常用 Spry 构件的应用。

知识目标：认识表单，认识 Spry 构件，掌握插入各种表单对象的方法，掌握插入 Spry 构件的方法。

技能目标：会在页面中熟练使用表单对象和常用 Spry 构件建立常见的表单页面。

任 务 10.1 认 识 表 单

10.1.1 案例导入——制作"注册会员申请"页面

表单(Form)可以收集用户的信息和反馈意见，常常用于实现用户注册、登录、投票等功能，是网站管理者与浏览者之间沟通的桥梁。如图 10-1 所示的会员注册即为一个表单。

10.1.2 插入表单和表单对象

表单包括两个部分：一部分是 HTML 源代码，用于描述表单（例如，域、标签和用户在页面上看见的按钮）；另一部分是脚本或应用程序，用于处理提交的信息（如 CGI 脚本）。不使用处理脚本就不能实现搜集表单数据的功能。

一个表单有以下 3 个基本组成部分。

(1) 表单标签：这里面包含处理表单数据所用 CGI 程序的 URL 以及数据提交到服务器的方法。

(2) 表单域：放置表单对象的区域，包含文本框、密码框、隐藏域、多行文本框、复选框、单选按钮、下拉列表框和文件上传框等表单对象。

(3) 表单按钮：包括提交按钮、复位按钮和一般按钮；用于将数据传送到服务器上的

注册信息

姓名

职业

详细地址

邮编

省市

国家
China ▾

Email

电话
［　　　］- ［　　　　　　］
提交

图 10-1　会员注册

CGI 脚本或者取消输入,还可以用表单按钮来控制其他定义了处理脚本的处理工作。

在静态网页的部分,主要讲述如何实现表单的样式,即实现表单域里各种表单对象的添加和布局。

在创建表单时首先要插入一个表单域,表单的所有内容都是放在表单域中的。通常用下面的两种方法之一创建表单域。

(1) 在 HTML 文档中将光标移动到需要添加表单的位置上,执行菜单栏中的"插入"→"表单"→"表单"命令。

(2) 选择"窗口"→"插入"选项,即可打开"插入"面板。在"插入"面板中选择"表单"选项,单击"表单"图标□,如图 10-2 所示。

文档窗口中创建好的表单域是一个由红色虚线围成的框,如图 10-3 所示。

📖**小提示**:如果看不到红色虚线框,则执行"查看"→"可视化助理"→"不可见元素"命令。

插入表单域以后,在代码视图中可以查看到其源代码如下。

```
<form id="form1" name="form1"
    method="post" action="">
</form>
```

在文档中单击表单红色框线,在编辑窗口的下面出现了如图 10-4 所示的表单属性面板,

图 10-2　在"插入"面板中选择"表单"选项

图 10-3　插入表单

图 10-4　表单属性面板

其中各选项的含义如下。

（1）"表单 ID"：在"表单 ID"文本框中输入一个唯一的名称来标识表单，如 form1。

（2）"动作"：在"动作"文本框中指定将要处理表单信息的脚本或者应用程序所在的 URL 路径。可以直接输入，也可以单击文本框旁边的文件夹图标来获得。

（3）"目标"：在"目标"下拉列表中选择返回数据的窗口的打开方式。

（4）"方法"：在"方法"下拉列表中选择要处理表单数据的方式。

（5）"编码类型"：在"编码类型"下拉列表中选择表单数据在被发送到服务器之前应该如何加密编码。

在 Dreamweaver CS6 中，表单输入类型称为表单对象。表单对象是允许用户输入数据的机制。

将光标移动到表单域内要插入表单对象的位置，选择下列方法之一即可插入表单对象。

（1）执行菜单栏中的"插入"→"表单"命令，在子菜单中选择表单对象。

（2）在"插入"面板中选择"表单"选项，单击各种表单对象的图标，如图 10-5 所示。

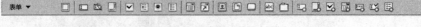

图 10-5　"表单"工具栏

10.1.3 设置常用表单对象的属性

选中表单,可以在属性面板中设置表单对象的属性选项。

1. 文本域

文本域 ▢ 用于接收文本、数字和字符,可以单行,也可以多行显示。文本域的属性面板如图 10-6 所示,各选项的含义如下。

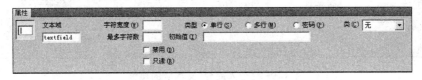

图 10-6 文本域属性面板

(1)"字符宽度":指定域中最多可显示的字符数。

(2)"最多字符数":指定在单行文本域中最多可输入的字符数。如果保留为空白,则可以输入任意数量的文本。如果文本超过域的字符宽度,文本将滚动显示。如果用户的输入超过了最多字符数,则表单会发出警告声。

(3)"行数":(在选中了"多行"选项时可用)设置多行文本域的域高度。

(4)"换行":(在选中了"多行"选项时可用)指定当用户输入的信息较多以致无法在定义的文本区域内显示时,如何显示用户输入的内容。

(5)"类型":指定域为单行、多行还是密码域。

(6)多行:生成一个 textarea 标签。"字符宽度"设置映射为 cols 属性,"行数"设置映射为 rows 属性。

(7)"密码":当用户在密码文本域中输入密码时,输入内容显示为项目符号或星号,以保护它不被其他人看到。

(8)"初始值":指定在首次加载表单时域中显示的值。例如,可以通过在域中包含说明或示例值的形式,指示用户在域中输入信息。

(9)"类":可以将 CSS 规则应用于对象。

【例 10-1】 制作如图 10-7 所示的文本域。

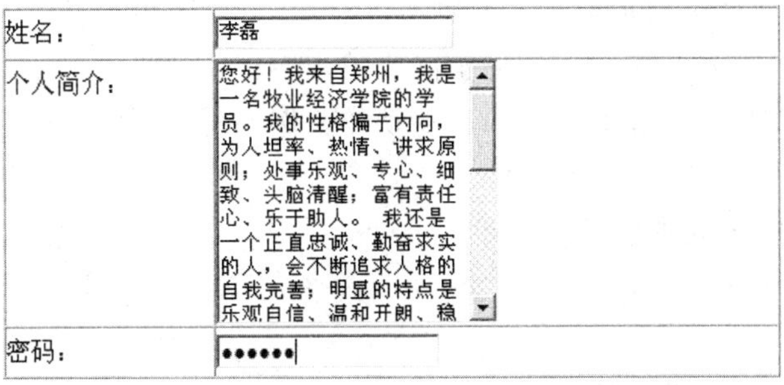

图 10-7 文本域示例

（1）执行菜单栏中的"插入"→"表单"→"表单"命令。

（2）光标指向表单首行，执行菜单栏中的"插入"→"表格"命令，插入 3 行 2 列的表格，表格宽度为 500 像素。

（3）第 1 列分别写上"姓名："""个人简介：""密码："，然后执行菜单栏中的"插入"→"表单"→"文本域"命令，在第 2 列分别插入 3 个"文本域"，其属性面板中的"类型"分别选择"单行""多行""密码"，如图 10-8 所示。

图 10-8　"个人简介"文本域的属性

（4）保存后按 F12 键预览，在这三个文本域填入字符观察不同文本字段的效果。

2．按钮

按钮□通常用来制作"提交"和"重置"按钮，或者调用其他操作的按钮。按钮对象的属性面板如图 10-9 所示，各选项的含义如下。

图 10-9　按钮对象的属性

（1）"按钮名称"：为该按钮指定一个名称。"提交"和"重置"是两个保留名称，"提交"通知表单将表单数据提交给处理应用程序或脚本，而"重置"则将所有表单域重置为其原始值。

（2）"值"：确定按钮上显示的文本。

（3）"动作"：确定单击该按钮时发生的动作。

（4）"提交表单"：在用户单击该按钮时提交表单数据以进行处理。该数据将被提交到在表单的"动作"属性中指定的页面或脚本。

（5）"重设表单"：在单击该按钮时清除表单内容。

（6）"无"：指定单击该按钮时要执行的动作。例如可以添加一个 JavaScript 脚本，使当用户单击该按钮时打开另一个页面。

（7）"类"：将 CSS 规则应用于对象。

3．复选框

复选框☑的属性面板如图 10-10 所示，各选项的含义如下。

（1）"复选框名称"：输入一个名称。

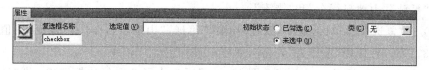

图 10-10　复选框的属性

（2）"选定值"：输入一个选中该复选框时要发送给服务器端的应用程序或者处理脚本的值。

（3）"初始状态"：选择浏览器首次加载时该选项是处于"未选中"还是"已勾选"状态。

单击"插入复选框组"按钮，将弹出"复选框组"对话框，如图 10-11 所示，其中各选项的含义如下。

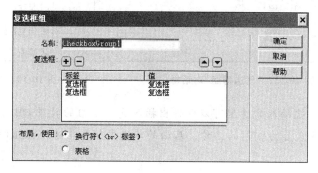

图 10-11　"复选框组"对话框

（1）"名称"：输入一个名称。

（2）"复选框"："＋"表示增加一个复选框，"－"表示删除一个复选框。

（3）单击向上、向下按钮对复选框排序。

（4）"标签"：单击"标签"下面的"复选框"，可以输入一个新名称。

（5）"值"：单击"值"下面的"复选框"，可以输入一个新值。

（6）"布局，使用"：选择以哪一种方式对单选按钮布局。

设置完成后，单击"确定"按钮，退出"复选框组"对话框，在文档中就会插入一组复选框。

选中复选框组中的任一个复选框，会出现复选框的属性面板，如图 10-12 所示。

图 10-12　复选框组中各复选框的属性

【例 10-2】　插入如图 10-13 所示的复选框组。

（1）执行菜单栏中的"插入"→"表单"→"复选框组"命令，插入 4 个复选框，分别为

"冲浪""足球""山地自行车"和"漂流"。

（2）在"复选框组"对话框中,设置"冲浪""足球""山地自行车"和"漂流"的值分别为0、1、2、3。"布局,使用"选择为"表格",如图 10-13 所示。

（3）保存文件,按 F12 键预览。图 10-14 显示选中了 3 个复选框选项:即"冲浪""山地自行车"和"漂流"。

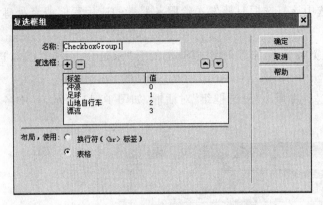

图 10-13　"复选框组"对话框

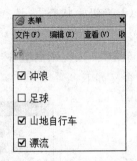

图 10-14　复选框组示例

📖小提示:多次插入复选框可以制作出插入复选框组的效果,但需要注意的是在一组中的复选框需要设置为相同的名称。后面的单选按钮和单选按钮组同理。

4．单选按钮

单选按钮◉代表互相排斥的选择。单选按钮的属性面板如图 10-15 所示,各选项的含义如下。

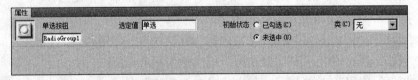

图 10-15　单选按钮的属性

（1）"选定值":设置在该单选按钮被选中时发送给服务器的值。例如可以在"选定值"文本框中输入"滑雪",指示用户选择"滑雪"。

（2）"初始状态":确定在浏览器中加载表单时,该单选按钮是否处于选中状态。

（3）"类":将 CSS 规则应用于对象。

【例 10-3】　插入单选按钮组,如图 10-16 所示。

（1）执行菜单栏中的"插入"→"表单"→"单选按钮组"命令,插入 1 个有 4 个单选按钮的单选按钮组,分别为"冲浪""足球""山地自行车"和"漂流"。

（2）在"单选按钮组"对话框中,"冲浪""足球""山地自行车"和"漂流"的值分别设置为 0、1、2、3。"布局,使用"选择为"表格",如图 10-17 所示。

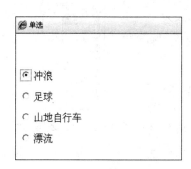

图 10-16　单选按钮

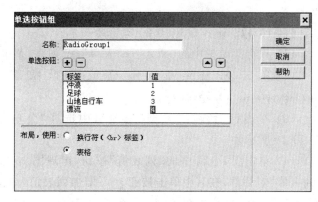

图 10-17　单选按钮组

（3）单击任意一个"按钮"，会发现"单选按钮"的名称都是 RadioGroup1，而"选定值"不同，如图 10-18 所示。

图 10-18　各单选按钮的选定值不同

（4）保存文件，按 F12 键预览，可以在这 4 个中进行单选，实现了单选按钮的效果。

5．列表/菜单

列表/菜单圖的属性面板如图 10-19 所示，各选项的含义如下。

图 10-19　列表/菜单的属性

（1）"选择"：为该列表求菜单指定一个名称。该名称必须是唯一的。

（2）"类型"：指定该对象是单击时下拉的菜单（"菜单"选项），还是显示一个列有项目的可滚动列表（"列表"选项）。如果希望表单在浏览器中显示时仅有一个选项可见，则选择"菜单"选项。若要显示其他选项，则必须单击向下箭头。选择"列表"选项可以在浏览器显示表单时列出一些或所有选项，以便用户可以选择多个项。

（3）"高度"：（仅"列表"类型）设置菜单中显示的项数。

（4）"选定范围"：（仅"列表"类型）指定用户是否可以从列表中选择多个项。

（5）"列表值"：打开一个对话框，可通过它设置表单菜单中的各个项。

（6）"类"：可以将 CSS 规则应用于对象。

（7）"初始化时选定"：设置列表中默认选定的菜单项。单击列表中的一个或多个菜单项。

【例10-4】 制作如图10-20所示的菜单。

（1）执行菜单栏中的"插入"→"表单"→"列表/菜单"命令。

（2）单击列表菜单 框或选择状态栏中的 `<body><form#form1><select#select>`。

（3）在属性面板的"类型"选项组中选择"菜单"选项，如图10-21所示。

图10-20 "列表"菜单

（4）单击图10-21中的"列表值"按钮，出现图10-22所示的"列表值"对话框，在其中单击按钮 **+** 可增加列表值，单击按钮 **−** 可删除列表值，制作如图10-22所示的列表。

图10-21 设置菜单的属性

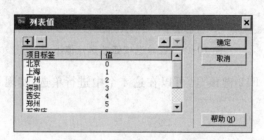

图10-22 "列表值"对话框

（5）选择当前菜单，在下方的属性面板中，设置"初始化时选定"为"北京"，如图10-23所示。

图10-23 设置菜单初始值

（6）保存文件，按F12键预览。

6. 跳转菜单

跳转菜单 是可导航的列表或弹出菜单，使用它可以插入一个菜单，其中的每个选项都链接到某个文档或文件。

【例10-5】 制作如图10-24所示的跳转菜单。

（1）执行菜单栏中的"插入"→"表单"→"跳转菜单"命令。

（2）在"插入跳转菜单"对话框中单击按钮⊕，将"文本"设置为"新浪"，在"选择时，转到 URL"文本框中输入新浪网址 http://www.sina.com.cn，在"选项"中选择"菜单之后插入前往按钮"（不选择此项则直接打开链接），如图 10-25 所示。

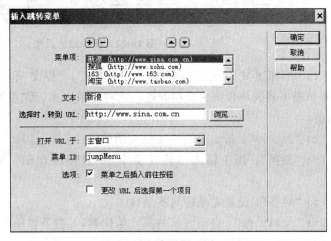

图 10-24　跳转菜单示例

图 10-25　插入跳转菜单

（3）重复步骤（2），增加搜狐、163、淘宝、腾讯等网站。单击按钮⊟可删除菜单项，单击按钮▲、▼可改变菜单项的顺序。

（4）保存文件，按 F12 键预览，单击各个超链接能转到相应的地址。

7．文件域

文件域▣可以用来浏览计算机上的某个文件并将该文件作为表单数据上传。文件域的属性面板如图 10-26 所示，各选项的含义如下。

图 10-26　文件域的属性

（1）"文件域名称"：指定该文件域对象的名称。

（2）"字符宽度"：指定域中最多可显示的字符数。

（3）"最多字符数"：指定域中最多可容纳的字符数。如果用户通过浏览来定位文件，则文件名和路径可超过指定的"最多字符数"的值。但是，如果用户尝试输入文件名和路径，则文件域最多仅允许输入"最多字符数"值所指定的字符数。

8．图像域

使用图像域▣可生成图形化按钮，例如"提交"或"重置"按钮。如果使用图像来执行任务而不是提交数据，则需要将某种行为附加到该对象上。

插入图像域时将出现"选择图像源文件"对话框,在该对话框中为图像域选择图像文件。图像域的属性面板如图 10-27 所示,各选项的含义如下。

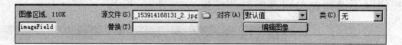

图像区域, 110K　　源文件(S) _153914168131_2.jpg　　对齐(A) 默认值　　类(C) 无
imageField　　　替换(T)　　　　　　　　　　　　　　　编辑图像

图 10-27　图像域的属性

(1)"图像区域":为该按钮指定一个名称。"提交"和"重置"是两个保留名称,"提交"通知表单将表单数据提交给处理应用程序或脚本,而"重置"则将所有表单域重置为其原始值。

(2)"源文件":指定要为该按钮使用的图像。

(3)"替换":用于输入描述性文本,一旦图像在浏览器中加载失败,将显示这些文本。

(4)"对齐":设置对象的对齐属性。

(5)"编辑图像":启动默认的图像编辑器,并打开该图像文件以进行编辑。

(6)"类":可以将 CSS 规则应用于对象。

10.1.4　用 CSS 美化表单

可以使用 CSS 设置表单样式,可以直接为任意一个表单对象定义样式。由于大部分表单都是用 input 标签元素定义,表单的名称被用来传递数据的句柄,因此一般通过类来定义表单样式。下面通过一个例子具体学习。

新建一个网页,在页面中插入一个表单,表单的具体内容如下:

```
<form id="form1" name="form1" method="post" action="">
  <p>文本框:
    <input type="text" name="textfield" id="textfield" />
  </p>
  <p>文本区域:
    <textarea name="textarea" id="textarea" cols="45" rows="5" ></textarea>
  </p>
  <p>复选框:
    a<input type="checkbox" name="checkbox" id="checkbox" />
    b<input type="checkbox" name="checkbox2" id="checkbox2" />
    c<input type="checkbox" name="checkbox3" id="checkbox4" />
  </p>
  <p>单选钮:
    一<input type="radio" name="radio" id="radio" value="radio" />
    二<input type="radio" name="radio" id="radio2" value="radio2" />
    三<input type="radio" name="radio" id="radio3" value="radio3" />
  <p>下拉菜单:
    <select name="select" id="select">
      <option value="1">A</option>
      <option value="2">B</option>
      <option value="3">C</option>
```

```
        </select>
    </p>
    <p>
        <input type="submit" name="button"  id="button" value="提交" />
        <input type="reset"  name="button2" id="button2" value="重置" />
    </p>
    </form>
```

考虑表单的后期设计,表单与页面整体布局和色彩的协调控制,表单域的易用性等一系列因素,需要使用合适的布局元素来优化表单的各个控件。HTML 主要提供了 3 种专用元素来优化表单控件。

(1) fieldset。定义字段集,相当于一个方框,在字段集中可以包含文本和其他元素。钙元素用于对表单中的元素进行分组并在文档中区别标出文本。fieldset 元素可以嵌套。

(2) legend。legend 可以在 fieldset 对象绘制的矩形框内插入一个标题。legend 元素必须是 fieldset 内的第一个元素,legend 元素和 fieldset 元素都是块元素。

(3) label。label 元素用来定义标签,为页面上的其他元素制定提示信息。可以通过将 label 元素的 for 属性值设置和其他控件的 id 相同的方式绑定两个对象。

利用这 3 个专用元素对表单进行优化可以得到如下的表单。

```
<form id="form1" name="form1" method="post" action="">
  <fieldset>
  <legend>表单美化</legend>
  <p>
        <label for="textfield">文本框:</label>
        <input type="text" name="textfield" id="textfield" />
  </p>
  <p>
        <label for="textarea">文本区域:</label>
        <textarea name="textarea" id="textarea" cols="45" rows="5" ></textarea>
  </p>
  <p>复选框:
        <label for="checkbox" >a</label>
        <input type="checkbox" name="checkbox" id="checkbox" />
        <label for="checkbox2" >b</label>
        <input type="checkbox" name="checkbox2" id="checkbox2" />
        <label for="checkbox3" >c</label>
        <input type="checkbox" name="checkbox3" id="checkbox4" />
  </p>
  <p>单选钮:
        <label for="radio" >一</label>
        <input type="radio" name="radio" id="radio" value="radio" />
        <label for="radio2" >二</label>
        <input type="radio" name="radio" id="radio2" value="radio2" />
        <label for="radio3" >三</label>
        <input type="radio" name="radio" id="radio3" value="radio3" />
  <p>
        <label for="select" >下拉菜单:</label>
```

```
    <select name="select" id="select">
        <option value="1">A</option>
        <option value="2">B</option>
        <option value="3">C</option>
    </select>
</p>
<p>
    <input type="submit" name="button"  id="button" value="提交" />
    <input type="reset"  name="button2" id="button2" value="重置" />
</p>
</form>
```

接下来用 CSS 来控制表单的外观样式。

首先将提示的文字信息进行对齐。由于文字信息的字符数长短不一,通常可以采用定义自动右对齐的类样式进行规范。

```
.title {
    float:left;
    width:100px;
    text-align:right;
    font-weight:bold;
}
```

定义居中类样式,设置按钮居中显示。

```
.center{
    text-align:center;
}
```

定义表单元素 form 居中显示,并定义该表单包含的 fieldset 元素居中对齐、宽度,文本左对齐。效果如图 10-28 所示。

```
#form1{
    text-align:center;
}
#form1 fieldset{
    width:500px;
    margin:0 auto;
    text-align:left;
}
```

最后,可以根据网站的整体设置效果定义各个元素的基本样式,使整个网站中各个元素的风格统一。

```
#form1 #textfield{
    width:16em;
    border:solid 1px #aaa;
    font-size:14px;
    color::#666;
    position:relaive;
```

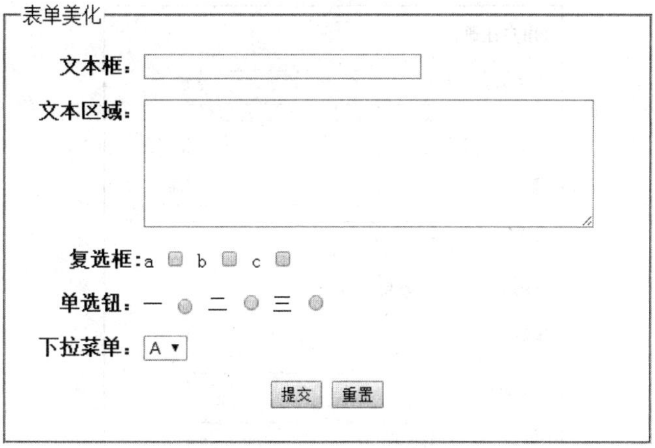

图 10-28　用 CSS 美化表单

```
    top:-3px;
}
#form1 #textarea{
    width:30em;
    height:8em;
    border:solid 1px #aaa;
    font-size:12px;
    color:#666;
}
.checkbox{
    border:solid 1px #fff;
    position:relative;
    top:3px;
    left:-2px;
}
#radio{
    border:solid 1px #fff;
    position:relative;
    top:3px;
    left:-1px;
}
```

任务 10.2　使用 Spry 构件

10.2.1　案例导入——制作"驴友会员申请"页面

在制作表单时,很多时候需要对用户输入的内容进行检查,如数据的准确性、数据的一致性等。例如图 10-29 所示的"用户注册"页面,就对其中输入的内容作了多种检查。用 Spry 框架可以很容易地实现这一功能。

Spry 框架是一个 JavaScript 库,Web 设计人员使用它可以构建能够向站点访问者提

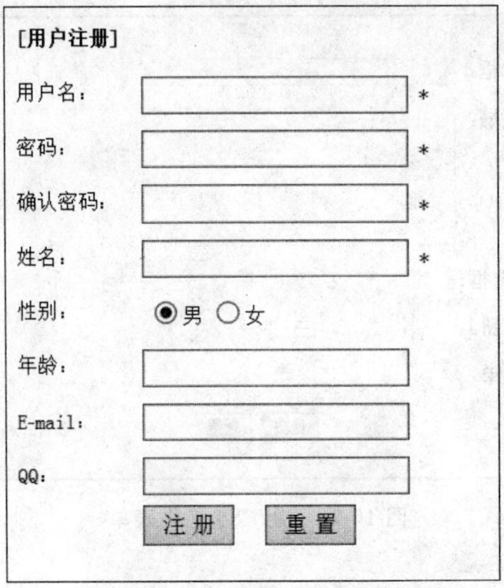

图 10-29　用户注册页面

供更丰富体验的 Web 页。有了 Spry,就可以使用 HTML、CSS 和极少量的 JavaScript 将 XML 数据合并到 HTML 文档中,创建构件,向各种页面元素中添加不同种类的效果。在设计上,Spry 框架的标记非常简单且便于那些具有 HTML、CSS 和 JavaScript 基础知识的用户使用。

在本项目中,将了解 Spry 页的制作方法,实现如图 10-29 所示页面的制作。

10.2.2　Spry 构件的基本操作

Spry 构件是一个页面元素,通过启用用户交互来提供更丰富的用户体验。在表单域中插入 Spry 构件的方法与插入表单对象的方法相似,可以用下面的 3 种方法之一。

(1) 执行菜单栏中的"插入"→"表单"命令,在子菜单中选择相应的 Spry 构件。

(2) 打开菜单栏中的"插入"→Spry 子菜单,在子菜单中选择相应的 Spry 构件。

(3) 在"插入"面板中选择"表单"选项,单击各种 Spry 构件的图标。

Spry 构件插入后,在代码视图中观察 Spry 构件对应的代码,可以看到 Spry 构件由以下几个部分组成。

(1) 构件结构,用来定义构件结构组成的 HTML 代码块。

(2) 构件行为,用来控制构件如何响应用户启动事件的 JavaScript。

(3) 构件样式,用来指定构件外观的 CSS。

Spry 框架支持一组用标准 HTML、CSS 和 JavaScript 编写的可重用构件。可以方便地插入这些构件(采用最简单的 HTML 和 CSS 代码),然后设置构件的样式。框架行为包括允许用户执行下列操作的功能:显示或隐藏页面上的内容,更改页面的外观(如颜色),与菜单项交互等。

Spry 框架中的每个构件都与唯一的 CSS 和 JavaScript 文件相关联。CSS 文件中包含设置构件样式所需的全部信息,而 JavaScript 文件则赋予构件功能。当使用

Dreamweaver 插入构件时,Dreamweaver 会自动将这些文件链接到页面。

与给定构件相关联的 CSS 和 JavaScript 文件根据该构件命名,因此,可以很容易判断哪些文件对应于哪些构件。例如,与折叠构件关联的文件称为 SpryAccordion.css 和 SpryAccordion.js。当在已保存的页面中插入构件时,Dreamweaver 会在文件所在站点中创建一个 SpryAssets 目录,并将相应的 JavaScript 和 CSS 文件保存到其中。

下面介绍常用的 Spry 构件的属性设置和用法。

10.2.3 设置常用 Spry 构件的属性

1. Spry 验证文本域构件

Spry 验证文本域构件是一个文本域,该域用于在站点访问者输入文本时显示文本的状态(有效或无效)。例如,可以向访问者输入电子邮件地址的表单中添加验证文本域构件,如果访问者无法在电子邮件地址中输入@符号和句点,验证文本域构件会返回一条消息,声明用户输入的信息无效。

在表单中插入一个 Spry 验证文本域后,在设计视图中会出现如图 10-30 所示的 Spry 验证文本域对象。选择该对象下半部分的矩形框,可以发现属性面板和普通的文本域的属性面板相同。选择 Spry 验证文本域对象上方蓝色的写有"Spry 文本域:sprytextfield1"的部分,可以看到属性面板变成图 10-31 所示的样子,可以用这个属性面板设置 Spry 验证文本域不同于普通文本域的属性。下面介绍其中常用属性的含义。

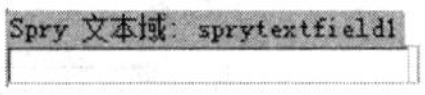

图 10-30 Spry 验证文本域对象

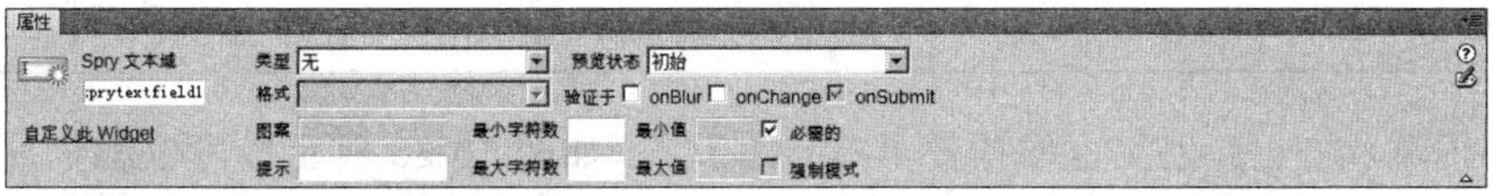

图 10-31 Spry 验证文本域的属性

(1) 验证文本域中可以限制用户输入其中的数据的格式,图 10-32 显示一个验证文本域构件中可以设置的各种格式类型。

验证文本域构件的默认 HTML 通常位于表单内部,其中包含一个容器<span>,该标签将文本域的<input>标签括起来。在验证文本域构件的 HTML 中,在文档头中和验证文本域构件的 HTML 标签之后还包括脚本标签。

图 10-32 Spry 验证文本域的类型

大多数验证类型都会使文本域要求采用标准格式。例如,如果向文本域应用整数验证类型,那么,除非用户在该文本域中输入数字,否则,该文本域构件将无法通过验证。但是,某些验证类型允许选择文本域可接受的格式种类。表 10-1 显示可通过属性检查器使用的验证类型和格式。

表 10-1　可通过属性检查器使用的验证类型和格式

验 证 类 型	格 式
无	无须特殊格式
整数	文本域仅接受数字
电子邮件	文本域接受包含@和句点(.)的电子邮件地址,而且@和句点的前面与后面都必须至少有一个字母
日期	格式可变。可以从属性面板的"格式"弹出菜单中进行选择
时间	格式可变。可以从属性面板的"格式"弹出菜单中进行选择(tt 表示 am/pm 格式,t 表示 a/p 格式)
信用卡	格式可变。可以从属性面板的"格式"弹出菜单中进行选择。可以选择接受所有信用卡,或者指定特定种类的信用卡(MasterCard、Visa 等)。文本域不接受包含空格的信用卡号,例如 4321 3456 4567 4567
邮政编码	格式可变。可以从属性面板的"格式"弹出菜单中进行选择
电话号码	文本域接受美国和加拿大格式(即(000)000-0000)或自定义格式的电话号码。如果选择自定义格式,则在"模式"文本框中输入格式,例如,000.00(00)
社会安全号码	文本域接受 000-00-0000 格式的社会安全号
货币	文本域接受 1,000,000.00 或 1.000.000,00 格式的货币
实数/科学记数法	验证各种数字:数字(例如 1)、浮点值(例如,12.123)、以科学记数法表示的浮点值(例如,1.212e+12、1.221e−12)
IP 地址	格式可变。可以从属性面板的"格式"弹出菜单中进行选择
URL	文本域接受 http://×××.×××.××× 或 ftp://×××.×××.××× 格式的 URL
自定义	可用于指定自定义验证类型和格式。在属性面板中输入格式模式(并根据需要输入提示)

(2) 预览状态:验证文本域构件具有许多状态,如图 10-33 所示。可以根据所需的验证结果,使用属性面板来修改这些状态的属性。

① 初始状态:在浏览器中加载页面或用户重置表单时构件的状态。

② 必填状态:当用户在文本域中没有输入必需文本时构件的状态。

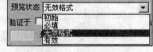

图 10-33　预览状态

③ 无效格式状态:当用户所输入文本的格式无效时构件的状态。

④ 有效状态:当用户正确地输入信息且表单可以提交时构件的状态。

如果对验证文本域的其他属性做了设置,在预览状态中会出现相对于的状态,例如设置了验证文本域的最小和最大字符数,则在预览状态中会出现"未达到最小字符数"和"已超过最大字符数"状态,如图 10-34 所示。其他常用的状态如下。

① 未达到最小字符数状态:当用户输入的字符数少于文本域所要求的最小字符数时构件的状态。

② 已超过最大字符数状态:当用户输入的字符数多于文本域所允许的最大字符数

图 10-34 其他状态

时构件的状态。

③ 小于最小值状态：当用户输入的值小于文本域所需的最小值时构件的状态（适用于整数、实数和数据类型验证）。

④ 大于最大值状态：当用户输入的值大于文本域所允许的最大值时构件的状态（适用于整数、实数和数据类型验证）。

（3）"验证于"选项组中有 3 个复选框，用来指定验证发生时间，如图 10-35 所示。包括站点访问者在构件单击时，输入内容时和尝试提交表单时。

① onBlur（事件）：选中该复选框，当用户在文本域的外部单击时进行验证。

② onChange（更改）：选中该复选框，当用户在更改文本域中的文本时进行验证。

③ onSubmit（提交）：选中该复选框，当用户在尝试提交表单时进行验证。

图 10-35 设置验证发生时间

每当验证文本域构件以用户交互方式进入其中一种状态时，Spry 框架逻辑会在运行时向该构件的 HTML 容器应用特定的 CSS 类。例如，如果用户尝试提交表单，但尚未在必填文本域中输入文本，Spry 会向该构件应用一个类，使它显示"需要提供一个值"错误消息。用来控制错误消息的样式和显示状态的规则包含在构件随附的 CSS 文件（SpryValidationTextField.css）中。

2. 验证文本区域构件

Spry 验证文本区域构件 是一个文本区域，该区域可以接收用户输入的长文本，并在用户输入文本时显示文本的状态（有效或无效）。

在验证文本区域中用户可以添加字符计数器，以便当用户在文本区域中输入文本时知道自己已经输入了多少字符或者还剩多少字符。默认情况下，当添加字符计数器时，计数器会出现在构件右下角的外部。

【例 10-6】 制作不同验证形式的验证文本区域构件，如图 10-36 所示。

（1）选择"插入"→Spry→"Spry 验证文本区域"命令，分别插入 3 个"Spry 验证文本区域"。

（2）在第 1 个"Spry 验证文本区域"的属性面板中，设置"预览状态"为"有效"，"最大字符数"为 20，"验证于"为 onBlur，"计数器"为"其余字符"，如图 10-37 所示。

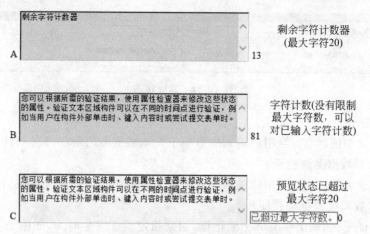

图 10-36　Spry 验证文本区域

图 10-37　Spry 文本区域的属性

📖**小提示**：只有选择了所允许的最大字符数时，"剩下的字符数"选项才可用。

（3）在第 2 个"Spry 验证文本区域"的属性面板中，设置"预览状态"为"初始"，"验证于"为 onBlur，"计数器"为"字符计数"，如图 10-38 所示。

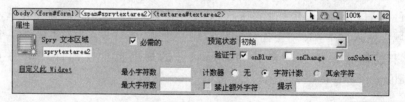

图 10-38　字符计数

（4）在第 3 个"Spry 验证文本区域"的属性面板中，设置"预览状态"为"已超过最大字符数"，"最大字符数"为 20，"验证于"为 onBlur，"计数器"为"其余字符"，如图 10-39 所示。

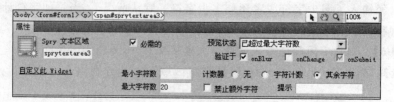

图 10-39　已超过最大字符

（5）保存文件，按 F12 键预览，输入文本，当在文本域的外部单击时观察文本域的不同状态。

3. 验证复选框构件

Spry 验证复选框构件是 HTML 表单中的一个或一组复选框，该复选框可以在用户进行选择时检查用户的选择是否符合预先的设定。例如可以向表单中添加验证复选框构件，设定用户的最小选择数为 3，如果用户选择的项小于 3 项，该构件会返回一条消息，声明不符合最小选择数要求。

图 10-40 所示为验证复选框构件的属性面板。

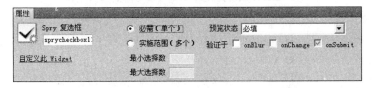

图 10-40 Spry 验证复选框构件的属性

（1）"预览状态"下拉列表框，有"初始"和"必填"两个选项。

① 选择"初始"，Spry 验证复选框后面不会显示 请进行选择。 信息；

② 选择"必填"，Spry 验证复选框后面将显示 请进行选择。 信息。

（2）"必需（单个）"单选按钮，选中后只对是否选择了一个复选框进行验证控制，如果一个复选框都没选，则显示 请进行选择。 。

（3）选择"实施范围（多个）"单选按钮，下方的"最小选择数""最大选择数"有效。

如果在"最小选择数"输入数值，则"预览状态"下拉列表框会增加"不符合最小选择数要求"选项，当用户选择复选框数小于"最小选择数"文本框输入的数值，则出现 不符合最小选择数要求。 。

如果在"最大选择数"输入数值，则"预览状态"下拉列表框会增加"已超过最大选择数"选项，当用户选择复选框数大于"最大选择数"文本框输入的数值，则出现 已超过最大选择数。 。

4. 验证选择构件

Spry 验证选择构件是一个下拉菜单，该菜单在用户进行选择时会显示构件的状态（有效或无效）。例如可以插入一个包含状态列表的验证选择构件，这些状态按不同的部分组合并用水平线分隔。如果用户意外选择了某条分界线（而不是某个状态），验证选择构件会向用户返回一条消息，声明他们的选择无效。

【例 10-7】 制作验证选择构件，如图 10-41 所示。

（1）选择"插入"→Spry→"Spry 验证选择"命令，插入 Spry 验证选择构件。

（2）在属性面板中，单击"列表值"按钮。输入如图 10-42 所示"项目标签"。"中专"和"大专"之间的列表"——"，其"值"为空。完成后单击"确定"按钮。

（3）在属性面板中，将"初始化选定"设置为"大专"。

图 10-41　验证选择构件

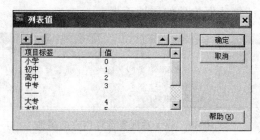

图 10-42　列表值

（4）在"状态栏"单击 Spry 验证选择构件对应的标签 `<span#spryselect1>`，在属性面板中设置如图 10-43 所示。

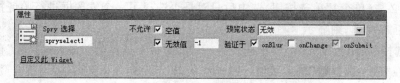

图 10-43　Spry 选择构件的属性

（5）设置完成后，按 F12 键预览。会发现当选择"——"，并在列表外单击，会出现提示框"请选择一个项目"。

5. 验证密码构件

Spry 验证密码构件 可以在输入密码时对密码的强度做限制，例如密码的长度，密码中要包含的字符的种类等。

例如想限制一个密码输入文本域是必填项，其长度不能少于 8 个字符，其中至少要包含 3 个数字和 3 个字母，则在表单域中插入一个 Spry 验证密码构件，然后在其属性面板中进行如图 10-44 所示设置即可。

图 10-44　Spry 验证密码构件的属性

6. 验证确认构件

Spry 验证确认构件 ![icon] 可以实现对某个已经输入过的文本域的内容进行验证。比如要对已经输入的密码再确认一次,则可以插入一个 Spry 验证确认构件,然后在其属性面板中进行如图 10-45 所示设置即可。

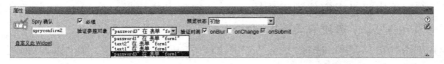

图 10-45　Spry 验证确认构件的属性

在"验证参照对象"框中设置要对哪个对象进行验证,设置后,在 Spry 验证确认构件对应的文本域中需要输入和要验证的对象相同的内容,否则当在文本域外单击时会出现值不匹配的提示。

任务 10.3　练习布局页面时常用的 Spry 构件

在 Dreamweaver CS6 中可以使用 Spry 构件制作出菜单、选项卡、折叠式面板等特效为网页增加动态效果,下面将学习使用 Spry 菜单栏、Spry 选项卡式面板、Spry 折叠式面板和 Spry 可折叠式面板。

10.3.1　案例导入——制作"QQ 好友"页面

本例中使用 Dreamweaver CS6 中的 Spry 菜单栏、Spry 选项卡式面板、折叠式面板设计制作一个类似 QQ 的界面。从这个例子中可以学习网页中动态效果的实现,如图 10-46 所示。

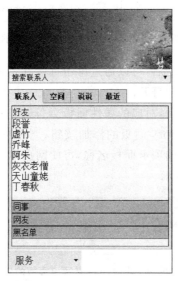

图 10-46　类似 QQ 的界面

10.3.2 使用 Spry 选项卡式面板

打开本书配套素材"ch10\素材 QQpanel. html"文件,如图 10-47 所示。

将光标定位到要插入的位置后,通常用下面的两种方法之一插入 Spry 选项卡式面板。

(1) 在网页中将光标定位到需要插入 Spry 选项卡式面板的位置上,执行菜单栏中的"插入"→Spry→"Spry 选项卡式面板"命令。

(2) 单击"窗口"菜单,选择"插入"选项,即可打开"插入"面板。在"插入"面板中选择 Spry 选项,单击"Spry 选项卡式面板"图标,如图 10-48 所示。

图 10-47 素材文件页面

图 10-48 插入 Spry 选项卡式面板

插入 Spry 选项卡式面板之后,可以通过单击标签在不同选项卡面板中切换,当单击某个标签时,对应的构件面板会打开。

插入 Spry 选项卡式面板后,对应的属性面板会打开。在属性面板中包含"选项卡式面板"名称、Spry 面板列表及 Spry 面板的添加按钮、删除按钮、顺序调整按钮和"默认面板"下拉列表框。选择不同的选项卡面板名称,可使网页中对应的选项卡面板处于编辑状态,修改其属性,如图 10-49 所示。

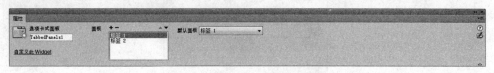

图 10-49 修改 Spry 选项卡面板的属性

（1）"选项卡式面板"：设置选项卡面板的名称。

（2）"面板"：以列表形式显示当前选项卡面板的标签选项，单击 **+** 按钮和 **—** 按钮可以添加或删除标签选项，单击 **▲** 按钮和 **▼** 按钮可以调整标签选项的顺序。

（3）"默认面板"：设置页面中的默认标签选项。

单击 **+** 按钮，设置标签个数为 4 个，并将标签的名称设置为"联系人""空间""说说""最近"。

📖 **小提示**：可以分别对选项卡式面板的标签名称和标签内文本进行 CSS 样式的修饰。

10.3.3 使用 Spry 折叠式面板

Spry 折叠式面板可以通过单击标签来隐藏或显示选项卡的内容，当用户单击不同标签时相应的选项卡可以展开，其他选项卡变为收缩状态，每次只能有一个选项卡的内容处于打开且可见的状态。

插入 Spry 折叠式面板的方法为：将光标定位到要插入的位置后，选择下面的两种方法之一插入 Spry 折叠式面板。

（1）在网页中将光标定位到需要插入 Spry 折叠式面板的位置上，执行菜单栏中的"插入"→Spry→"Spry 折叠式面板"命令。

（2）单击"窗口"菜单，选择"插入"选项，即可打开"插入"面板。在"插入"面板中选择 Spry 选项，单击"Spry 折叠式"面板图标 📇，如图 10-50 所示。

在上面的例子中，选中 Spry 选项卡式面板的"联系人"选项卡，光标定位在其内容处，插入 Spry 折叠式面板。同样在网页文档中插入 Spry 折叠式面板后，会激活相应的属性面板。通过属性面板可以对 Spry 折叠式面板进行相应的属性设置，设置功能和 Spry 选项卡式面板相同。

设置 Spry 折叠式面板的选项卡个数为 4 个，分别为"好友""同事""网友""黑名单"。在每个选项卡中可添加联系人的名字，如图 10-51 所示。

图 10-50 插入 Spry 折叠式面板

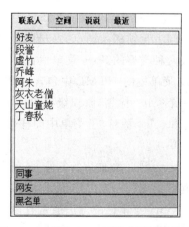

图 10-51 插入 Spry 折叠式面板后效果

📖**小提示**：当光标移动到 Spry 选项卡式面板和 Spry 折叠式面板的收缩选项卡时，在该选项卡的右侧都会出现一个 图标，单击该图标可以显示相应的选项卡内容。

10.3.4　Spry 可折叠面板

在 Dreamweaver CS6 中还有一种叫作 Spry 可折叠面板的构件，它和 Spry 选项卡式面板、Spry 折叠式面板不同。Spry 可折叠面板没有多个选项卡，只有一个下拉式列表框，该列表框可以设置为"打开"或"关闭"两种状态。

常用下面的两种方法之一插入 Spry 可折叠面板。

（1）在网页中将光标定位到需要插入 Spry 可折叠面板的位置上，执行菜单栏中的"插入"→Spry→"Spry 可折叠面板"命令。

（2）单击"窗口"菜单，选择"插入"选项，即可打开"插入"面板。在"插入"面板中选择Spry 选项，单击"Spry 可折叠面板"图标 。

选中 Spry 可折叠面板，会出现 Spry 可折叠面板的属性面板，如图 10-52 所示。

图 10-52　Spry 可折叠面板的属性

（1）"显示"下拉列表：设置可折叠面板是否打开。

（2）"默认状态"下拉列表：设置当网页打开时可折叠面板的状态是"打开"还是"已关闭"。

（3）"启用动画"复选框：设置可折叠面板在打开或关闭时是否有动画效果。

10.3.5　使用 Spry 菜单栏

Spry 菜单栏是一组可导航的菜单按钮，当站点访问者将光标悬停在其的某个按钮上时，将显示相应的子菜单。使用 Spry 菜单栏可在紧凑的空间中显示大量可导航信息，并使站点访问者无须深入浏览站点即可了解站点上提供的内容。在 Dreamweaver CS6 中可以插入两种类型的 Spry 菜单栏：垂直菜单和水平菜单。

Spry 菜单栏的 HTML 中包含一个外部<ul>标签，该标签中对于每个顶级菜单项都包含一个<li>标签，而顶级菜单项（<li>标签）又包含用来为每个菜单项定义子菜单的<ul>和<li>标签，子菜单中同样可以包含子菜单。顶级菜单和子菜单可以包含任意多个子菜单项。

本例中为网页添加一个名为"服务"的 Spry 菜单栏，菜单子项有 3 个，分别名为"腾讯网""空间""地图"。

插入 Spry 菜单栏的方法通常有以下两种。

（1）在网页中将光标定位到需要插入 Spry 可折叠面板的位置上，执行菜单栏中的"插入"→Spry→"Spry 菜单栏"命令。

（2）单击"窗口"菜单，选择"插入"选项，即可打开"插入"面板。在"插入"面板中选择 Spry 选项，单击"Spry 菜单栏"图标 ，如图 10-53 所示。

图 10-53　插入 Spry 菜单栏

插入的 Spry 菜单栏需要选择"水平"或"垂直"并单击"确定"按钮，如图 10-54 所示。

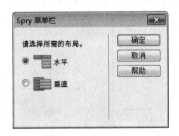

图 10-54　选择"水平"或"垂直"

选中 Spry 菜单栏，会出现其属性面板，如图 10-55 所示。在该属性面板中可以增加或删除菜单项。属性面板中默认包含三级菜单。

图 10-55　Spry 菜单栏的属性

（1）"文本"：设置菜单项的名称。

（2）"链接"：设置单击菜单后跳转的地址。

（3）"标题"：设置提示的文本。

（4）"目标"：指定要在何处打开所链接的页面。

📖**小提示**：在属性面板中只能设置三级菜单，但是在代码视图中可以添加任意多级子菜单。

项 目 小 结

本项目讲解了常用表单元素的创建方法、Spry 验证表单的创建和 Spry 页面布局构件。重点讲解了表单元素的使用方法，使用 Spry 验证表单构件对用户输入数据进行检查，介绍了 Spry 页面布局构件的使用方法。

项 目 实 训

实训 10.1　利用表单制作个人简介页面

完成如图 10-56 所示的个人简介页面。

实训 10.2　利用 Spry 验证表单制作个人注册页面

利用所学表格及 Spry 验证表单知识，使其达到图 10-57 所示效果。

（1）昵称为空时出现提示"请输入姓名"。

（2）密码小于 6 个字符则出现提示 不符合最小字符数要求。 。

图 10-56　个人简介页面　　　　图 10-57　个人注册页面

实训 10.3　利用 Spry 页面布局构件制作页面导航

利用 Spry 页面布局构件实现网站的导航功能，如图 10-58 所示。

图 10-58　网站导航

模板和库的应用及资源管理

项目概要：一个完整的网站，往往包含数十个甚至更多的网页，同一网站的网页也要求色彩搭配、版式布局等风格一致，使用 Dreamweaver CS6 就可以为布局相似的网页设计并应用模板，为网页上相同的页面元素定制并引用库项目，以及在资源面板中管理各类网页资源。本项目主要介绍在 Dreamweaver CS6 中如何使用模板、库和资源管理的功能，减少重复劳动，提高效率，快捷方便地进行网站的建设。

知识目标：理解模板、库项目和资源的概念，掌握模板、库和资源在网站建设中的作用。

技能目标：掌握模板的创建、可编辑的模板区域的设置、模板的应用和更新的方法，掌握库项目的创建、引用和更新方法，掌握资源模板的使用。

任务 11.1 模板的应用

11.1.1 案例导入——制作"毕业生就业信息网"就业指导系列网页

在设计网站时，通常会根据网站的需求设计一系列页面风格一致、功能相似的页面。使用 Dreamweaver CS6 的模板功能就可以实现这样的需求。使用模板来创建和更新风格功能类似的系列网页，可以极大地提高网页设计的工作效率，并易于网站的更新维护。图 11-1 所示的"毕业生就业信息网"的就业指导系列页面就是使用模板来设计实现。

分析"毕业生就业信息网"的就业指导系列页面，可以发现该系列网页的网站 Banner、标题栏、导航栏和底部版权信息等内容完全相同，只有网页的主体内容有变化。设计这样一系列风格相同、功能类似的页面时，可以创建一个模板，将固定不变的网页元素设计成不可编辑区域，将变化的网页元素设计成可编辑区域，然后使用模板制作这些网页，更新网页的页面风格时，只需更新模板就可以实现对使用该模板的系列网页的更新。下面将介绍如何利用模板来创建和更新这类风格相同的系列页面。

11.1.2 认识模板

模板就是网页的样板，它包含可编辑区域和不可编辑区域。不可编辑区域中的内容是不可以改变的，通常为标题栏、网页图标、Logo 图像、框架结构、链接文字和导航栏等。

图11-1 "就业指导"系列页面

可编辑区域中的内容可以改变,通常为具体的文字、图像、动画等对象,其内容可以是每日新闻、最新软件介绍、每日一图、趣谈、新闻人物等。

通常在一个网站中有许多页面,尤其是同一层次的页面,每个页面的布局相同,只有具体内容不同。将这样的网页定义为模板,锁定相同的部分,只保留不同的内容可以编辑;当创建布局相同的新网页时,只需基于模板建立文件,在可编辑区插入内容即可;更新网页时,只需在可编辑区更新内容即可。在对网站进行改版时,只要修改模板,所有应用该模板的页面都可以自动更新。

可以新建一个空白模板,也可以利用已有页面生成模板,保存模板时,自动保存在本地站点文件夹下的 Templates 文件夹内,模板文件的扩展名为.dwt。注意,只有在建立了站点后才可以使用模板。

📖**小提示**:如果站点中没有 Templates 文件夹,保存模板时 Dreamweaver CS6 将自动创建该文件夹。不要将模板文件移动到 Templates 文件夹之外,也不要将非模板文件放在 Templates 文件夹内,也不能将 Templates 文件夹移动到站点文件夹之外。

11.1.3　创建模板

创建模板时,既可以新建一个空白的模板,也可以将已有的页面文档另存为模板。

1. 创建空白的模板

创建空白模板有下列两种方法可以实现。

(1) 执行菜单栏中的"文件"→"新建"命令。在"新建文档"对话框中,选择"空模板"选项,然后选取模板类型,单击"创建"按钮,如图 11-2 所示。

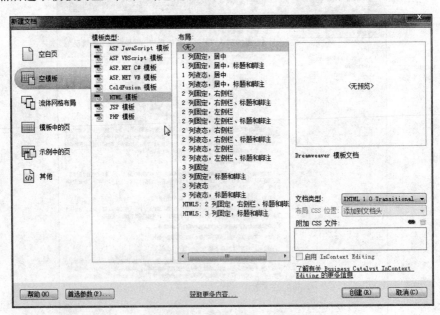

图 11-2　"新建文档"对话框

（2）利用"资源"面板创建空模板。执行菜单栏中的"窗口"→"资源"命令，在"资源"面板中，单击左下方的"模板"按钮 ，进入模板选项卡，再单击"模板"选项卡右下角的"新建模板"按钮，在"模板"选项卡中添加了一个未命名的模板，如图 11-3 所示，模板文件就保存到该站点的 Templates 文件夹中。在创建模板前必须先创建站点，否则模板无法正常使用。

2. 利用已有页面文件创建模板

创建模板最常用的方法是先建立一个普通的页面文件，然后再将该文件另存为模板文件。

在 Dreamweaver CS6 中打开已有的页面文件后，执行菜单栏中的"文件"→"另存为模板"命令，在弹出的"另存模板"对话框中选择站点并输入模板的文件名，最后单击"保存"按钮，如图 11-4 所示，模板文件就保存到该站点的 Templates 文件夹中。在创建模板前必须先创建站点，否则模板无法正常使用。

图 11-3 "资源"面板   图 11-4 "另存模板"对话框

小提示：向模板文件中添加新的文档相对链接时，如果在属性面板的"链接"文本框中输入路径，则输入的路径名很容易出错。这是因为模板文件中正确的路径是从 Templates 文件夹到链接文档的路径，而不是从基于模板的页面所在文件夹到链接文档的路径。所以在模板中创建链接时尽量使用属性面板中的文件夹图标或者"指向文件"图标，以确保正确的链接路径。

执行菜单栏中的"插入"→"模板对象"→"创建模板"命令，也可以实现利用已有页面创建模板的操作。

11.1.4 定义模板区域

模板文件由锁定和可编辑的模板区域组成。模板建立时，模板中的区域默认是被锁定的，可以在模板中插入可以编辑的模板区域。在模板文件中，锁定的区域和可编辑的模板区域都是可以编辑的，而在基于模板的页面文件中，只有通过模板对象插入的模板区域是可以编辑的。

在模板文件中插入模板对象操作主要定义下列几种模板区域。

1. 可编辑区域

设置为可编辑区域的对象,在基于模板的页面中是未锁定的区域,是模板用户可以编辑的页面内容。模板创作者可以将模板的任何区域指定为可编辑的。要使模板生效,其中至少应该包含一个可编辑区域,否则基于该模板的页面是无法编辑的。

在模板文件中,可以将页面上元素设置为可编辑区域。通常页面中会使用表格进行布局,表格整体和单独的单元格都可以定义为可编辑区域,但不能将多个单元格定义为单个可编辑区域。如果选中<td>标签后定义可编辑区域,则该可编辑区域包括单元格周围的区域;如果未选中,则该可编辑区域只影响单元格中的内容。

在模板中定义可编辑区域的具体操作步骤如下。

将光标放到要插入可编辑区域的位置,或选中要设置为可编辑区域的元素,执行菜单栏中的"插入"→"模板对象"→"可编辑区域"命令(按 Ctrl＋Alt＋V 组合键),打开"新建可编辑区域"对话框,在"名称"文本框中设置该可编辑区域的名称,单击"确定"按钮,即可在光标位置处插入可编辑区域,如图 11-5 所示。插入可编辑区域后,在标签选择器上出现<mmtemplate:editable>标签项。

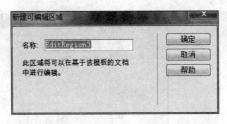

图 11-5　　新建可编辑区域

2. 重复区域

设置为重复区域的对象,在基于模板的页面中可以添加或删除若干个该重复区域的副本。例如,可以将表格的一个单元格设置为重复区域,该单元格可以在页面中重复利用,从而生成具有多个单元格的表格。重复区域是可编辑的,模板用户可以编辑基于重复区域产生的多个副本中的内容同时使设计处于模板创作者的控制下。可以在模板中插入的重复区域有两种:重复区域和重复表格。

重复区域是可以根据需要在基于模板的页面中重复多次的模板部分。重复区域通常用于表格,但也可以为其他页面元素定义重复区域。重复区域不是可编辑区域,若要编辑重复区域中的内容,例如可以让用户在插入的重复表格单元格中输入文本,必须在重复区域内插入可编辑区域。

在模板中定义重复区域的具体操作步骤如下。

将光标放到要插入重复区域的位置,或选中要设置为重复区域的元素,执行菜单栏中的"插入"→"模板对象"→"重复区域"命令,打开"新建重复区域"对话框,在"名称"文本框中设置该重复区域的名称,单击"确定"按钮,即可在光标位置处插入重复区域,如图 11-6 所示。插入重复区域后,在标签选择器上出现<mmtemplate:repeat>标签项。

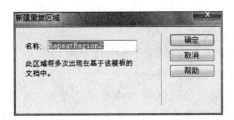
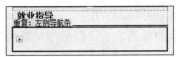

图 11-6 新建重复区域

3. 可选区域

可选区域用于保存有可能在基于模板的页面中出现的内容,例如文本或图像。设置为可选区域的对象,在基于模板的页面中由模板用户通过模板属性控制是否显示该区域的内容,但该区域的内容不可以编辑。

使用可选区域可以控制基于模板的页面中是否显示内容。可选区域是由条件语句控制的,它位于单词 if 之后。根据模板中设置的条件,在基于模板的页面中用户可以定义该区域是否可见。

在模板中定义可选区域的具体操作步骤如下。

将光标放到要插入可选区域的位置,或选中要设置为可选区域的元素,执行菜单栏中的"插入"→"模板对象"→"可选区域"命令,打开"新建可选区域"对话框,在"名称"文本框中设置该可选区域的名称,选中的"默认显示"选项表示在基于模板的页面中该区域是可见的。若要用参数或表达式控制该区域是否可见,可以选择"高级"选项卡,然后进行参数或表达式的设置,单击"确定"按钮,如图 11-7 所示。插入可选区域后,光标位置处如图 11-8 所示显示可选区域,在标签选择器上出现<mmtemplate:if>标签项。

图 11-7 新建可选区域

图 11-8 可选区域

4. 可编辑的可选区域

可编辑的可选区域和可选区域相似,在基于模板的页面中用户可以控制是否显示该区域的内容,不同的是,用户还可以编辑该区域的内容。

可编辑的可选区域让模板用户既可以控制可选区域的内容是否显示,又可以编辑显示的可选区域的内容。可编辑的可选区域可以看作在可选区域中插入了可编辑区域。

在模板中定义可编辑的可选区域的步骤与定义可选区域相同,插入可编辑的可选区域后,光标位置处如图 11-9 所示显示可编辑的可选区域,在标签选择器上同样出现＜mmtemplate：if＞标签项。

如果想删除在模板中定义的模板区域,选中该区域后执行菜单栏中的"修改"→"模板"→"删除模板标记"命令,就可以只删除模板标记而保留页面元素。

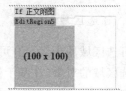

图 11-9　可编辑的可选区域

11.1.5　使用模板制作"毕业生就业信息网"就业指导系列网页

使用模板制作网页时,一般都是先对网站中风格布局相似的页面进行整体的规划,然后将页面中共性的部分提取出来,建立为模板,然后再基于模板建立各个网页。下面介绍应用模板实现"毕业生就业信息网"就业指导系列网页的制作,效果如图 11-1 所示。

1. 创建就业指导模板

(1) 复制本书配套素材中"ch11\就业信息"文件夹下的文件,并在 Dreamweaver CS6 中建立"就业信息网"的本地站点。具体操作参见项目 2,使用模板必须先建立站点。

(2) 打开站点中的 muban-jiuyezhidao. html 文件,如图 11-10 所示。可以看到这是一个网页文件,实现了就业指导系列网页的布局设计。

图 11-10　就业指导布局网页文件

（3）执行菜单栏中的"文件"→"另存为模板"命令,弹出"另存模板"对话框,如图 11-11 所示。在"站点"下拉列表中可以选择将模板存放在哪个站点,在"现存的模板"框中可以看到当前网站是否存在模板,"描述"文本框可以为模板加入简单的注释,"另存为"文本框则是给模板命名,这里命名为 muban-jiuyezhidao。单击"保存"按钮,会提示"要更新链接吗?",选择"是"完成模板的创建。

模板创建完成后,在"文件"面板中可以看到 Templates 文件夹中出现了新创建的模板 muban-jiuyezhidao.dwt,如图 11-12 所示,文档窗口上部文件的标题也由原来的网页文件(muban-jiuyezhidao.html)转换成了模板文件(muban-jiuyezhidao.dwt)。如果站点根文件夹中没有该文件夹,Dreamweaver CS6 会自动进行创建。

图 11-11　网页另存为模板

图 11-12　"文件"面板

2. 定义模板文件中的模板区域

（1）定义可编辑区域

在模板文件中可以看到,页面是用表格进行布局的,其中"正文标题""正文日期"和"正文内容"所在的单元格需要定义为可编辑区域,以便在基于该模板的页面中进行编辑。

选中"正文标题"所在的单元格,执行菜单栏中的"插入"→"模板对象"→"可编辑区域"命令或按 Ctrl＋Alt＋V 组合键,弹出"新建可编辑区域"对话框,在"名称"文本框中输入"正文标题",如图 11-13 所示,单击"确定"按钮完成创建。依次对"正文日期"和"正文内容"所在的单元格进行相同的操作,3 个可编辑区域设置后模板如图 11-14 所示。

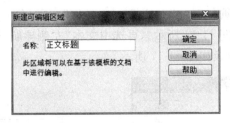

图 11-13　"新建可编辑区域"对话框

（2）定义可编辑的可选区域

在模板文件中,图像占位符用来显示正文的附图,模板用户需要控制是否显示,并编辑该图像占位符链接的图像文件,因此要将其定义为可编辑的可选区域。

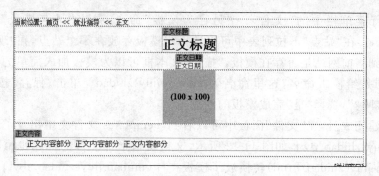

图 11-14   可编辑区域显示效果

　　选中图像占位符元素,执行菜单栏中的"插入"→"模板对象"→"可编辑的可选区域"命令,弹出"新建可选区域"对话框,在"基本"选项卡的"名称"文本框中输入"正文附图",单击"确定"按钮完成创建,如图 11-15 所示。

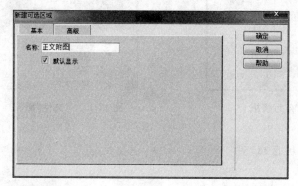

图 11-15   定义可编辑的可选区域

（3）定义重复区域

　　在模板文件中,"左侧导航条分项菜单"所在单元格需要重复若干个,由模板用户决定重复的数量并编辑内容,因此要将该单元格定义为重复区域,再将文本"左侧导航条分项菜单"定义为可编辑区域。

　　选中"左侧导航条分项菜单"所在单元格,执行菜单栏中的"插入"→"模板对象"→"重复区域"命令,弹出"新建重复区域"对话框,在"名称"文本框中输入"左侧导航条",单击"确定"按钮完成创建,如图 11-16 所示。再选中文本"左侧导航条分项菜单",定义为可编辑区域。完成定义后的模板如图 11-17 所示。

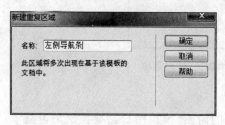

图 11-16   "新建重复区域"对话框

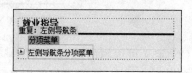

图 11-17   左侧导航条定义效果

（4）定义可选区域

在模板文件中，底部的 4 个热点链接图标是用表格布局的，可以由模板用户决定是否显示，因此可以将该表格定义为可选区域。具体操作过程略，可以参考可编辑的可选区域的定义。

至此，模板区域定义完毕，模板效果如图 11-18 所示，关闭并保存模板文件。

图 11-18 模板区域定义效果

3. 使用模板制作系列网页

（1）基于模板新建网页文件

执行菜单栏中的"文件"→"新建"命令，打开"新建文档"对话框，选择"模板中的页"选项，选择"就业信息"站点中的 muban-jiuyezhidao 模板，如图 11-19 所示，单击"创建"按钮，新建一个未命名的基于模板的网页，命名该文档为 jiuyezhidao01.html 保存到站点文件夹内。

📖 **小提示**：也可以采用另一方法基于模板新建网页。先新建一个空白的网页，然后执行菜单栏中的"修改"→"模板"→"应用模板到页"命令，在"选择模板"对话框选择要应用的模板。

基于模板的页面在设计视图的右上角会显示出应用的模板文件名，例如 模板:muban-jiuyezhidao 。

（2）编辑网页文件中可编辑的区域

在网页中移动光标可以发现只有上面定义的模板区域的内容是可以编辑的，网页的其他区域被锁定了，无法编辑。

首先，制作页面重复区域的左侧导航条部分。左侧导航条区域只有一个分菜单项，右

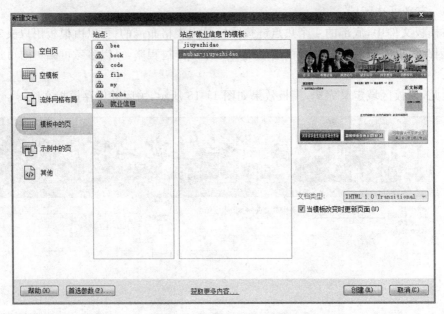

图 11-19　新建模板中的页

上角有 4 个按钮 ➕➖🔽🔼，单击 🔽 按钮添加 3 个分菜单项，如图 11-20 所示，然后修改每个分菜单项的内容并设置超链接，如图 11-21 所示。单击 🔽🔼 按钮可以改变分项菜单的位置，单击 ➖ 按钮可以删除多余的分项菜单。

图 11-20　插入重复区域

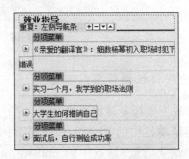

图 11-21　编辑分项菜单

接着，分别在"正文标题""正文日期"和"正文内容"区域输入相应的内容，并和普通网页制作一样，编辑区域内的文字与效果，如图 11-22 所示。

页面中有正文附图和热点导航两个可选区域，默认是可见的，其中热点导航区域被锁定了，不可编辑，正文附图区域可以编辑。为正文附图区域指定图像文件，并设置图像属性，如图 11-23 所示。

执行菜单栏中的"修改"→"模板属性"命令，在"模板属性"对话框中，可以设置是否显示正文附图、热点导航等，如图 11-24 所示。

至此，网页 jiuyezhidao01.html 制作完成，可以预览网页的效果，如图 11-1 右侧网页所示。采用同样方法制作其余的网页。

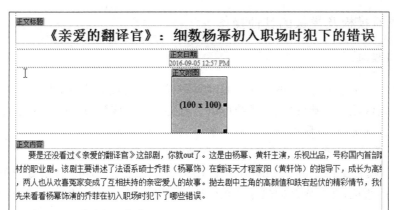

图 11-22 可编辑区域效果

图 11-23 正文附图区域

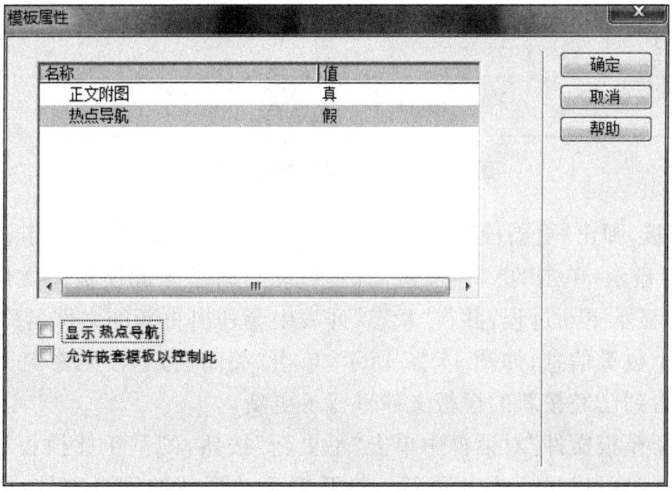

图 11-24 "模板属性"对话框

11.1.6 更新模板及模板的其他操作

1. 更新模板

模板是可以更新的,除了可以和普通网页一样编辑页面元素外,还可以添加、删除和编辑各类模板区域。更新模板后,系统可以自动更新基于该模板生成的所有页面,当然也可以选择不自动更新,以后由用户手动更新。

【例 11-1】 自动更新基于模板建立的就业指导系列页面。

(1) 打开模板文件 muban-jiuyezhidao.dwt,更换页面的 Banner,修改导航条的背景和侧导航条的边框,并将底部的热点导航可选区域移至侧导航条内,修改效果如图 11-25 所示。

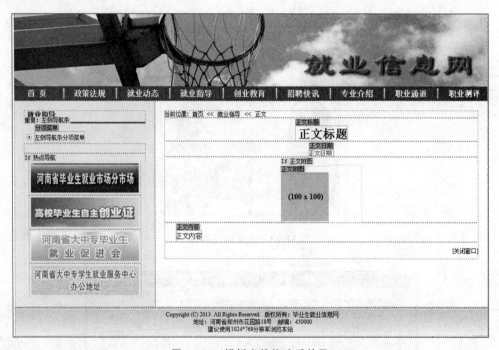

图 11-25　模板文件修改后效果

(2) 保存模板,弹出"更新模板文件"对话框,如图 11-26 所示,基于该模板建立的文件都在列表框中显示,单击"更新"按钮,就会自动更新基于此模板的文件,弹出"更新页面"对话框,动态显示更新过程,并在"状态"列表中会列出更新的文件名称、检测文件的个数、更新文件的个数等信息,如图 11-27 所示,单击"关闭"按钮。随意打开基于该模板制作的网页,可以看到已经按新的模板文件进行了更新。

如果在"更新模板文件"对话框中单击"不更新"按钮,则基于此模板的所有文件都不会自动更新,必要时可以进行手动更新。打开要手动更新的网页文件,执行菜单栏中的"修改"→"模板"→"更新当前页"命令,即可对打开的页面按更新后的模板进行更新。

如果要更新所有基于修改后模板的页面,则执行菜单栏中的"修改"→"模板"→"更新

图 11-26 "更新模板文件"对话框

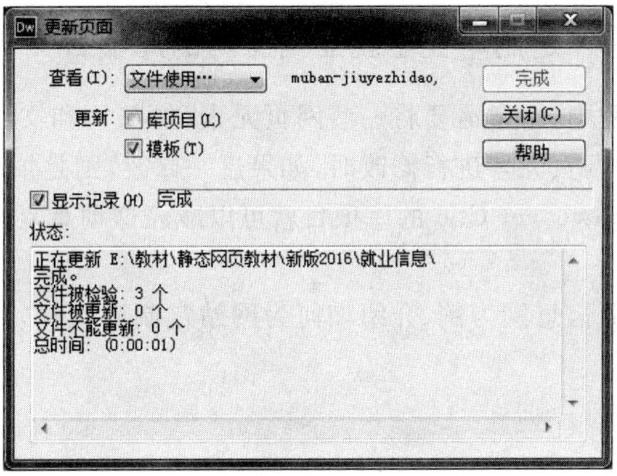

图 11-27 "更新页面"对话框

页面"命令,弹出"更新页面"对话框,如图 11-27 所示,选择"查看"下拉列表中的"文件使用"选项,其右侧会显示一个新的下拉列表框,在新的下拉列表框内选择模板名称,单击"开始"按钮,即可更新基于该模板的所有网页,并给出更新的检测信息报告。

2. 更换模板

基于模板建立网页后,如果想换用其他的模板,则打开网页文件,执行菜单栏中的"修改"→"模板"→"应用模板到页"命令,在弹出的"选择模板"对话框中选择欲更换的模板,单击"选定"按钮即可,如图 11-28 所示。

打开网页文件,在"资源"面板中,如图 11-29 所示单击"模板"按钮 ,再选择模板文件的名称,最后单击"应用"按钮,网页将自动应用新选择的模板。

图 11-28 "选择模板"对话框

图 11-29 "资源"面板

3．分离模板

当希望网页不再受模板的约束时，可以将网页从模板中分离。打开基于模板的网页，执行菜单栏中的"修改"→"模板"→"从模板中分离"命令，使网页与模板分离。分离后页面的任何元素都可以自由编辑，也不再受模板更新的影响。

任务 11.2　定制库项目

11.2.1　案例导入——定制毕业生就业信息网的库项目

在设计网站的过程中，常常需要将一些网页元素（如图片和文字）应用到上百个网页上，当对这些网页上的网页元素进行修改时，如果逐一修改，则是烦琐的重复劳动，且工作量非常大。使用 Dreamweaver CS6 的库项目就可以减轻这种重复劳动，使网站的维护变得简单轻松。

下面以毕业生就业信息网为例，介绍如何为网站定制库项目，例如网站的导航条、版权信息等。

11.2.2　认识库

库是指将页面中的导航条、版权信息、公司 Logo 等常用的构成元素转换成项目保存起来，在需要时调用。Dreamweaver CS6 允许将网站中需要重复使用或者需要经常更新的页面元素（例如图像、文本和表格等）存入库中，存入库中的元素称为库项目，它包含已创建并且便于放在页面上的单独资源或资源副本的集合。

库项目本身是一段 HTML 代码，所有的库项目均存放在站点根文件夹下的 Library 文件夹中，扩展名为.lbi。

当页面需要时，可以将库项目拖曳到页面中，Dreamweaver CS6 会在页面中插入该库项目的 HTML 代码的副本，并创建一个对外部库项目的引用（即对原始库项目的应用的 HTML 注释）。如果对库项目进行修改并使用更新命令，即可实现整个网站各页面上与库项目相关内容的更新。

11.2.3　库项目的应用

1．创建库项目

在 Dreamweaver CS6 中，可以将网页主体部分的任意网页元素创建成库项目。创建库项目时，首先选中要创建为库项目的元素，然后执行下面两种方法之一。

（1）执行菜单栏中的"修改"→"库"→"增加对象到库"命令。

（2）拖曳到"资源"面板的"库"按钮▥上。

新创建的库项目是未命名的，在"资源"面板中可以为该库项目命名，如图 11-30 所示。

图 11-30　命名库项目

库项目创建后,在标签选择器上出现<mm:libitem>标签项。在属性面板中显示该库项目的属性,如图 11-31 所示。

图 11-31　库项目属性

📖**小提示**:每个库项目均以 lbi 文件存放在文件夹中,如果站点中没有 Library 文件夹,创建库项目时 Dreamweaver CS6 将自动创建该文件夹。不要将库项目文件移动到 Library 文件夹之外,也不要将非库项目文件放在 Library 文件夹内,也不能将 Library 文件夹移动到站点文件夹之外。

2. 在页面中插入库项目

当向页面添加库项目时,将把实际内容以及对该库项目的引用一起插入页面中。在页面中插入库项目的具体操作步骤如下。

打开要添加库项目的页面,将光标放到要插入库项目的位置,打开"资源"面板,单击"库"按钮📖,选择要插入的库项目,单击"资源"面板左下角的"插入"按钮,即可将库项目插入页面中,如图 11-32 所示。

3. 编辑库项目

图 11-32　插入库项目

对于页面中的库项目元素,可以打开库项目,对库项目内部进行编辑。库项目还可以进行更新、分离和删除等操作。

选中库项目后,在属性面板中单击"打开"按钮,或双击"资源"面板中的库项目,就会在文档窗口中打开该项目的.lbi 文件,可以像普通网页文件一样编辑该库项目文件。

当保存库项目文件的修改时,系统会提示是否自动更新插入该库项目的所有页面,如图 11-33 所示,如果选择不更新,也可以手动更新。手动更新时,执行菜单栏中的"修改"→

"库"→"更新页面"命令,弹出"更新页面"对话框,如图 11-34 所示,选中"库项目"复选框,单击"开始"按钮,就可以更新应用该库项目的所有页面。

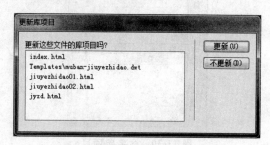

图 11-33 "更新库项目"对话框

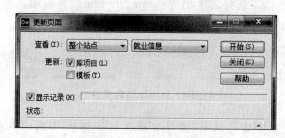

图 11-34 "更新页面"对话框

在"资源"面板中选中要删除的库项目,单击右下角的 🗑 按钮,在弹出的对话框中确认即可。

📖**小提示**:删除库项目后,插入该库项目的页面仍能正常显示该库项目的内容。这是因为,在页面中插入库项目,不仅创建了对库项目的引用,还在页面中插入该库项目的 HTML 代码的副本。

页面中插入的库项目也可以与库项目文件分离。选择库项目后,单击属性面板中的"从源文件分离"按钮,如图 11-31 所示,就可以分离与库项目的关联,转换成可以在页面中编辑的网页元素。

11.2.4 定制毕业生就业信息网库项目

每个网站都会为网站内的页面设计风格统一的网站 Banner、导航条和版权信息等,这些元素要重复地用于所有的网页,可以将它们定制成库项目,既减少了重复劳动,又有利于后期更新维护。下面介绍毕业生就业信息网版权信息库项目的定制,如图 11-35 所示。

1. 创建版权信息库项目

(1)复制本书配套素材中"ch11\就业信息"文件夹下的文件,并在 Dreamweaver CS6 中建立"就业信息网"的本地站点。具体操作参见项目 2,定制库项目必须先建立站点。

(2)打开站点中的 index.html 文件,将光标放在版权信息内,在标签选择器上选中包含版权信息的<table>标签。

图 11-35 毕业生就业信息网

（3）执行菜单栏中的"修改"→"库"→"增加对象到库"命令，在"资源"面板中，将该库项目命名为 copyright，如图 11-36 所示。

2. 网站内的页面插入库项目

打开站点文件夹中的 bystj1.html 文件，将光标置于文档最后，打开"资源"面板，单击"库"按钮 ，选择 copyright 库项目，单击"资源"面板左下角的"插入"按钮，即可将库项目插入页面中。

库项目不仅可插入网页文件中，也可以插入模板文件中，读者可以试着将任务 11.1 中制作的模板文件版权信息

图 11-36 创建库项目

部分也用 copyright 库项目替换。模板文件中插入库项目后，所有基于该模板的网页文件也会做相应的更新。

3. 更新库项目

（1）选择 bystj1.html 文件中插入的 copyright 库项目，在属性面板中单击"打开"按钮，在文档窗口中打开了 copyright.lbi 文件，如图 11-37 所示。

图 11-37 打开 copyright.lbi 文件

（2）可以看到版权信息是一个1行1列的表格，更改表格的背景图像，将该表格修改为1行3列，修改行高，插入微信和微博图像，效果如图11-38所示。

图11-38　修改 copyright. lbi 文件

　　（3）保存并关闭 copyright. lbi 文件，弹出"更新库项目"对话框，如图11-39所示，单击"更新"按钮，则所有插入该库项目的页面全部自动更新。

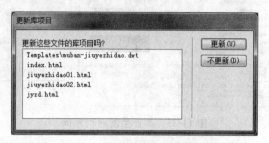

图11-39　自动更新库项目

任务 11.3　资 源 管 理

11.3.1　资源类型

　　在网站建设中用到的图像、颜色、模板、库等都可以看作网站的资源，"资源"面板就是用来保存和管理当前站点资源。执行菜单栏中的"窗口"→"资源"命令可以打开"资源"面板，如图11-40所示。"资源"模板的左侧是元素分类栏，单击其中的按钮可以切换"资源"面板中显示的资源类型，从图11-40中可以看到，Dreamweaver CS6 将网站资源分为以下9类。

图11-40　"资源"面板

　　（1）![img]：站点中的所有图像资源。

　　（2）![img]：站点中所定义的颜色资源。

　　（3）![img]：站点中设置的所有链接，"资源"面板将会列出链接的文件以及链接的 URL 地址。

　　（4）![img]：站点中所有的 Flash 动画。

　　（5）![img]：站点中所有的 Shockwave 资源。

　　（6）![img]：站点中所有的影片资源。

　　（7）![img]：站点中所有的脚本资源，包括 JavaScript，在"资源"面板的上部显示脚本的代码。

（8）▤：站点中所有的模板资源。

（9）▥：站点中所有的库项目资源。

11.3.2 "资源"面板

如图 11-40 所示，"资源"面板的上部是元素预览窗口，用来显示元素的内容；中间是元素列表框，用来显示站点内某类资源的名称。

在"资源"面板的底部是应用工具栏，选择不同的资源类型时，应用工具栏内会显示一些不同的按钮。常用的工具栏按钮的作用如下。

（1）"插入"按钮：将选中的资源元素插入当前网页的光标处。

（2）"应用"按钮：将选中的资源元素应用到当前网页中。例如，选中一个模板文件后，单击该按钮，则将该模板应用到网页上。

（3）🅲按钮：刷新元素列表框。

（4）🅳按钮：新建一个空白的资源元素，只有模板和库项目是可以新建的。

（5）🖉按钮：单击该按钮，弹出相应的窗口，对选择的元素进行编辑。

（6）🗑按钮：删除在元素列表框中选中的元素。

（7）🔖按钮：将选中的元素添加到收藏夹中。

项 目 小 结

本项目主要介绍了以下内容：模板的概念和应用，库项目的概念和应用，资源的管理。同时，以"毕业生就业信息网"为例，介绍了在网站建设的实战中如何使用模板、库。模板和库的应用是本项目的重点。

项 目 实 训

实训 11.1　为"中原在线"网站设计模板，并应用模板创建系列网页

（1）参考图 11-41 所示页面设计"中原在线"网站模板，素材在本书配套素材"ch11\中原在线"文件夹中。

（2）应用模板创建财经频道、新闻频道和教育频道等系列栏目网页。

（3）自行设计修改模板，实现基于模板网页的自动更新。

实训 11.2　自行设计创建所在院系网站

具体要求如下。

（1）规划网站内网页的风格和布局，并创建模板，要求模板上至少定义有可编辑区域、重复区域和可选区域。

（2）应用模板为院系网站创建两个以上网页。

图 11-41 "中原在线"网站系列网页

（3）将网页中的导航条、版权信息定制为库项目，并应用到模板和网页中。

网站制作实例

项目概要：本项目综合运用之前讲解的知识，完成一个网站中两个网页的制作。通过本项目的练习，可以掌握网页设计的基本工作流程，了解设计过程中常用的经验和技巧。在前面讲述的各种网页布局方法中，本项目采用目前较为流行的 CSS＋DIV 布局方法。鉴于在项目 8 中已经详细介绍了如何在 Drcamweaver CS6 中用可视化的方法设计 CSS，并强调了可视化设计与生成的 CSS 代码的对应关系，本项目在讲述步骤时将不再赘述可视化设计的步骤，直接给出 CSS 代码。读者自己在练习时，可以用可视化的方法生成 CSS 代码，也可以在代码视图中直接手动添加。

知识目标：体会用 DIV 块划分和组织页面的技巧；体会编写 CSS 代码时，对 ID 和 CLASS 灵活应用的技巧。

技能目标：能用 CSS＋DIV 的方法独立完成常见版式网页的布局，掌握用 CSS＋DIV 方法布局网页的常用技巧。

任务 12.1 网站布局规划分析

12.1.1 案例导入——制作海南旅游网站

本案例制作一个旅游主题网站中的两个网页，主页"海南旅游"网页和子页"三亚旅游"网页，页面效果分别如图 12-1 和图 12-2 所示。其中主页左侧"景点类型"栏，是可向右侧弹出菜单的导航栏；页面"美景预览"栏中的图片可以幻灯片效果自动循环播放。

12.1.2 网页布局规划

接下来根据对页面效果的分析，用合适的 DIV 块划分和组织页面。

在一个网站中，各个页面往往具有统一的风格，网页的布局形式有相似之处，在规划网页布局时，要对网站中的网页进行统一考虑，尽可能提高 CSS 代码的重用性，以得到更精简的 CSS 代码，同时布局还要考虑页面设计的灵活性和适应性。

首先对主页进行布局，从外观上很容易将页面划分为 5 个 DIV 块，并分别给它们赋予相应的名称：最顶部 logo，放置页面的徽标图片；logo 下为 nav，放置页面顶部的导航栏；中部左侧 side_bar1，放置"景点类型"栏；中部右侧 main_content1，放置"精品线路推

图 12-1　主页效果

图 12-2　子页效果

荐"栏和"美景预览"栏；底部 footer 放置版权信息。在此基础上，为考虑两个页面整体的统一及全局布局的方便，将 logo 和 nav 块放入一个块 header_wrapper 中，作为网页的头部;将 side_bar1 和 main_content1 块放入一个块 container 中,作为网页的主体内容区。这样页面就被划分为 3 大部分:头部 header_wrapper,主体内容区 container 和页脚 footer。最后将整个页面内容区放入最外层的 wrapper 块。用 DIV 块表示的主页页面布局框架如图 12-3 所示。

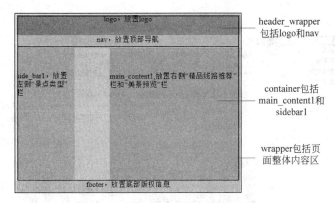

图 12-3　用 DIV 块表示的主页框架

接下来对子页进行布局,子页和主页相对比,整体的布局和样式相似,因此大块的划分和主页相同。两个页面有区别的地方有两处,一处是页面顶部的导航栏的内容,另一处是网页主体内容区的内容和样式。页面顶部的导航区只是内容上的不同,样式相同,所以可以和主页的 DIV 块用相同的名称(id),以便应用同一个 CSS 规则;网页主体内容区的内容和样式都不相同,所以这里给它们起不同于主页的两个 DIV 的名称 side_bar2 和 main_content2。用 DIV 表示的子页页面布局框架如图 12-4 所示。

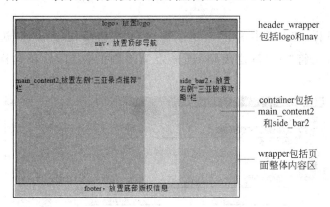

图 12-4　用 DIV 块表示的子页框架

任务 12.2　制作主页

12.2.1　页面的全局布局

全局布局是对页面中全局元素,如页面背景、页面字体、页面整体对齐方式等进行布局。在 HTML 部分,要在网页中插入作为页面整体框架的 DIV 块 wrapper,然后进行 CSS 定义,具体步骤如下。

（1）建立站点。在 Dreamweaver 菜单栏中执行"站点"→"新建站点"命令。设置站点名称和本地站点文件夹的保存路径,本例的设置如图 12-5 所示。站点设置的其他参数用默认值。

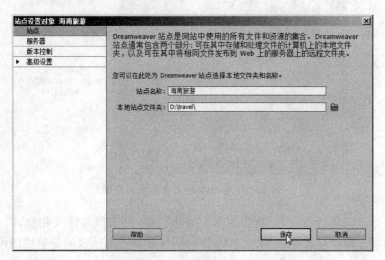

图 12-5　设置站点文件夹路径

（2）将本书素材文件 ch12 下的 images 文件夹复制到站点文件夹 D:\travel 下。

（3）在 Dreamweaver CS6 中新建 HTML 文件,在其中插入 DIV wrapper,保存网页为 index.html。

（4）在"CSS 样式"面板中单击"新建 CSS 规则"按钮 ,在弹出的"新建 CSS 规则"对话框中设置对通配符" * "新建规则,选择定义规则的位置为（新建样式表文件）,如图 12-6 所示。

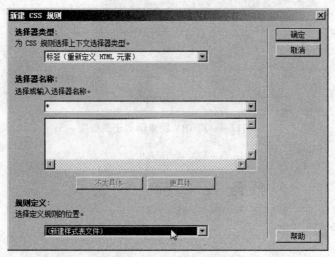

图 12-6　新建 CSS 规则

（5）单击"确定"按钮，在"将样式表文件另存为"对话框中设置样式表文件的名称为
index.css，保存位置为站点根目录，如图 12-7 所示。

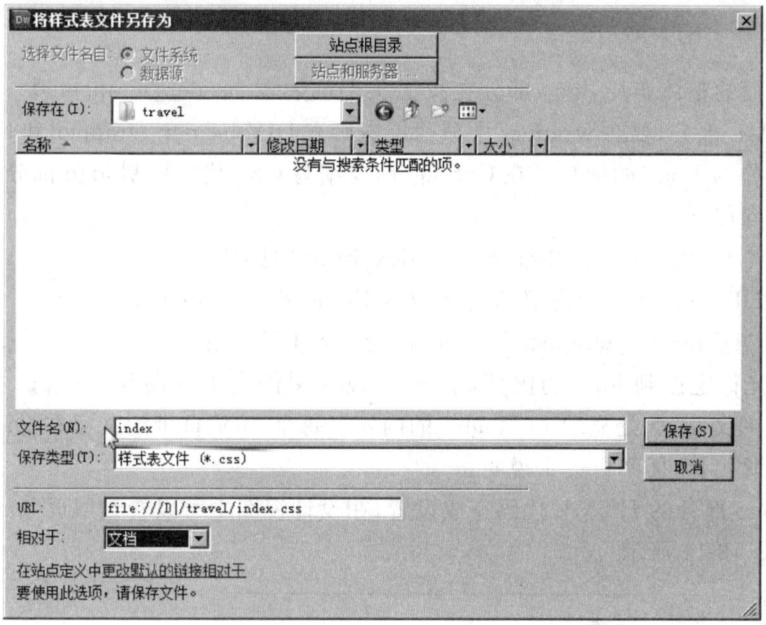

图 12-7　新建 CSS 规则

（6）单击"保存"按钮，在接下来的"*的 CSS 规则定义"对话框中，设置属性 margin
为四个边相同，均为 0。padding 为四个边相同，均为
0。设置后代码视图的 CSS 代码如图 12-8 所示。

```
*{
    margin:0;
    padding:0;
}
```

图 12-8　规则"*"的 CSS 代码

📖**小提示：**"*"是通配符选择符，其作用是定义
页面所有元素的样式，通常在制作网页时利用"*"首
先将页面元素的 padding 和 margin 属性都设为 0，以消
除默认设置值对布局的影响。

📖**小提示：**用上述方法建立外部 CSS 文件后，查看 index.html 对应的 HTML 代
码，可以在＜head＞标签对中看到语句＜link href＝"index.css" rel＝"stylesheet"
type＝"text/css" /＞，说明刚建立的外部样式表文件已经连接入网页中。

（7）对标签＜body＞新建 CSS 规则（新建时选择规则保存在 index.html 中，后面的
规则无特殊说明，均采用此设置），设置页面字体大小为 14px，字体颜色为浅灰色，页面背
景颜色为灰色。规则对应的代码如图 12-9 所示。

（8）对 DIV wrapper 建立 CSS 规则，设置其宽为 914px，块在页面中水平居中显示。
代码如图 12-10 所示。

```
body {
    font-size:14px;        /*页面字体大小*/
    background: #dedede;   /*页面背景颜色*/
    color: #656565;        /*页面字体颜色*/
}
```

图 12-9　规则 body 的 CSS 代码

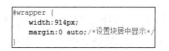

```
#wrapper {
    width:914px;
    margin:0 auto;/*设置块居中显示*/
}
```

图 12-10　规则＃wrapper 的 CSS 代码

至此完成对页面全局元素的布局,在 IE 浏览器中预览,可以看到页面整体的灰色背景效果。

12.2.2 制作 logo 部分

根据页面的整体布局,logo 部分在页面头部的容器 header_wrapper 中。因此,对于网页的 HTML 部分,要在 wrapper 中分两层嵌套入 DIV header_wrapper 和 DIV logo,在 logo 中插入作为 Logo 的图片。在 CSS 部分,要编写 CSS 代码控制 logo 部分的大小和位置。具体步骤如下。

(1) 接着 12.2.1 节的操作继续,在 index.html 中操作。

(2) 在 DIV wrapper 的内部,嵌套插入 DIV header_wrapper。

(3) 在 DIV header_wrapper 的内部,嵌套插入 DIV logo。

(4) 将光标定位到 logo 的内部,插入 images 文件夹下的图片 hn.jpg,并删除插入 logo 时自带的文字"此处显示 id "logo" 的内容"(每个 DIV 自带的文字在 DIV 中插入内容后都要删除掉,后面不再逐个说明)。

至此 logo 部分的 HTML 代码完成设置,在设计视图中可以看到网页 body 区域对应的代码,如图 12-11 所示。

```html
<body >
<div id="wrapper">
<div id="header_wrapper">
  <div id="logo"><img src="images/hn.jpg" width="914" height="178" /></div>
      此处显示id"header_wrapper"的内容</div>
  此处显示idwrapper"的内容</div>
   </div>
</body>
</html>
```

图 12-11　logo 部分内容输入完成后的 HTML

(5) 对标签 header_wrapper 新建 CSS 规则,设置其宽度,并设置其在页面中为居中显示。设置后 CSS 代码如图 12-12 所示。

(6) 对 logo 新建 CSS 规则,设置其宽度,并设置其在页面中为居中显示。设置后 CSS 代码如图 12-13 所示。

```css
#header_wrapper {
    width:914px;
    margin:0 auto; /*设置块居中显示*/
}
```

图 12-12　规则#header_wrapper 的 CSS 代码

```css
#logo {
    width:914px;
    margin:0 auto; /*设置块居中显示*/
    text-align: center;/*设置块内内容居中对齐*/
    padding:20px 0 0 0;/*设置块内间距,内容距离浏览上边缘20px*/
    overflow:hidden;/*超出块范围部分内容隐藏*/
}
```

图 12-13　规则#logo 的 CSS 代码

至此完成对 logo 部分的设计,在 IE 浏览器中预览,可以看到 logo 部分居中显示。

12.2.3 制作上部导航栏

根据页面的整体布局,上部导航栏在页面头部的容器 header_wrapper 中。因此,对于网页的 HTML 部分,要在 header_wrapper 中嵌套插入 DIV nav,在 nav 中放入以列表组织的导航内容。在 CSS 部分,要编写 CSS 代码控制 DIV nav 的样式和链接的样式。具体步骤如下。

（1）接着 12.2.2 小节的操作继续，在 index.html 中操作。

（2）在 header_wrapper 的内部、logo 的下方，插入 DIV nav。

（3）在 nav 内部输入链接文字"三亚""海口""琼海"……每个链接文字（地名）占一行。然后选中所输入的文字，单击属性面板中的"项目列表"按钮 ，并在属性面板的"链接"中输入♯，如图 12-14 所示。这样项目列表和链接就组成了 nav 中的文字。在拆分视图中可以看到文字的效果和对应的 HTML 代码，如图 12-15 所示。

图 12-14 用属性面板设置列表和链接

```
<div id="nav">
  <ul>
    <li><a href="#">三亚</a></li>
    <li><a href="#">海口</a></li>
    <li><a href="#">琼海</a></li>
    <li><a href="#">万宁</a></li>
    <li><a href="#">东方</a></li>
    <li><a href="#">昌江</a></li>
    <li><a href="#">儋州</a></li>
    <li><a href="#">乐东</a></li>
    <li><a href="#">文昌</a></li>
    <li><a href="#">保亭</a></li>
    <li><a href="#">临高</a></li>
    <li><a href="#">五指山</a></li>
  </ul>
</div>
```

图 12-15 拆分视图中的链接文字

至此导航栏部分的 HTML 代码完成设置。

（4）对 nav 新建 CSS 规则，设置其宽度为充满 header_wrapper，块内内容居中显示，上边距距离 logo 块为 8px。规则的 CSS 代码如图 12-16 所示。

📖 **小提示**：在子页面 sanya.html 建立之后，要将图 12-15 中第一个链接指向该子页面。

（5）对列表项 li 建立规则，定义字体字号，定义列表项水平方向显示，并且定义列表项目图标不显示。规则的 CSS 代码如图 12-17 所示。

```
#nav {
    margin-top: 8px;/*导航栏上边缘距离logo区8px*/
    width:100%;
    text-align:center;
}
```

图 12-16 规则♯nav 的 CSS 代码

```
#nav li {
    font-size:15px;
    font-family:"黑体";
    list-style: none;/*列表项图标不显示*/
    display: inline;/*列表文字在一行中显示*/
```

图 12-17 规则♯nav li 的 CSS 代码

（6）对链接建立规则，使链接项目在水平方向上有合适的间隔，去掉链接文字的下划线，设置链接文字颜色。为链接项目加上蓝色背景，并通过♯nav li a:hover 规则定义鼠标悬浮时链接项目背景颜色变换。规则对应的 CSS 代码如图 12-18 所示。

至此完成对上部导航栏部分的设计，在 IE 浏览器中预览，可以看到导航栏的显示效

```
#nav li a {
    padding: 4px 10px; /*链接文字内边距，使各个链接项水平分开*/
    margin-left: 3px;
    background:#5294ea; /*链接背景为蓝色*/
    text-decoration: none; /*链接文字无下划线*/
    border-radius:5px 5px 0 0; /*设置链接圆角效果*/
    color: #FF0; /*设置链接颜色为黄色*/
    font-weight: bold; /*设置链接文字为粗体*/
}
#nav li a:hover {
    background: #dedede; /*设置鼠标悬浮背景颜色为页面背景色*/
    }
```

图 12-18   链接样式的 CSS 代码

果和鼠标悬浮效果。

12.2.4   制作主体内容区

根据页面的整体布局，页面主体内容区在 DIV container 中，其中包括左右排列的两个 DIV side_bar1 和 main_content1。因此，对于主体内容区的 HTML 部分，要在 wrapper 中嵌入 container，再在 container 中嵌入 side_bar1 和 main_content1，然后分别输入各个区的文字内容。在 CSS 部分，要编写 CSS 代码控制各个 DIV 的大小和位置，以及 DIV 内部文字和链接的样式。具体步骤如下。

（1）接着 12.2.3 小节的操作继续，在 index.html 中操作。

（2）在 wrapper 的内部、header_wrapper 的下方，插入 container。

（3）在 container 的内部，插入 side_bar1 和 main_content1。

（4）在 side_bar1 中，插入标题文字"景点类型"，选中文字，在属性面板的"格式"栏中设置其为"标题 1"。

（5）将光标定位在标题文字"景点类型"后按 Enter 键，输入左侧栏的链接文字"沙滩""水上项目""岛屿"……然后用和 12.2.3 小节中步骤（3）类似的方法，用列表和链接组织文字。

（6）在 main_content1 中，输入文字内容，并按步骤（4）的方法分别设置文字"精品线路推荐"和"美景预览"的格式为"标题 1"。然后选中剩下的文字，在属性面板的"链接"框中输入♯，为段落文字建立空链接，最后在文字下面插入 images 文件夹下的图片 0.jpg。

至此主体内容区部分的 HTML 代码完成设置，此时在拆分视图中的主体内容区如图 12-19 所示。

（7）对主体内容区的 3 个 DIV container、side_bar1 和 main_content1 分别建立 CSS 规则，实现主体内容区整体框架的布局。CSS 规则对应的代码如图 12-20 所示。

在规则♯container 中定义了主体内容区整体的宽度，对齐方式和下外边距。DIV side_bar1 和 main_content1 分别被设置为左浮动和右浮动，并分配两个 DIV 的宽度为 20％和 63％，两者之间的间距为 17％，设置两个 DIV 内的文字距离块的上下边缘有 20px 的间距。在♯side_bar1 中定义 position 属性值为 relative 是为了本小节中设置弹出式子菜单的需要。

（8）对主体内容区左侧 DIV side_bar1 中的列表项 li 建立 CSS 规则，用设置背景的方法给列表项加上个性化的项目图标，并美化列表项边框效果。规则的 CSS 代码如

图 12-21 所示。

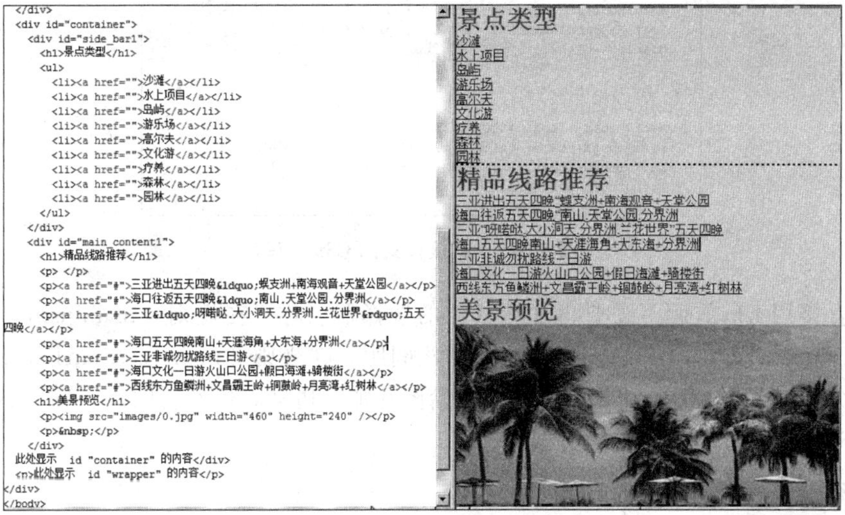

图 12-19　拆分视图中的主体内容区

```
#container {
    width:914px;
    margin:0 auto;/*设置块居中显示*/
    padding-bottom:20px;/*设置块居中显示*/
}
#main_content1 {
    float: right;/*右浮动*/
    width: 63%;/*宽度为父级元素的63%*/
    padding:20px 0 20px 0;
    margin-left: 17%;/*左边距为父级元素的17%*/
}
#side_bar1 {
    width: 20%;/*宽度为父级元素的20%*/
    float: left;/*左浮动*/
    padding:20px 0 20px 0;
    line-height: 30px;/*行高为30px*/
    position:relative;/*相对定位*/
    }
```

图 12-20　主体内容区 3 个 DIV 的 CSS 样式代码

```
#side_bar1  li {
    box-shadow: 0 1px #ffffff;/*设置列表项目块阴影，产生立体效果*/
    background:url(../images/p.png) no-repeat left;/*设置列表项背景，为列表项加上小对号的图标*/
    list-style-type:none;/*设置列表项目符号图标不显示*/
    border: 1px dotted #656565;/*设置列表项边框*/
}
```

图 12-21　#side_bar1 li 的 CSS 样式代码

(9) 对 side_bar1 中的链接建立 CSS 规则，设置链接颜色，光标悬浮背景颜色和背景图像。规则的 CSS 代码如图 12-22 所示。

设置完成后，预览网页，side_bar1 中的链接效果和鼠标经过链接效果如图 12-23 所示。

(10) 对主体内容区右侧的 DIV 块 main_content1 中的标签<h1>、<p>、<img>分别建立 CSS 规则。在规则 h1 中设置标题 1 格式文字的大小、颜色、与其后内容的间距。由于网页中所有地方的标签<h1>用的是同一个样式，因此这个规则的定义中选择

```
#side_bar1 li a {
    color:#656565;/*设置链接颜色*/
    padding-left:20px;/*设置链接左内边距,以便不和背景中左侧对号图标重合*/
    text-decoration:none;/*去掉链接下划线*/
    display: block;/*链接以块的形式显示*/
}
#side_bar1 li a:hover {
    color: #363636;
    background-color: #CCC;/*设置鼠标悬浮背景颜色*/
    background-image: url(../images/p.png);/*设置鼠标悬浮背景图片*/
    background-repeat: no-repeat;/*背景图片不重复*/
    background-position: left;/*背景图片位置*/
}
```

图 12-22　链接样式的 CSS 代码

器名称直接用 h1,前面不需要再加更具体的选择器名称。在规则 #main_content1 p 中设置 DIV main_content1 中段落的行高和段间距。在规则 #main_content1 img 中设置 DIV 块 main_content1 中图片的左边距并给图片加上边框。标签<h1>、<p>、<img> 对应 CSS 代码如图 12-25 所示。

图 12-23　side_bar1 中的链接效果

```
h1 {
    font-size:16px;
    color:#363636;
    margin-bottom:10px;/*设置h1和其后内容的间距*/
}
#main_content1 p {
    line-height:130%;/*设置行高*/
    margin-bottom:5px;/*设置段间距*/
}
#main_content1  img {
    margin-left: 20px;/*设置左外边距*/
    border: gold 3px ridge;/*设置边框*/
}
```

图 12-24　标签<h1>、<p>、<img>对应 CSS 代码

(11) 对主体内容区右侧 DIV main_content1 中的链接建立 CSS 规则,代码如图 12-25 所示。去掉链接文字的下划线,并设置当光标悬浮在链接上时,链接文字和背景改变颜色。

```
#main_content1 a {
    color:#656565;/*链接文字颜色*/
    text-decoration:none;/*去除链接文字下划线*/
}
#main_content1 a:hover {
    color: #363636;/*鼠标悬浮链接文字颜色*/
    background-color: #CCC;/*鼠标悬浮链接文字背景颜色*/
}
```

图 12-25　链接样式的 CSS 代码

至此,主体内容区还有两个效果没有实现,一个是左侧 DIV side_bar1 中的弹出式菜单没有实现,另一个是设置 DIV main_content1 中图片的自动循环播放,在接下来的两个小节中实现。

12.2.5　制作弹出式子菜单

左侧 DIV side_bar1 中的弹出式菜单完成后效果如图 12-26 所示。该效果的制作思路是：用项目列表组织子菜单项，设置列表原始的 display 属性为 none，让其不显示；设置光标悬浮父菜单时列表的 display 属性为 block，从而实现弹出效果。具体的步骤如下。

图 12-26　弹出式菜单效果

（1）接着 12.2.4 小节的操作，继续在 index.html 中操作。

（2）用项目列表组织子菜单项，嵌套放入相应的父菜单中。完成后在拆分视图中的子菜单部分如图 12-27 所示。

```
<div id="container">
<div id="side_bar1">
        <h1>景点类型</h1>
        <ul>
        <li><a href="">沙滩</a>
            <ul>
            <li><a href="#">三亚亚龙湾</a></li>
            <li><a href="#">三亚海棠湾</a></li>
            <li><a href="#">三亚三亚湾</a></li>
            <li><a href="#">昌江棋子湾</a></li>
            <li><a href="#">万宁石梅湾</a></li>
            <li><a href="#">东方鱼鳞湾</a></li>
            </ul>
        </li>
        <li><a href="">水上项目</a></li>
        <li><a href="">岛屿</a></li>
        <li><a href="">游乐场</a></li>
        <li><a href="">高尔夫</a></li>
        <li><a href="">文化游</a></li>
        <li><a href="">疗养</a></li>
        <li><a href="">森林</a></li>
        <li><a href="">园林</a></li>
        </ul>
```

图 12-27　拆分视图中的子菜单

📖**小提示**：注意子菜单的＜ul＞在对应父菜单的＜li＞中嵌套。步骤（2）可在代码视图中用输入代码的方式完成。

（3）接下来定义 CSS 规则。这里定义 4 个 CSS 规则，如图 12-28 所示。

首先建立一个规则定义子菜单的外观及定位属性。考虑有多个子菜单，并且子菜单在外观、鼠标悬浮效果等属性是相同的，只是在内容和位置方面有所不同。将这些共性的定义放在一个类中，可以在网页中多次利用，使 CSS 代码更为精简。

```
.ul_sub_navi {
    width: 150px;
    padding-bottom: 10px;
    position: absolute;/*设置为绝对定位*/
    left: 183px;/*定位坐标,相对于父元素向右偏移183px*/
    background: #dedede;
    display: none;/*元素不显示*/
}
.ul_sub_navi li a {
    line-height: 25px;/*列表项目行高*/
    text-align: center;/*列表项目内文本居中显示*/
}
#side_bar1  li:hover .ul_sub_navi {
    display: block;/*元素显示为块*/
}
#ul_sub_navi1 {
top: 63px;/*绝对定位坐标,相对于父元素向下偏移63px*/
}
```

图 12-28 弹出式菜单中设置的 CSS 代码

📖 **小提示**：类可以在一个网页中多次使用，ID 在一个网页中只能使用一次。所以一般将共性的属性定义在类中，可以被多个对象使用，而将某个对象特有的属性定义在 id 中。

定义一个名为 ul_sub_navi 的类，对子菜单的宽度、内边距、定位方式、背景、显示方式进行定义。这里需要注意两个地方，一个是定义定位方式为绝对定位，这种定位方式中定义的偏移量是相对于离元素最近的已采用定位的父级元素的偏移，因此这里的定位坐标规定的偏移量是相对于 DIV side_bar1 最左上方坐标的偏移量；另一个需要注意的是显示方式定义为不显示，这个定义使子菜单的原始状态是隐藏的。

在规则 #ul_sub_navi li a 中定义子菜单链接项目的行高和文本对齐方式。

在规则 #side_bar1 li:hover .ul_sub_navi 中定义子菜单显示为块，表明当鼠标悬浮在父菜单的 li 上时，子菜单显示。

上面 3 个规则的定义都是对子菜单共性属性的定义，在规则 #ul_sub_navi1 中定义子菜单个性要求属性：子菜单的垂直偏移量。

（4）将定义的类规则 ul_sub_navi 和 ID 规则 #ul_sub_navi1 应用到子菜单的<ul>标签上。方法是在设计视图中右击状态栏中子菜单对应的<ul>，在弹出的快捷菜单的"设置类"项中选择要设置的类，在"设置 ID"项中选择要设置的 ID，如图 12-29 所示。

至此完成一个弹出式子菜单的制作。预览网页，当鼠标移至父菜单第一个项目"沙滩"时，可看到弹出子菜单。

图 12-29 应用类和 ID

（5）用相似的方式设置其他弹出式子菜单，在 CSS 定义方面，只需要为各个子菜单项分别建立一个 ID 规则，在其中定义定位中的偏移量 top 的值就行了。这里不再一一详述。

12.2.6 制作图片循环播放效果

可以用一段简单的 JavaScript 语句实现多张图片自动循环播放。方法如下。

（1）接着 12.2.5 小节的操作继续，在 index. html 中操作。

（2）在＜head＞和＜/head＞标签之间加入如下 JavaScript 代码。

```
<SCRIPT language=JavaScript>
function ImgArray(len)
{
    this.length=len;
}
ImgName=new ImgArray(10);
ImgName[0]="images/0.jpg";
ImgName[1]="images/1.jpg";
ImgName[2]="images/2.jpg";
ImgName[3]="images/3.jpg";
ImgName[4]="images/4.jpg";
ImgName[5]="images/5.jpg";
ImgName[6]="images/6.jpg";
ImgName[7]="images/7.jpg";
ImgName[8]="images/8.jpg";
ImgName[9]="images/9.jpg";
setInterval(playImg,3000);
var t=0;
function playImg()
{
    var img1=document.getElementById("img1");
    if(t==ImgName.length-1)
        t=0;
    else
        t+=1;
    img1.src=ImgName[t];
}
</SCRIPT>
```

（3）在＜body＞标签中加入 onload＝playImg()，使 JavaScript 代码在网页加载后自动执行。加入后＜body＞标签的形式为＜body onload＝playImg()＞。

（4）在代码视图中，向主体内容区内"美景预览"标题下的图片的＜img＞标签中添加 name＝"img1"属性，将 JavaScript 特效应用到此图片上。添加后图片标签的形式为 ＜img name＝"img1" src＝"images/0.jpg" width＝460 height＝240＞。

至此完成图片循环播放效果的制作，预览网页，可以看到图片自动循环播放。

12.2.7　制作版权信息部分并使用分隔线

根据页面的整体布局，版权信息部分在 DIV footer 中，其位置在页面的最下部，包含在页面整体容器 wrapper 中。因此，对于网页的 HTML 部分，要在 wrapper 中的最下部，插入 DIV footer，输入其中包含的文字信息。在 CSS 部分，要编写 CSS 代码控制 footer

块的样式。具体步骤如下。

(1) 接着12.2.6小节的操作继续,在 index. html 中操作。

(2) 在 wrapper 的内部、container 的下方插入 footer。在 footer 中输入版权区内容"Copyright © 版权所有"。

(3) 建立 CSS 规则♯footer,定义 footer 的边框样式和内部元素对齐方式,规则代码如图 12-30 所示。

(4) 保存并预览网页后,会发现版权栏并没有像想象的那样在页面的最下方出现。这是因为 container 块中的 side_bar1 块和 main_content1 块的浮动,造成了 footer 块的上移。为解决这个问题,在 container 块中最下部添加一个空 Div 用来清除浮动。具体的方法是在 container 的内部、main_content1 的下方插入一个 clearfloat,然后为此 DIV 建立 CSS 规则,设置其 clear 属性值为 both。

最后制作虚线分隔线,分隔 main_content1 中的文字链接内容和图片内容,美化网页。方法是建立 CSS 规则. hor_separator,规则的 CSS 代码如图 12-31 所示。然后在需要分隔线的地方插入类为 hor_separator 的 DIV 即可。

```
#footer {
    text-align: center;/*块内元素居中对齐*/
    border-top-width: 1px;/*块上边框宽度为1px*/
    border-top-style: dotted;/*块上边框样式为虚线*/
}
```

图 12-30　♯footer 的 CSS 样式代码

```
.hor_separator {
    border-bottom: 1px dotted #656565;/*定义边框*/
    box-shadow: 0 1px #ffffff;/*定义阴影,使之产生立体效果*/
    margin:20px 0;/*定义外边距*/
}
```

图 12-31　. hor_separator 的 CSS 样式代码

任务 12.3　制 作 子 页

12.3.1　进行页面的全局布局

从 12.1.2 小节中对主页和子页整体布局的分析可以看到,子页全局性的结构和主页相同,也是3个相同的区域:头部 header_wrappe,主体内容区 container 和页脚 footer。对于子页的3个区域,页脚部分和主页完全相同,头部区域只需要将主页头部链接区的文字换成子页的链接文字即可,两者的主要不同在主体内容区,所以接下来在子页整体结构构建起来之后,主要介绍子页主体内容区的设计。

建立子页的步骤如下。

(1) 在 Dreamweaver CS6 中新建 HTML 文件,命名为 sanya. html,保存在站点文件夹下。

(2) 建立子页 HTML,建立完成后在主体内容区没有内容的情况下网页的 HTML 代码如图 12-32 所示。和主页的 HTML 代码相比,子页只是在头部导航区换了链接的文字,首页的链接指向了 index. html,在主体内容区 container 中的两个 DIV 的 ID 分别换成了 side_bar2 和 main_content2。

(3) 链接 CSS 文件 index. css 到 sanya. html 中,方法是单击"CSS 样式"面板中的"附加样式表"按钮■,在"链接外部样式表"对话框中进行如图 12-33 所示设置。

```
<body >
<div id="wrapper">
<div id="header_wrapper">
  <div id="logo"><img src="images/hn.jpg" width="914" height="178" /></div>
    <div id="nav">
      <ul>
        <li><a href="index.html">首页</a></li>
          <li><a href="#">三亚景点</a></li>
          <li><a href="#">三亚酒店</a></li>
          <li><a href="#">三亚交通</a></li>
          <li><a href="#">三亚美食</a></li>
          <li><a href="#">三亚旅行社</a></li>
          <li><a href="#">三亚导游</a></li>
          <li><a href="#">三亚租车</a></li>
      </ul>
    </div>
  </div>
  <div id="container">
    <div id="main_content2">
    </div>
    <div id="side_bar2">
    </div>
    <div id="clearfloat"></div>
  </div>
  <div id="footer">Copyright © 版权所有</div>
</div>
</body>
```

图 12-32　子页主体内容区为空时的 HTML 代码

图 12-33　链接 index.css 到子页

上述步骤完成后预览网页,效果如图 12-34 所示,可以看到子页的头部区域和页脚部分已经显示出网页最终效果要求的样子,接下来设计主体内容区部分。

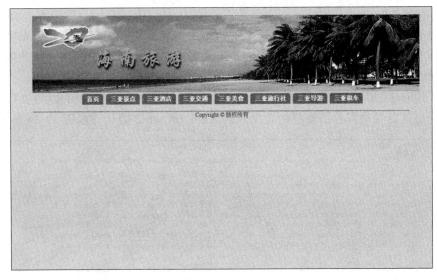

图 12-34　链接 index.css 后子页效果

12.3.2　布局主体内容区

主体内容在 container 中,其中包括左右排列的 main_content2 和 side_bar2。12.3.1 小节操作完成后,网页中已经有了这两个 DIV,接下来要在其中插入相应的内容,要编写 CSS 代码控制各个 DIV 的大小和位置。具体步骤如下。

(1) 接着 12.3.1 小节的操作继续,在 sanya.html 中操作。

(2) 在 main_content2 的内部插入标题文字"三亚景点"按 Enter 键,在属性面板中给"三亚景点"对应的<p>标签应用格式"标题 1"。

(3) 插入 images 文件夹下的图片 sy1.jpg、sy2.jpg、……、sy8.jpg,每两个图片占一行。

(4) 在 side_bar2 的内部,输入效果图中要求的文字,并对标题对应的<p>标签应用格式"标题 1"。

(5) 接下来给 main_content2 和 side_bar2 建立 CSS 规则,规则代码如图 12-35 所示。规则♯main_content2 定义 DIV main_content2,使用 1px 的右边框作为两部分内容的分隔线。

```
#main_content2 {
    float:left;
    width: 80%;
    padding:20px 0 20px 0;
    border-right-width: 1px;/*设置右边框宽度为1px*/
    border-right-style: dotted;/*设置右边框样式为虚线*/
    border-right-color: #656565;/*设置右边框颜色*/
}
#side_bar2 {
    width: 19%;/*设置宽度*/
    margin: 0 auto;/*设置块居中对齐*/
    float: left;/*左浮动*/
    padding:20px 0 20px 0;/*设置内边距,使内容离开边框上下各20px*/
    line-height: 30px;/*设置行高*/
}
```

图 12-35　主体内容区两个<div>标签对应的 CSS 代码

12.3.3　制作主体内容区左侧图片链接

主体内容区左侧的每个图片是一个链接,单击图片会跳转到下一级介绍相应景点的网页。这里用列表方式组织图片和链接,再定义 CSS 实现效果图中的图片排列效果。具体步骤如下。

(1) 用和 12.2.3 小节中步骤(3)类似的方法,用列表和链接组织图片,再在代码中用<span>标签为每个图片添加标题。完成后 main_content2 的代码如图 12-36 所示。

```
<div id="main_content2">
    <h1>三亚景点</h1>
    <ul>
        <li><a href="#"><img src="images/sy1.jpg" alt="三亚大东海"/><span>三亚大东海</span></a></li>
        <li><a href="#"><img src="images/sy2.jpg" alt="三亚南山寺" /><span>三亚南山寺</span></a></li>
        <li><a href="#"><img src="images/sy3.jpg" alt="三亚大小洞天" /><span>三亚大小洞天</span></a></li>
        <li><a href="#"><img src="images/sy4.jpg" alt="三亚亚龙湾" /><span>三亚亚龙湾</span></a></li>
        <li><a href="#"><img src="images/sy5.jpg" alt="三亚天涯海角" /><span>三亚天涯海角</span></a></li>
        <li><a href="#"><img src="images/sy6.jpg" alt="三亚珠江南田温泉" /><span>三亚珠江南田温泉</span></a></li>
        <li><a href="#"><img src="images/sy7.jpg" alt="蜈支洲岛" /><span>蜈支洲岛</span></a></li>
        <li><a href="#"><img src="images/sy8.jpg" alt="三亚西岛" /><span>三亚西岛</span></a></li>
    </ul>
</div>
```

图 12-36　main_content2 的 HTML 代码

（2）对 main_content2 中的<li>标签建立 CSS 规则，使其横向排列显示，各个列表项之间间距为 10px＋10px＝20px。规则代码和应用规则后图片列表的预览效果分别如图 12-37 和图 12-38 所示。

```
#main_content2 li {
    float:left;/*设置左浮动*/
    display:block;/*设置显示为块*/
    margin: 10px;/*设置外边距*/
}
```

图 12-37　规则＃main_content2 li 的 CSS 代码

图 12-38　应用规则＃main_content2 li 后列表预览效果

（3）为 main_content2 中的<li>标签下的链接建立 CSS 规则，规定链接区域的宽和高，使链接文字显示在图片下方。设置链接边框，去掉链接下划线。规则代码如图 12-39 所示。

（4）为 main_content2 中的<li>标签下的图片建立 CSS 规则，设置其大小，并给图片加上边框，这样做是为了和光标悬浮在链接上时进行对比，使光标移到链接上时产生一个视觉的变化。规则代码如图 12-40 所示。

```
#main_content2 li a {
    display:block;/*设置显示为块*/
    width:128px;
    height:116px;
    border:1px dotted #656565;/*设置边框*/
    padding:5px;
    overflow:hidden;/*溢出隐藏*/
    text-decoration: none;/*去除链接下划线*/
}
```

```
#main_content2 li a img {
    width:120px;
    height:90px;
    padding:2px;
    border:1px solid #656565;/*给图片加上边框*/
}
```

图 12-39　规则＃main_content2 li a 的 CSS 代码　　**图 12-40　规则＃main_content2 li a img 的 CSS 代码**

（5）对 main_content2 中的<li>标签下的文字建立 CSS 规则，设置其高度、行高、外边距属性，使之和图片对象有合适的距离。设置文本对齐方式为居中显示，设置字体颜色以和鼠标移上去时对比产生变化效果。规则代码如图 12-41 所示。

（6）建立 CSS 规则规定光标悬浮于链接上时各个对象的效果，以产生和各自原始状态的对比效果。光标移到链接上时，<li>区域的边框和背景产生变化，图片的边框和背景产生变化，标题文字的颜色产生变化。规则代码如图 12-42 所示。

至此完成对主体内容区左侧的制作，预览网页可以看到 main_content2 中链接图片显示效果和鼠标悬浮效果如图 12-43 所示。

```
#main_content2 li a span {
    display:block;/*设置显示为块*/
    height:20px;
    margin:0 4px;/*设置外边距*/
    line-height:24px;/*设置行高*/
    text-align:center;/*设置对齐方式*/
    color:#666;
    overflow:hidden;/*溢出隐藏*/
}
```

图 12-41 规则＃main_content2 li a span 的 CSS 代码

```
#main_content2 li a:hover {
    border:1px solid #f60;/*设置边框*/
    text-decoration:none;/*不显示下划线*/
    background:#f1f1f1;/*设置背景*/
}
#main_content2 li a:hover img {
    border:1px solid #06f;/*设置边框*/
    background:#06f;/*设置背景*/
}
#main_content2 li a:hover span {
    color:#03c;/*设置颜色*/
    text-decoration:none;/*不显示下划线*/
}
```

图 12-42 鼠标悬浮规则代码

图 12-43 图片显示效果和鼠标悬浮效果

12.3.4 制作主体内容区右侧链接

在 12.3.2 小节中对 side_bar2 中的文字内容输入完成后,其链接的制作方法和主页中文字链接的制作方法相似。也是用列表组织文字后,对列表和链接建立 CSS 规则实现链接要求效果。制作完成后 side_bar2 的 HTML 代码和 CSS 规则对应的代码分别如图 12-44 和图 12-45 所示。保存后预览,其链接效果和鼠标悬浮效果如图 12-46 所示。

```
<div id="side_bar2">
    <h1>三亚旅游攻略</h1>
    <ul>
    <li><a href="">我的三亚蜜月游记</a></li>
    <li><a href="">三亚租车攻略</a></li>
    <li><a href="">孩子在三亚的天堂</a></li>
    <li><a href="">一家老小出行心得</a></li>
    <li><a href="">亚龙湾的慢时光</a></li>
    <li><a href="">穷人游三亚</a></li>
     <li><a href="">三亚五天四夜流水账</a> </li>
    </ul>
</div>
```

图 12-44 side_bar2 的 HTML 代码

这里的链接效果和主页中文字的链接效果相似,其规则定义的 CSS 代码也相似,这里不再详细解释。

至此,子页的制作完成。

```
#side_bar2  li {
    background:url(../images/p.png) no-repeat left;/*设置背景图片*/
    list-style-type:none;/*去掉列表项图标*/
    }
#side_bar2 li a {
    color:#656565;/*设置链接颜色*/
    padding-left:20px;/*设置链接区内左边距以显示背景色上对号图标*/
    text-decoration:none;/*去除链接下划线*/
    }
#side_bar2 li a:hover {
    color: #363636;/*设置鼠标悬浮颜色*/
    background-color: #CCC;/*设置鼠标悬浮背景色*/
    background-image: url(../images/p.png);/*设置鼠标悬浮背景图片*/
    background-repeat: no-repeat;/*背景图片不重复*/
    background-position: left;  /*背景图片位置*/
    }
```

图 12-45　side_bar2 中的 CSS 规则代码

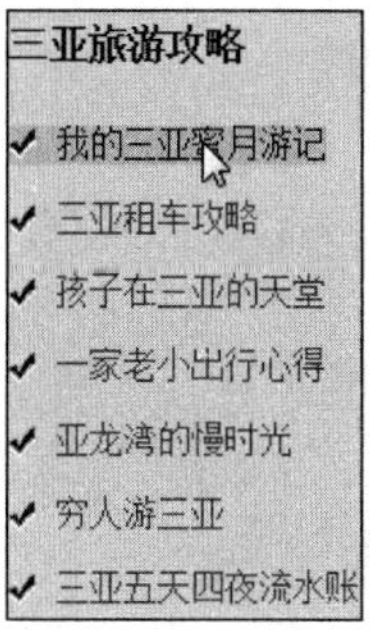

图 12-46　side_bar2 中链接预览效果

参 考 文 献

[1] 何丽.精通 DIV＋CSS 网页样式与布局[M].北京：清华大学出版社,2011.

[2] 金峰. DIV＋CSS 网页布局揭秘[M].北京：人民邮电出版社,2009.

[3] 刘瑞新,等.网页设计与制作教程[M].北京：机械工业出版社,2011.

[4] 黄玉春. CSS＋DIV 网页布局技术教程[M].北京：清华大学出版社,2012.